SILENT EARTH

AVERTING THE INSECT APOCALYPSE

寂靜的地球

工業化、人口爆炸與氣候變遷，
昆蟲消失如何瓦解人類社會？

DAVE GOULSON
戴夫・古爾森

鄭明倫——審定　盧相如——譯者

獻 給

我那瘋狂、帶給我挑戰與溫暖的家人，

更重要的是我摯愛的妻子蘿拉

CONTENTS

PART

3

昆蟲衰退的原因

CONTENTS

前言

與昆蟲為伍的人生

我從小就對昆蟲著迷。記得我五、六歲時，發現了一些黃、黑色條紋相間的毛蟲，牠們在學校操場邊緣的柏油路縫隙中長出來的雜草上覓食。我把牠們收集起來，放進沒吃完的午餐盒裡，然後把牠們帶回家。在父母的協助下，我找到很多合適的葉子餵牠們，最終毛蟲蛻變成洋紅色和黑色相間的漂亮的蛾（某些歐洲的讀者可能會認出牠們是朱砂蛾〔*Tyria jacobaeae*〕）。對那時的我來說，這就像是某種魔法，且至今依然如此。我因此迷上了昆蟲。

從那時起，童年時期的愛好成為我現在謀生的技能。十幾歲時，每到週末和假期，我總是拿著網子追捕蝴蝶，用「糖餌」誘捕飛蛾，挖陷阱捕捉甲蟲。我從專門的郵購商那裡買來外國飛蛾的卵，看著牠們長成外觀古怪，有著五顏六色的毛蟲，最終變成巨大、光彩奪目的蛾：有來自印度的長尾水青蛾（*Actias luna*），來自馬達加斯加、會突然露出假眼

（false eye）的孔雀蛾（Peacock moth），以及世界上最大、來自東南亞的巨大的深棕色皇蛾（*Attacus atlas*）。當我取得牛津大學的錄取通知時，很自然地選擇進入生物學系就讀，後來我在牛津布魯克斯大學以蝴蝶生態學研究攻讀博士，這所大學位在牛津東部的一座山上，相當不顯眼。之後，我設法取得了各種不同的研究職位：首先，我回到牛津大學，研究番死蟲（*Xestobium rufovillosum*）奇特的交配行為，接著在牛津的一個政府實驗室，研究如何透過向農作物噴灑病毒來控制蛾類害蟲。由於這份工作要殺死昆蟲，讓我十分厭惡，所以當我取得南安普頓大學（Southampton University）生物系的終身教職時，大大地鬆了一口氣。

我在南安普頓大學開始專門研究熊蜂（bumblebees），那是最吸引我的昆蟲，而且牠們彼此間競爭激烈。我對熊蜂如何選擇要造訪的花朵感興趣，並花了五年時間來解開牠們如何透過嗅聞微弱足跡，得知一朵花是否剛被其他熊蜂捷足先登。我了解到在熊蜂看似笨拙的泰迪熊外表下，牠們其實很聰明，堪稱是昆蟲界的天才，牠們能夠導航並記住地標和花叢的位置，有效率地萃取隱藏在精緻花朵中的報償，並生活在密謀和弒君都很普遍的複雜社會群落裡。與牠們相比，我年輕時追逐的蝴蝶現在看來成了美麗卻單純的生物。

為了追尋昆蟲，我有幸環遊世界，從巴塔哥尼亞的沙漠到紐西蘭峽灣的冰峰，甚至是不丹潮濕蓊鬱的山脈，都曾經有我踏遍過的足跡。我曾在婆羅洲觀看成群的鳥翼蝶

（birdwing butterflies）在一條河流的泥灘上吮吸著礦物質；在泰國的沼澤地，看著成千上萬的螢火蟲在夜間齊爍著牠們發光的尾部；在我位於蘇塞克斯郡（Sussex County）家中的花園裡，我也花了無數時間趴在地上觀看蝗蟲求偶和擊退對手，看著蠼螋（earwig）照顧牠們的孩子，看螞蟻從蚜蟲（aphid）身上擠出蜜汁，看切葉蜂（leafcutter bee）剪下樹葉來做巢。

儘管我從中獲得了很多樂趣，卻對於這些生物正在日益衰退的事感到憂心忡忡。打從我第一次在學校操場上採集那些毛蟲以來，距今已經五十載，在那之後的每一年，蝴蝶和熊蜂的數目都慢慢地在減少，所有這些使世界運轉的小生物幾乎都在減少。這些迷人而美麗的生物正在消失，日復一日，一隻接著一隻，無論是螞蟻或蜜蜂。儘管估算結果各異，準確度也並不一致，但在這五十年間，昆蟲的數量似乎已經衰退了百分之七十五或者更多。這方面的科學證據與日俱增，愈來愈多的研究報告發表指出，北美的帝王蝶（*Danaus plexippus*）族群趨於崩潰，德國的森林和草原的昆蟲逐漸消亡，還有英國的熊蜂和食蚜蠅（hoverfly）分布範圍巨幅縮減。

一九六三年，在我出生前兩年，瑞秋・卡森（Rachel Carson）在她的《寂靜的春天》（*Silent Spring*）一書中就曾警告我們，我們正對地球施以可怕的破壞。要是她看見地球現在這幅模樣，恐怕也不免要痛心落淚。昆蟲生態豐富的野生動物棲息地，如乾草場、沼澤地、石楠荒原和熱帶雨林，已經遭推土機剷平、焚燒，或因犁地而被大規模破壞。她所強調的農藥和化肥的問題，已經變得更加劇烈，現今估計每年有三百萬噸的農藥噴灑在世界各地。其中一些新的農藥對昆蟲的毒害，比起卡森的年代的任何農藥要大上數千倍。土壤已經退化，河流被淤泥堵塞，並遭化學藥劑污染。在她的年代尚未出現的氣候變遷現象，現在有可能進一步蹂躪我們陷入困境的星球。這些變化都發生在我們的有生之年，就在我們的眼皮底下，而且不斷加劇中。

對熱愛這些小生物並重視牠們的人來說，昆蟲的衰退讓我們十分痛心疾首，但同時這也威脅到人類的福祉，因為我們需要昆蟲為作物授粉，處理糞便、落葉和屍體的循環，保持土壤健康，控制害蟲數目，還有其他不計其數的理由。許多大型動物，如鳥類、魚類和蛙類都以昆蟲為食。野花依靠牠們來授粉。隨著昆蟲的數量變得愈來愈少，我們的世界將慢慢陷入停滯，因為沒有牠們，世界便無法運轉。正如瑞秋·卡森所說：「人類是自然的一部分，對自然的戰爭不可避免地也是對自己的戰爭。」

我現在花費許多時間試圖說服其他人去喜歡並關愛昆蟲，或者至少尊重牠們所做的一切重要事物。當然，這也是我撰寫這本書的原因。我希望你們能像我一樣看待昆蟲，牠們美麗、令人驚奇，有時極其古怪、有時險惡惱人，但總是令人驚歎，值得我們敬佩。你將會對牠們的一些奇特的習性、生活史和行為感到驚訝，這也讓科幻小說家的想像顯得平淡無奇。在本書中，除了探索昆蟲的世界、牠們的進化史、牠們的重要性以及牠們所面臨的眾多威脅，我也簡要地介紹一些我最喜歡的昆蟲的生活，當成章節之間的串場。

儘管時間緊迫，但仍為時不晚。我們的昆蟲需要你的幫助。大多數昆蟲還沒有滅絕，只要我們給牠們一些空間，牠們便能迅速恢復，因為昆蟲繁殖快速。昆蟲就生活在我們的周遭：無論是花園、公園、農田、在我們腳下的土壤中，甚至在城市人行道的縫隙中，所以人人都能一起照顧牠們，確保這些重要的生物不會消失。儘管面對許多山雨欲來的環境問題，我們或許感到無能為力，但仍然可以採取簡單的措施來復育昆蟲。

我們需要深刻的改變。我們應該吸引更多的昆蟲進入我們的花園和公園，將我們的城市，以及交錯連結的路邊草皮、鐵路邊坡和圓環，變成一個充滿花朵、無農藥的棲息地網絡。我們必須從根本上改變破碎的食物供應系統，減少食物浪費和肉類消費，為大自然留出大片不被過度生產的土地。我們也要發展真正的永續農業，專注於與大自然合作生產對我們有益的食物，而不是在大片、貧瘠、滿是農藥和化肥的單一栽種區種植經濟作物。我們能夠透過許多不同的方式來推動這些改變：購買和食用當地、當季、有機生產的水果和蔬菜；種植我們自己的食物；投票給那些認真對待環境的政治人物；教育我們的孩子，讓他們知道好好地照顧地球是件刻不容緩的事。

想像一下，在未來，我們的都市和城鎮鬱鬱蔥蔥，處處是野花、結實纍纍的樹木、綠化的屋頂和綠色的植生牆；孩子們可以從小聽著螽斯的叫聲、鳴鳥的歌唱、熊蜂飛過的嗡嗡聲，看著蝴蝶閃耀的彩翼長大。城市周圍環繞著充滿生物多樣性的小型農場，生產由各種野生昆蟲授粉的健康蔬果，由天敵大軍控制著蟲害，由無數善於掘土的生物維持土壤的健康和碳庫（carbon stock）儲存。在離城鎮更遠的地方，新的野化計畫提供了休閒的機會，讓人們得以探索河狸築壩所形成的充滿蜻蜓和食蚜蠅的濕地、長滿野花的草地和成片的林地，到處都充滿生命力。這看起來也許像是一個幻想，但是在我們的地球上，仍有足夠的空間讓所有人都過著富足的生活，吃得好與健康，並擁有一個孕育著各種生命、蓬勃盎然的綠色星球。我們只是必須學會融入自然，而不是與它漸行漸遠。多虧昆蟲這樣的小生物使我們共存的世界運轉著，所以第一步便是從關懷昆蟲做起。

PART 1

昆蟲為何重要

我想多數人都不太喜歡昆蟲。說得更直接點，我認為許多人厭惡昆蟲，或是對牠們心存恐懼，甚至兩者都有。牠們經常被稱為「令人寒毛直豎的爬蟲」或是「蟲子」，我們也經常用後者來指稱致病生物。對許多人來說，這些形容詞經常與令人感到不悅、到處亂竄、骯髒的動物連結在一起，牠們生活在汙穢之地，傳播著疾病。愈來愈多人類生活在城市裡，除了家蠅、蚊子和蟑螂外，他們在成長過程中鮮少看到其他昆蟲，所以對於昆蟲時常引起恐懼一事，應該不足為奇。我們大多數人都害怕未知的東西和不熟悉的事物。因此，很少人理解到昆蟲對於人類的生存有多麼重要，懂得去欣賞昆蟲的美麗、聰明、迷人、神秘和奧妙的人則更少。我這一生的使命是去說服人們熱愛昆蟲，或者至少尊重牠們所做的一切。在這篇裡，我想解釋一下，為什麼我們應該從小就教育大家珍惜這些微小的動物，以及為什麼牠們很重要。

1 昆蟲簡史

讓我們話說從頭。昆蟲已經存在很久了。牠們的祖先在五億年前海床的原始泥漿中演化而來，是一種長相怪異、具有外骨骼和關節肢體的甲殼生物，今天科學家們稱之為節肢動物（arthropod，意指有關節的腳）。來自那個時代的化石不多，然而保存下來的化石中，如來自加拿大洛磯山脈著名的伯吉斯頁岩（Burgess Shale）礦床的化石，讓我們可以一窺早期原始生物。這些生物極為多樣，形式與現今任何生物都迥然不同，牠們各自具備不同的體型，擁有形狀各異的肢體、眼睛和其他神秘的附肢。大自然彷彿突發奇想，像個孩子在組合玩具似的，嘗試用不同的組合湊成一個生物。例如怪誕蟲（*Hallucigenia*），恰如其名，是一種長相怪異的蠕蟲，最初人們一度以為牠們是用細長如刺的骨頭行走，背上揮舞著宛如瘋狂髮型的觸手，但近年的重建圖則將怪誕蟲翻轉過來，改以觸手行走，而如刺的骨頭則可能是用來防禦。另一方面，歐巴賓海蠍（*Opabinia*）有五隻長在柄上的眼睛，以及從頭部伸出一隻龍蝦般的爪；而林喬利蟲（*Leanchoilia*）是一種類似潮蟲（woodlouse）的生物，牠的身體前方長著一對長肢，每隻長肢再各分出三隻觸手。奇蝦（*Animalocaris*）最初被描述成三種不同的生物：一種狀似蝦子，另一種是水母，第三種則是海蔘，但近年研究認為這些實際上是單一種動物的不同部位：海蔘是身體，水母是口器，而狀似蝦子的部分實際上是一對腳中的其中一隻。奇蝦身長大約有五十公分，是迄今為止出現在伯吉斯頁岩化石中體型最大的生物。我們只能憑藉猜測這些生活在五億年前小而不起眼的海中小怪物的行為和生活史。遠古的海洋中滿是這些怪異而奇妙的生物，但是現在牠們已經全數滅絕，然而在現今的海洋中仍然存在一些牠們所建立的演化支系。

我們所知道的是，這些早期節肢動物中，有些最終嘗試移往陸地生活，也許是為了逃避競爭對手或掠食者，亦或者只是為了尋找牠們的獵物。

事實證明，擁有外骨骼在陸地上生活方便許多：多數小型海洋生物，如水母和海蛞蝓都得依賴水來支撐身體，若牠們擱淺在退潮後的岸上，失去支撐的身體就變得笨重難以活動，但有了堅硬的骨架，早期的節肢動物就能夠行走，能夠進一步遠離水域在陸地間探索，而牠們也的確這麼做。牠們建立起地球上最成功的生物王朝。直到今天，如果你用物種數或是個體數來衡量牠們（而不是用牠們破壞地球的能力），牠們將輕易成為陸地上最成功的群體，而這群生物正是昆蟲。

四億五千萬年前開始，節肢動物各種不同的演化支系都曾在陸地上生活過。早期的蛛

圖一　五億年前生活在海中的伯吉斯頁岩生物群：這些奇怪的生物包括許多早期的節肢動物，堪稱昆蟲的祖先。

- 海綿（sponges）：1. 沃克西海綿 (*Vauxia*）；2. 斗篷海綿（*Choia*）；3. 皮蘭海綿（*Pirania*）。
- 腕足動物（brachiopods）：4. 艾蘇貝（*Nisusia*）。
- 5. 多毛類環節動物（*Burgessochaeta*）；
- 曳鰓動物（priapulid worms）：6. 奧托亞蟲（*Ottia*）；7. 環狀蠕蟲（*Louisella*）。
- 8. 三葉蟲（*Olenoides*）。
- 其他節肢動物：9. 西德尼亞蟲（*Sidneyia*）；10. 林喬利蟲（*Leanchoilia*）；11. 馬瑞拉蟲（*Marella*）；12. 加拿大盾蟲（*Canadaspis*）；13. 莫拉裡亞蟲（*Molaria*）；14. 伯吉斯蟲（*Burgessia*）；15. 幽鶴蟲（*Yohoia*）；16. 瓦普塔蝦（*Waptia*）；17. 埃謝櫛蠶（*Aysheaia*）。
- 軟體動物（molluscs）：18. 帳篷螺（*Scenella*）。
- 棘皮動物（echinoderms）：19. 海百合（*Echmatocrinus*）。
- 脊索動物（chordates）：20. 皮卡蟲（*Pikaia*）。
- 其他：21. 軟舌螺（*Haplophrentis*）；22. 歐巴賓海蠍（*Opabina*）；23. 觸手冠動物（*Dinomischus*）；24. 原環節動物微瓦霞蟲（*Wiwaxia*）；25. 放射齒目奇蝦（*Laggania cambria*）。

摘自維基共用資源，https://commons.wikimedia.org/wiki/File:Burgess_community.gif

形綱動物（arachnids）離開海洋之後，演化成蜘蛛、蠍子、蜱（ticks）和蟎（mites），在人類看來牠們也許稱不上是最迷人的生物，卻適應得極為成功。馬陸（millipedes）緩步地登上陸地，占據陰暗潮濕的棲息地，靜靜地啃食土壤中以及倒木和石頭下的腐爛有機物。直到今天，牠們依然安居於此。馬陸在棲息地被牠們兇猛的掠食者和動作迅速的親戚蜈蚣所追趕，蜈蚣同樣也是土壤和其他陰暗、潮濕地的居民。有些甲殼類動物（螃蟹、龍蝦、蝦類等），牠們曾嘗試過著陸地的生活，但大多數並未真正定居下來。這類動物至今仍在海洋中保持著非常豐富的多樣性，而牠們在陸地生活的最佳典範，要算是低調的潮蟲，牠是一種惹人喜愛而重要的生物，卻從沒有野心要成為全球霸主。

早期陸地上的節肢動物探險者，比如說今天的潮蟲和馬陸，大概只能生活在潮濕的地方，如水邊、泥地裡、石頭下或苔蘚叢裡。水生動物在陸地上往往會因脫水而很快死亡，尤其是小型的節肢動物。因此，如果想要真正在陸地上開拓，防止脫水至關重要。蜘蛛深諳此道，牠們演化出一種蠟質表皮，如今即使在最乾旱的地方也能生活，我曾在撒哈拉沙漠之中一處光禿禿的灌木叢中，見到牠們耐心地坐在自己建造的精緻蜘蛛網上。然而，真正能夠在陸地上生活的生物是昆蟲。牠們的確切起源仍然未解：一般認為是大約四億年前在陸地上演化出來，❶也許是源自早期的甲殼類，或是來自馬陸，但更有可能是來自其他古老的節肢動物群，而這些古老的節肢動物並未存活到現在，在化石中也尚未發現牠們的蹤影。

那，我們該如何定義或識別昆蟲呢？答案就在所有的昆蟲都具有的共同特徵，使牠們與其他節肢動物有別。牠們的身體可以分為三個部分：頭、胸、腹。與其他節肢動物群不同，昆蟲有連接在胸部的六隻腳。像蜘蛛一樣，昆蟲也發展出一個用蠟和油密封住的防水表皮。

在這樣的基本設計下，昆蟲們開始踏上征服陸地之旅，但若非在演化上有了進一步的躍進，牠們可能無法走得太遠，這點正是牠們在地球如此成功的關鍵：早期的某類昆蟲飛上了天，也有一些原始不會飛的昆蟲生存至今，衣魚（silverfish）也許是最為人所知的例子（但卻少有人知道牠們）。另一方面，那些能夠飛行的昆蟲，則取得了巨大的成功。

據我們所知，自生命開始以來的三十五億年裡，動力飛行能力只演化出四次，而昆蟲正是空中生物的先驅，牠們大約在三億八千萬年前出現（其次是二億兩千八百萬年前的翼

---

❶ 與現代人類相當接近的生物大約出現在一百萬年前，所以昆蟲存在於地球上的時間大約比人類要多出四百倍。當第一隻恐龍出現時（大約二億四千萬年前），昆蟲已經算是古老的生物。迄今為止，地球上發生過的五次大滅絕事件中，昆蟲有四次倖存下來，包括恐龍滅絕的那次。

龍、大約一億五千萬年前的鳥類，以及大約六千萬年前的蝙蝠）。有一億五千萬年的時間，昆蟲獨占了天空。目前還不清楚牠們飛行的能力一開始是如何演化而來，但有個盛行的理論認為，昆蟲翅的構造最初類似於開合的鰓，我們今天仍可以在蜉蝣稚蟲身上見到。原始的翅最初可能只是為了幫助昆蟲在水面上滑行，最後變得可動，而開始了昆蟲最初的動力飛行。

飛行給昆蟲帶來了非常多的好處。使牠們能夠輕易逃離陸地上的掠食者，而且尋找食物或配偶也方便許多，因為飛行比步行快得多。飛行使得遷移變得可能，一些昆蟲如帝王蝶和小紅蛺蝶（*Vanessa cardui*），每年能夠飛行數千英里以避開嚴冬。如果你只是一隻潮蟲或馬陸，遷移就不會是一個選項。

有了嶄新的超能力，飛行昆蟲在石炭紀（Carboniferous period，約三億五千九百萬至二億九千九百萬年前）興盛起來，此時出現了許多新的昆蟲類群，包括飛行能力較弱的蟑螂、蟑螂和蝗蟲，以及更善於飛行的昆蟲，如蜉蝣和蜻蜓。

在昆蟲們忙著學飛之際，植物也未安於現狀。牠們的葉子演化出更好的保水功能，為了競爭陽光，植物變得愈來愈高，最後形成了巨大的樹狀蕨類森林（其中一些沉入林下的沼地林地石化後成為煤炭）。儘管此時已經有了兩棲動物（amphibians）和最早的蜥蜴，但陸地上大抵應該是由昆蟲所主導。當時空氣中含氧量比今天還要高，這可能是有些昆蟲能長得比起現今任何一個物種都要巨大的原因之一。如果人們有幸能夠返回到那些遠古的原始森林，或許能夠瞥見巨脈蜻蜓（*Meganeura*）在樹林間翱翔的身影，這群體型巨大、類似蜻蜓的昆蟲，翼展可以超過七十公分。

儘管飛行或許是昆蟲最重要的創新技能，但牠們會的把戲還不只一種。首先，就在石炭紀結束後，大約二億八千萬年前，某類昆蟲出現了「完全變態」這一非凡的能力，能從類似蠐螬（grub）的未成熟（幼蟲）狀態轉變成外觀完全不同的成蟲，或像是毛毛蟲變成蝴蝶、蛆蟲變成蒼蠅。

昆蟲的「完全變態」，宛如童話中青蛙變成王子的故事一樣神奇，只不過昆蟲的變態是真實發生在我們的生活周遭。想像一下，你是一隻成年的毛毛蟲。在你消化了最後一餐的葉子之後，吐絲將自己織進一個蛹裡，然後緊緊地固定在樹莖上。接著，你與舊皮分離開來，露出底下一個光滑的棕色新皮。你不再有眼睛、腳，或任何外部開口，只剩下被稱為氣孔（spiracles）的小洞讓你呼吸。你全然無助，並保持這種狀態數週，在某些物種甚至可能長達好幾個月。在你閃亮的蛹裡，你的身體開始溶解，你的組織和器官的細胞依照預設凋亡並瓦解，直到你變成一道毛毛蟲湯。只剩少數胚胎細胞群仍然存在，然後這些細胞開始增殖，長出全新的器官和結構，為你打造一個全新的身體。一旦一切就緒、時機成熟，你便破蛹而出，在蛹底下的你已經脫胎換骨，這一次，你有著一雙大眼睛，一個長長的、盤繞的吻管用於吸吮，以及覆蓋著虹彩鱗片的美麗翅膀，你必須在翅膀變硬之前，將血液注入翅脈，使翅膀伸張。

關於這種驚人的現象究竟是如何產生的，至今仍有很多爭論，包括近年出現的一種怪異理論，主張完全變態是通過一種會飛行、類似蝴蝶的昆蟲，和一種櫛蠶（velvet worm，一種類似毛蟲的節肢動物親戚）之間詭異雜交所演化而來。一種更合理的說法是，毛毛蟲是卵裡頭的胚胎提早孵化的結果。＊不論牠們是怎麼辦到的，完全變態是一個了不起的現象，而具有這種能力的昆蟲，已經成為所有昆蟲中的佼佼者：蒼蠅、甲蟲、蝴蝶和飛蛾，以及各類蜂、螞蟻和蜜蜂。

從表面上看，一隻蛆蟲變成一隻蒼蠅的過程，儘管令人印象深刻，但這樣的轉變能力有什麼好處卻似乎不是很明顯。這個轉變必須大費周章，而且任何飼養過蝴蝶的人都可以證明，破蛹而出是一個精巧且充滿變數的動作，經常會出錯，特別是當翅膀無法好好展開時，這隻可憐的昆蟲就此殘缺且註定完蛋。有一個理論認為完全變態之所以是一個成功的策略，在於牠使得未成熟階段的幼蟲和成熟階段的成蟲各司其職，並且擁有一個為該目的而設計的身體。❷ 幼蟲是一個不停進食的機器，就像蛆蟲，充其量不過是一個由腸道連接嘴巴和肛門的生物。牠不需要能夠快速移動或遠行，因為牠的母親會確保在食物無虞的地方產卵。幼蟲往往只具備了基本的感官，視力差，沒有觸角。另一方面，成蟲通常壽命很短，除了可能喝一些花蜜來提供活動的能量之外，幾乎不進食。❸牠們的主要任務是尋找配偶，進行交配，如果是雌性，則是產卵。在一些物種中，牠們也可能會遷徙。成蟲需要移動，並且具有敏銳的感官，能夠透過視覺、嗅覺或聽覺來尋找伴侶，所以牠們通常有雙大眼和大觸角。牠們還可能具備了鮮豔的顏色，以打動牠們潛在的伴侶。

為了便於比較，不妨想想那些不是完全變態的昆蟲。例如，蝗蟲或蟑螂。未成熟的蝗蟲或蟑螂基本上是成蟲的縮影，在翅的位置有著小小的翅芽。與經歷完全變態的昆蟲不同，這些小蝗蟲可能必須與成蟲爭奪食物，而這對於蛆蟲或毛毛蟲來說則毋須擔心。蝗蟲

---

* 審定註：完全變態源自雜交的假說是唐納．威廉森（Donald I. Williamson）在二〇〇九年所提出，雖然提出內共生理論的知名學者琳．馬古利斯（Lynn Margulis）為其強力背書，但沒有太多學者當真。幼蟲是胚胎提早孵化的假說又稱為前若蟲假說（Pronymphal Hypothesis），由義大利昆蟲形態學家安東尼奧．波利斯（Antonio Berlese）在一九一三年首度提出，但在上世紀被忽視了很久，直到最近十年才受到比較多內分泌學上的支持。

❷ 請注意，我在此並不是指變態的過程是經由一個至高無上的存在所進行的精巧設計。「設計」是幾千年來對於演化盲眼修補匠特性的表達方式。

❸ 昆蟲為數眾多，種類繁多，但總是有例外。有些成年飛蛾沒有口器，只能活三、四天，而有些成年甲蟲卻能活好幾年。昆蟲的長壽紀錄是由白蟻后保持，牠至少可以活五十年，甚至更長。

的身體基本上是一個妥協之下的設計，牠必須能夠做所有的事情：進食、生長、擴散、尋找配偶、尋找適合的地方產卵。蝗蟲可以說在這些方面做得還不錯，任何在非洲面對過成群飢餓蝗蟲的農民都可以證明，但就物種數而言，牠們遠不如其完全變態的表親們。不是完全變態的昆蟲大約有二萬種已知的直翅目（Orthoptera）（蝗蟲和牠們的親戚），以及七千四百種蜚蠊目（Blattodea）（蟑螂）。相比之下，完全變態的昆蟲包括十二萬五千種雙翅目（Diptera）（蒼蠅）、十五萬種膜翅目（Hymenoptera）（蜜蜂、螞蟻和各類蜂）、十八萬種鱗翅目（Lepidoptera）（蝴蝶和飛蛾）和令人吃驚的四十萬種鞘翅目（Coleoptera）（甲蟲）。這四類昆蟲加在一起，約占我們地球上所有已知物種的百分之六十五。

除了飛行和完全變態的魔法之外，昆蟲在演化過程中的最後一項技能，是發展出複雜的社會體系，在這樣的社會運作中，團隊有效地工作，如同一個「超級有機體」。白蟻、胡蜂、蜜蜂和螞蟻皆採這種策略，共同生活在一個巢穴中，由一隻或少數幾隻王族產下所有的卵，而工族則各有任務，如照顧王族、照顧幼蟲、保衛巢穴等等。透過各司其職，每隻昆蟲都能夠成為其特定任務的專家，甚至在某些情況下，發展出獨特適應的身體，例如在一些螞蟻巢中，可以發現有著巨大大顎的兵蟻，主要的工作是保衛巢穴，防止食蟻獸或土豚等大型掠食者的攻擊。著名的美國生物學家愛德華．威爾森（E. O. Wilson），他是研究螞蟻的專家，他曾經估計，全世界約莫有一京（十的十六次方）隻螞蟻（從一千兆到一京）。

在一些陸生生態系統中，牠們可能占動物總生物量的百分之二十五，總體而言，地球上螞蟻的總重量與人類的總重量相似，這是一個非常粗略的估算，也就是說單是螞蟻的數量就超過人類的一百萬倍。說不定在過去四億年的任何時間裡，外星人俯視著我們所居住的這個地球時，都會做出這是個昆蟲星球的結論，直到最近這兩百年才改觀。

「蛇蠍美人」螢火蟲

螢火蟲，在一些國家也被稱為會發光的蟲（glowworms），牠們肯定是最神奇的昆蟲之一。牠們不是蒼蠅，而是一群擁有發光尾部的甲蟲。牠們發出的光是用來吸引配偶，不同種類的螢火蟲會發出綠色、黃色、紅色或藍色的光芒，有些會發出持續光，而有些則發出特定模式的閃光。例如，歐洲的正螢（*Lampyris noctiluca*）的雌蟲會發出溫和、穩定的綠色光以吸引雄蟲。而在其他許多種類則是在飛行時會發出短促的閃光，這在黑暗中會對人眼產生光跡般的效果，所以這些昆蟲也被稱為閃電蟲（lightning bugs）。美國和亞洲熱帶地區的一些螢火蟲會同步發光，當數以千計的螢火蟲齊爍時，彷彿上演一齣壯觀的燈光秀。

螢火蟲是捕食性昆蟲，以其他昆蟲、蠕蟲或蝸牛為食，依種類而定。一些雌性螢火蟲甚至演化出模仿另一種雌性螢火蟲的發光技巧，目的不是為了吸引配偶，而是為了引誘晚餐上門。那些不幸受到引誘的多情雄性螢火蟲很快就被吃掉，因此這些雌性螢火蟲向來以「蛇蠍美人」（femme fatale）螢火蟲著稱。

2 昆蟲的重要性

如果所有的人類全都消失，世界將重返回一萬年前的豐富生態平衡狀態。而如果昆蟲消失殆盡，我們生存的環境將因此崩潰失序。

——愛德華．威爾森，美國生物學家

二〇一七年秋天，我正在為一個澳洲電臺節目做一個關於昆蟲衰退的現場專訪。主持人愉快地提出的第一個問題是：「那麼，昆蟲正在消失。這是件好事，可不是？」我很確定這個問題是在開玩笑，但由於我遠在一萬兩千英里外電話的另一端，所以很難百分之百確定是否如此。不管對方的動機如何，這個問題實際上反映了許多人的觀點，他們認為昆蟲主要都是些害蟲、煩人的東西、疾病的傳播者，牠們會螫人、咬人、令人惱怒和製造麻煩。很少人會因為現在已經沒什麼昆蟲被撞爛在汽車擋風玻璃上而哀嘆。我們大多數人現在都住在城市裡（根據世界銀行的資料，英國有百分之八十三的人口是城市居民，而全球則有百分之五十五，而且還在快速上升中），除非我們真的去公園和後院裡尋找昆蟲，不然我們最有可能遇到的便是那些入侵我們家中的昆蟲，包括蟑螂、家蠅、麗蠅、袋衣蛾和衣魚。這些都是迷人和奇妙的生物，但是就像好的麥芽威士忌一樣，人們必須花時間先好好地熟悉牠們，才能看到牠們的優點。對我們大多數人來說，牠們是家中的不速之客，必須盡速地趕走或殺死。有那麼一瞬間，我不知道怎麼回應澳洲採訪者的問題，或許也因為當時我正站在小便斗前，恰巧有人進來使用廁所而分心。

我要澄清，我通常不會在公共廁所裡接受廣播採訪，但這次我正好在一家酒館裡吃飯，準備第二天在英格蘭多徹斯特小鎮（Dorchester）演講，這時我的手機收到緊急的採訪請求。酒館裡播放著嘈雜的音樂，外面正下著傾盆大雨，所以廁所似乎是最安靜，且乾燥的地方。我盡可能地集中心智，然後就昆蟲所扮演的許多極其重要的角色，展開了一場精心準備的「長篇大論」。接受這類的採訪總是讓人不放心，因為看不到採訪者的表情，因此也就無法感覺到自己的觀點是否有清楚地表達出來——但至少那個在角落裡小便的人贊同地點頭。

對昆蟲缺乏熱情，當然不只限於澳洲的廣播節目主持人。最近，在英國廣播公司的全國性廣播中，英國著名醫生兼電視節目主持人溫斯頓勳爵（Lord Robert Winston）也被問到全球野生動物正在減少的問題。他的回答竟然是，「地球上有相當多並非我們真正需要的昆蟲」。我不清楚為什麼他被要求對一個他沒有專業知識的主題發表評論，但在這個光怪陸離的年代，名人的意見受到重視似乎很尋常，無論其資格或經驗如何。儘管如此，他的回答其實代表了許多人的態度。

生態學家和昆蟲學家應該對我們在向公眾解釋昆蟲的重要性做得如此差勁而深感擔憂。昆蟲占了地球上已知物種的主要部分，因此，如果我們失去了許多昆蟲，那麼整體的生物多樣性當然會顯著減少。此外，鑑於牠們的多樣性和豐富性，昆蟲不可避免地密切參與了所有陸地和淡水的食物鏈和食物網。例如，毛蟲、蚜蟲、石蠶蛾幼蟲和蝗蟲是植食動物，牠們將植物轉化為自身美味的昆蟲蛋白質，讓大型動物更容易消化。其他昆蟲如胡蜂、步行蟲和螳螂，是植食動物的掠食者，位處食物鏈的上一層，而這些昆蟲又都是眾多鳥類、蝙蝠、蜘蛛、爬行動物、兩棲動物、小型哺乳動物和魚類的獵物。如果沒有昆蟲，這些動物幾乎沒有東西可吃。接下來，以食蟲的椋鳥、青蛙、鼩鼱或鮭魚為食的上層掠食者，如雀鷹、蒼鷺和魚鷹，如果沒有昆蟲，牠們也會跟著挨餓。

昆蟲從食物鏈中消失，不僅對野生動物來說是場災難，對人類的食物供應也會產生直接的影響。大多數歐洲人和北美人對於食用昆蟲感到厭惡，這點十分說不過去，因為我們很樂於食用明蝦，而明蝦與昆蟲的外觀大致相似，兩者都是體有分節、具有外骨骼。我們的遠古時代的祖先肯定也吃昆蟲。然而，綜觀全球，食用昆蟲可以說是常態，在一些國家，昆蟲在飲食中占比很大。大約百分之八十的全球人口經常食用昆蟲，在南美、非洲、亞洲以及大洋洲的原住民中十分普遍。人們經常食用大約兩千種不同種類的昆蟲，包括毛毛蟲、甲蟲幼蟲、螞蟻、胡蜂、蛾蛹、椿象、蝗蟲和蟋蟀。在此僅舉幾個例子，據估計，在南非每年有一千六百噸莫帕尼蟲（*Gonimbrasia belina*，一種帝王天蠶蛾大而多汁的幼蟲）當作食物銷售，這還不算個人收集和食用的數量。在鄰近的波笥那（Botswana），莫帕尼蟲的年產值達八百萬美元。毛蟲通常被曬乾，作為酥脆的零食食用，或是製成罐頭以延長儲存時間，或是將新鮮的毛蟲與洋蔥和番茄一起煎炸後食用。泰國外銷的罐裝蠶蛹，價值估計為五千萬美元。在日本，「螞蚱」罐頭（蝗蟲的一種）常被當作高檔食物販賣，而已故裕仁天皇最喜歡的一道菜，便是胡蜂炊飯。＊在墨西哥，人們長期從野外大量採集白色的龍舌蘭蟲（skipper butterfly，一種大型弄蝶的毛蟲）和阿華胡特（ahuahutle，划椿的卵，有時也被稱為「墨西哥魚子醬」），這些食用昆蟲甚至出口到美國和歐洲。然而，這兩種昆蟲的貿易量近年來下降了不少，由於過度採集，弄蝶已經變得稀少，而划椿的卵則由於水污染而減少。

這些主要是從野外採集昆蟲食用的例子，但在此可以提出一個強有力的論點，即我們人類應該養殖更多昆蟲，作為豬、牛或雞的替代品。傳統的牲畜屬於恆溫動物，必須消耗大量能量以保持體溫，使得將植物轉化為人類食用肉品的效率低落，而牛的效率又比雞還要低上許多。舉例來說，一頭牛得消耗二十五公斤的植物糧草，才能增加大約一公斤可供人類食用的肉。作為變溫動物，昆蟲的效率要高得多：例如，蟋蟀只需消耗二點一公斤的植物，就能增加一公斤可被消化的身體質量，效率是傳統牲畜的十二倍。昆蟲在其他方面的效率也遠遠高於食用牛：與蟋蟀相比，牛隻需要五十五倍的水和十四倍的空間，才能生產出一公斤供人類消耗的食物。更重要的是，昆蟲是一種更健康的動物蛋白來源，它含有大量的必需氨基酸，飽和脂肪含量也比牛肉要低得多。

以昆蟲為食還有其他優點。例如，與食用脊椎動物相比，我們因吃昆蟲而感染疾病的可能性要小得多，因為我們與昆蟲沒有共同的疾病（想想狂牛病、雞流感或新冠肺炎，其中，新冠肺炎更被認為是源自蝙蝠或中藥用的穿山甲。）

與牛不同，多數昆蟲很少或者不會產生甲烷❹這種強大的溫室氣體，而且牠們的生長速度比哺乳動物快很多。此外，食用昆蟲大概也可以避免動物福利問題，因為許多昆蟲可

＊審定註：「蜂の子」（hachinoko）是日本長野縣的名產，取胡蜂或長腳蜂巢內的幼蟲與蛹製成佃煮的料理，裕仁天皇戰後訪問長野的諏訪市，在當地吃到這道料理並讚不絕口，乃納入宮廷料理中，將蜂幼蟲或蛹跟米飯一起炊煮食用。

以被高密度飼養而沒什麼問題，就算有，每隻昆蟲受的苦大概也比乳牛要低（儘管我知道有人會不同意）。

問題是，科學家預計到二〇五〇年，地球上的人口將會高達一百至一百二十億，若要養活那麼多人口，那麼我們應該認真看待昆蟲養殖，當成比傳統牲畜養殖更永續的選擇。然而，我對吃昆蟲的唯一問題是，在我嚐過的所有昆蟲中，沒有一種的味道特別令人享受，唯一的例外是裹了巧克力的螞蟻。但在這個例子裡，我十分肯定我享受的其實是巧克力。不過，我也只嘗試幾種類型的昆蟲，如果我有機會品嘗油炸莫帕尼蟲或是墨西哥魚子醬，我想我會努力保持開放的心態。

雖然在西方社會幾乎不直接吃昆蟲，但我們確實經常在食物鏈中只差一步地間接食用牠們。鱒魚和鮭魚等淡水魚以昆蟲為食，鷓鴣、野雞和火雞等野味鳥類也是。在日本，香魚和鰻魚等淡水魚是人類重要的飲食來源。這些魚主要是食蟲動物，因此，人類的食物供應直接取決於是否有足夠的淡水昆蟲供淡水魚食用。一九九三年，當日本最大的湖泊之一的宍道湖（Lake Shinji）被從農田逕流的類尼古丁類農藥污染時，昆蟲與人類食物兩者之間的關係變得再清楚不過。湖中無脊椎動物的數量急劇下降，導致當地漁業急劇崩潰，損失了數百個就業機會。香魚的年平均產量從一九八一年至一九九二年的二百四十噸，掉到一九九三年至二〇〇四年的二十二噸，而同一時期的鰻魚捕獲量則從四十二噸下降到十點八噸。

除了食用外，昆蟲在生態系統中還提供了其他重要的功能。百分之八十七的植物物種需要動物授粉，其中大部分是由昆蟲授粉。除了那些由風授粉的雜草和針葉樹之外，這差不多就是所有的植物。花朵五顏六色的花瓣、香味和花蜜，都是為了吸引授粉者演化而來。沒有授粉，野花就不會結籽，多數野花最終將會消失。最後將不會再有矢車菊、罌粟、毛地黃或勿忘草這些植物。我們或許會感歎我們的世界正在慢慢失去色彩，但如果沒有授粉者，對生態環境的毀滅性影響將不只是失去漂亮的花朵而已。因為如果大部分植物物種無法再散播種子並死亡，那麼陸地上的每一個生物群聚都將完全改觀、變得貧乏，因為植物是每一個食物鏈的基礎。

從人類自私的角度來看，野花的損失似乎是我們最不需擔心的事情，因為我們種植的作物中，大約有四分之三跟野花一樣仰賴昆蟲授粉。然而，我們通常以昆蟲所提供的生態

❹白蟻可能是個例外。白蟻相當類似於六條腿的微型牛，有一個特殊的腸道室，裡面充滿了微生物，幫助牠們消化纖維素和其他堅韌的植物。就像乳牛的瘤胃中的細菌所產生甲烷一樣，白蟻體內的細菌也會產生甲烷，儘管科學家們對牠們產生多少甲烷，或者牠們對溫室氣體排放的占比是否是我們應該擔心的問題尚無共識。

系服務來判斷牠們的重要性，這些服務若用貨幣價值來衡量，僅授粉一項，估計昆蟲每年在全世界就創造了二千三百五十億至五千七百七十億美元的價值（這只是粗估，因此兩個數字之間有段相當大的差異）。撇開金錢價值方面不談，如果沒有授粉者，我們不可能養活全球不斷增長的人口。我們或許可以生產足夠的熱量讓所有人活命，因為大部分人類的主食是小麥、大麥、水稻和玉米等以風授粉的作物，但是如果只靠麵包、米和麥，我們很快就會缺乏必要的維生素和礦物質。想像一下，沒了草莓、辣椒、蘋果、黃瓜、櫻桃、黑醋栗、南瓜、番茄、咖啡、覆盆子、櫛瓜、紅花菜豆、藍莓的飲食（在此僅舉幾例說明），那是怎樣的世界？全球生產的水果和蔬菜，其實已經少於地球上每個人維持健康飲食所需的數量（而同時，人類卻也過度生產穀物和油）。如果沒有授粉者，就不可能生產出人類「一天五蔬果」的生活所需。

除了授粉之外，昆蟲還具有重要的生物防治功用（儘管這對昆蟲的重要性來說有點算是循環論證，因為牠們防治的許多害蟲同樣也是昆蟲）。❺如果沒有瓢蟲、步行蟲、蠼螋、草蛉、胡蜂和食蚜蠅等天敵，我們將會更加疲於應付作物的害蟲問題、被迫使用更多的農藥。如果沒有授粉者，我們將不得不更加依賴那些少數的風媒作物，但這樣一來，就更難在每一年之間輪作，反過來使蟲害問題更加嚴重。

昆蟲在防治害蟲的作用上不甚光彩，有時受到汙名化，而且通常不受重視。例如，胡蜂往往在人們最喜愛的昆蟲排行榜上墊後，但這也許是因為大多數人不知道絕大多數的胡蜂類都是擬寄生蟲（parasitoids），其中有不少在減少害蟲數量上非常有效。❻在我自己的花園裡，我的十字花科作物像是高麗菜、花椰菜、白花椰菜等，便經常受到貪婪的歐洲粉蝶和紋白蝶毛蟲的攻擊，牠們在葉子上咬出洞來，如果不加控制，毛蟲可以把一顆高麗菜吃到只剩下一根莖支撐著較硬、不能食用的葉脈。對我來說，幸運的是，由於粉蝶寄生蜂（*Cotesia glomerata*）的到來，使得這種損害十分有限。這些螞蟻大小的蜂，外觀黑色、帶有黃色的腿，雌性有一個尖銳的產卵管，牠們用這個管子，將一簇簇卵注入每條不幸的毛蟲體內。孵化出來的幼蟲從內部啃食毛蟲，最終一起破體而出，在其宿主的新鮮屍體周圍結出一簇簇黃色的小繭。即使是我們在夏末野餐時經常看到的黃黑相間的大黃蜂，也比一

---

❺為了平衡起見，我應該指出，儘管昆蟲發揮了許多重要作用，但牠們也提供了相當多的「生態系破壞」。牠們之中有許多是人類或牲畜疾病的傳播者，是農作物的害蟲，或者是牲畜的寄生蟲。例如，白蟻在分解枯木方面很有價值，但也可能是嚴重的害蟲，牠們會在溫暖氣候的條件下損害木造的房屋。

❻胡蜂（wasps）一詞讓人聯想到黃黑條紋且具有社會性的蜂群，但大多數類群的蜂的體型要小得多，通常是全黑的，大小和螞蟻相當。牠們被列入世界最小的昆蟲名單之中，其中一種是身長僅零點一四毫米長的纓小蜂。

般人知道的要有用得多。牠們既是野花的授粉者，也是蚜蟲和毛蟲等農作物害蟲的貪婪掠食者，也許我們不應該吝嗇，讓牠們吃一、兩塊我們的食物。

昆蟲在控制不受歡迎或入侵性植物方面也很有價值，如澳洲的刺梨仙人掌（prickly pear cactus）。一九〇〇年代，來自美洲乾旱地區的刺梨仙人掌被引入澳洲，作為牲畜的藩籬。在我看來，這些植物很可怕，因為牠們長滿了鋒利的倒刺，要是被這些倒刺刺到非常痛苦，而且很難從肉上拔除（我曾經在西班牙研究長腳蜂時掉進刺梨樹叢中），所以選擇以此類植物作為藩籬似乎有些奇怪。而且這類植物不會沿著直線生長，而是長得到處都是，很快便會失控，在澳洲東北部的昆士蘭，刺梨仙人掌覆蓋了四萬平方公里，形成難以穿透的帶刺灌木。一九二五年，來自南美的灰褐色仙人掌飛蛾（*Cactoblastis cactorum*）被引進，在極短時間內幾乎吃光了所有的仙人掌。

昆蟲甚至還密切參與了有機物的分解，如落葉、木材、屍體和動物糞便。這在大自然中是極其重要的工作，因為可以回收有機物的養分，使這些養分再次用於植物生長。大多數分解者從未受注目。例如，在花園裡的土壤中（特別是你的堆肥，如果你有的話），幾乎一定含有無數的跳蟲（Collembola）。這些微小、原始的昆蟲近親，通常不到一毫米長，牠們以利用彈器（furcula）將自己彈射到空中逃避掠食者的聰明伎倆而得名。跳蟲的彈器通常收平於腹部下方，當遇上緊急狀況發生，牠們會用彈器將自己彈離掠食動物約一百毫米遠。這支微不足道的跳高大軍，牠們從事一項重要的工作，便是啃食有機物中的微小碎片，幫助把牠們分解成更小的碎片，然後進一步被細菌分解，使其釋放出的營養物質可供植物使用。跳蟲是健康土壤中一個重要卻被忽視的組成分子。有些體型較圓潤的種類更是出奇的可愛，就像是胖嘟嘟的綿羊（稍加想像的話）。

這群分解者或許很少被注意到，但如果少了牠們，生態界將會產生深遠的影響，澳洲的牛農在二〇世紀中期就發現了這一點。在世界多數地區，昆蟲大軍爭相爭奪牛糞，所以牛糞不會留存太久。在幾秒鐘，最多幾分鐘之內，草地上的一坨牛糞便會引來第一批糞蠅和糞金龜，牠們被微風中飄來的誘人氣味所吸引。糞蠅產的卵很快就孵化成蛆，然後吞噬腐爛、富含細菌的有機物。糞蠅大約在三週內便可以完成整個生活史。有些糞金龜的祖先是水棲性，＊成蟲在新鮮的糞水中，用著如槳一般的腿泅泳。許多糞金龜將牠們的卵產在糞便中，而另一些則在糞便下的土壤中掘穴，並將一些糞便封存其中供後代食用。另有一

＊審定註：此處的說法有誤。糞金龜屬於金龜子總科，而金龜子總科內並無水棲類群，因此糞金龜不可能具有水棲性的祖先。食糞性的甲蟲中也包含陸生的牙蟲（water scavenger beetles），屬於陸牙甲亞科（Sphaeridiinae），牠們的確源於水棲的祖先，以新鮮的糞便或腐爛物為食。

些糞金龜會將糞球滾離糞堆數公尺遠，希望躲開成群的昆蟲。掠食性的隱翅蟲和步行蟲也來到糞堆，捕食食糞的昆蟲；烏鴉和戴勝等鳥類則被吸引來探尋昆蟲的蠐螬。而糞便中大量的昆蟲不斷挖洞，使糞便的內部逐漸暴露於空氣中，加速糞便乾燥，最終碎裂成細小粉末，成功使糞便的營養物質再循環。

除了釋放營養物質外，昆蟲對糞便的高效處理，還為農民提供了第二項有價值的服務：牠們在清除牲畜的腸道寄生蟲上，扮演著重要的角色。寄生蟲的蟲卵透過糞便，從受感染的動物體內排出，污染草地並被另一頭牛或羊攝取。但昆蟲透過掩埋和吃掉糞便，很快地就能處理掉這些寄生蟲卵。諷刺的是，現在給牛做的寄生蟲治療，反而使牠們的糞便對昆蟲有毒，因此減緩了糞便的循環利用，加劇了本應被治療的牲畜寄生蟲問題。

相比之下，十九世紀澳洲的第一批牛農所面臨的問題是，沒有任何本地昆蟲能處理溼答答的牛糞。早已適應乾旱環境的澳洲哺乳動物，像是袋鼠和袋熊等有袋類動物，牠們產生的糞便與牛隻有很大的不同：有袋類動物產出的糞便較為堅硬，呈顆粒狀。長久下來，澳洲的糞金龜已經適應了以這種糞便為食，卻幾乎完全無法處理第一批歐洲定居者引進的牛隻所產生的糞便。結果，牛糞需要多年才能被分解，累積的量讓牧草長不出來，使得放牧場留給牲畜的草愈來愈少。假設每頭牛每天產生大約十二坨牛糞，到一九五〇年代，澳洲被牛糞覆蓋的面積估計每年將會增加兩千平方公里。

一九六〇年代，來自匈牙利的新移民喬治・博內米薩（George Bornemissza）博士，提出引進糞金龜以處理牛糞問題的解方，澳洲糞金龜計畫因此誕生。博內米薩接下來花了二十年時間，在世界各地尋找適合引進澳洲的糞金龜物種，尤其是南非的糞金龜，因為兩地氣候相似。在此之前，人類刻意將非本地物種引入澳洲的一些做法都造成可怕的後果：例如，來自南美洲的海蟾蜍（*Rhinella marina*），當初被引進澳洲為的是幫助防治甘蔗害蟲，沒想到牠們卻引發了一場大災難，直到今日，澳洲的海蟾蜍數量估計有兩億隻。海蟾蜍除了不吃牠們原本要消滅的害蟲之外，其他什麼都吃。相較之下，引進糞金龜的計畫，則非常成功。總結而論，澳洲共引進了二十三種不同的糞金龜，引進標準是根據牠們清除糞便的速度來選擇，而且這些不同種類的糞金龜，能夠在澳洲不同的氣候區繁衍成長。如今，多虧了這些糞金龜，澳洲的牛糞在短短二十四小時內便能夠神奇地消失。

其他號稱自然界殯葬業者的昆蟲，在處理屍體方面也具有同樣的高效率。反吐麗蠅（*Calliphora vomitoria*）和麗蠅（*Lucilia sericata*）能以不可思議的速度，在動物死後幾分鐘內找到屍體，產下大量的卵。卵在數小時內孵化成一隻隻蠕動的蛆，在其他昆蟲趕來之前競相嚙食屍體。牠們的親戚，肉蠅（*Sarcophaga camaria*），在這場競賽之中占有優勢，因為牠們能夠直接產出蛆蟲，完全跳過卵的階段。蠅類和甲蟲在處理糞便方面相互競爭，在處理屍體上也是如此。埋葬蟲儘管趕來的速度較慢，但牠們會同時吃掉動物的屍體和發育中的蛆。埋葬蟲會把小動物的屍體拖到地底，接著在上面產卵，然後留下來照顧牠們的後代，保護牠們不受其他埋葬蟲的傷害，如果牠們判斷產下的後代過多，剩餘的食物不足以供應，還會選擇剔除並吃掉一些後代。不同的昆蟲種類抵達的順序以及牠們的生長的速度，在任何一個特定的環境條件之下都是可預測的，甚至當死因可疑時，法醫昆蟲學家（forensic entomologists）也可以藉此判斷人類屍體的大約死亡時間。

除此之外，穴居、土居的昆蟲還能夠幫助翻動土壤；螞蟻協助散播種子，牠們會將種子帶回蟻巢食用，但往往在途中遺落一些種子，這些種子便有機會發芽；蠶蛾吐絲；蜜蜂提供給我們蜂蜜。總結而論，僅僅在美國，昆蟲每年提供的生態系服務至少價值五百七十億美元，但是這個計算不太具有意義，因為昆蟲的價值，如同受人尊敬、全方位的生物學家愛德華．威爾森所說，沒有了牠們，「環境將崩壞，陷入混亂」，數十億人將因此挨餓。為了避免這種情況，我們要付出什麼代價？

許多昆蟲的作用重大，但我們根本不知道大多數昆蟲在做什麼。在現存可能有五百萬種昆蟲中，其中有五分之四的種類人類尚未為其命名，遑論研究牠們扮演的生態角色。近年來，製藥公司已經開始進行「生物勘探」，他們在不同的昆蟲中發現了無窮無盡的化合物，並發現當中有許多具有潛在醫療用途的新化合物，包括可能幫助我們解決抗生素的抗藥性細菌的新抗菌化合物，以及抗凝血劑、血管擴張劑、麻醉劑和抗組胺劑等化合物。每一個滅絕的昆蟲物種，都意味著一個潛在的藥物寶庫跟著永遠消失。

正如保育家奧爾多・里奧波德（Aldo Leopold）所說，「修補的首要原則，便是保護所有的螺絲釘。」在構成大多數生態群落的數千種生物裡，我們對他們彼此之間眾多的相互作用所知甚少，因此我們不能說我們「需要」或「不需要」哪些昆蟲。對作物授粉的研究發現，大多數授粉往往是由少數物種完成，但隨著時間進展，當有更多物種出現時，授粉將變得更可靠，更有彈性。畢竟，不同昆蟲物種的數量每年都會自然波動，有些昆蟲可能在春寒料峭、大雨或乾旱中應付自如，因此，在某一年完成大部分授粉工作的昆蟲，可能不是接下來一年或十年內的主要授粉者。僅僅依靠一種昆蟲授粉，如養殖的蜜蜂，是一種愚蠢的策略，因為如果養殖蜜蜂發生任何問題，將沒有任何備案。❼伴隨氣候的變化，授粉者的群聚也會跟著變化，今天看起來不重要的物種很可能成為明日的主要授粉者。昆蟲所做的其他工作也可如此觀之，有愈多不同類的昆蟲可用，我們就愈有機會將這些重要的工作延續到不確定的未來。

❼儘管愚蠢，但這是北美許多農民採取的策略，他們花錢運來蜜蜂為他們的作物授粉，因為他們的耕作方法使得常駐的野蜂數量太少，無法提供足夠的授粉。

美國生物學家保羅・埃利希（Paul Ehrlich）有一個著名的比喻，他把生態群落中物種的消失，比喻成從飛機機翼上隨機彈出的鉚釘。去掉一個或兩個，飛機可能會沒事。去掉十個、二十個或五十個，在某個我們完全無法預測的時刻，將會導致災難性的失事，飛機就會從天上掉下來。昆蟲正是維持生態系統運作的鉚釘。我們距離災難性的邊緣有多近，人類尚不得而知。然而，在一些地方，卻已經遭遇了昆蟲消失的後果。在中國西南部的部分地區，因為幾乎沒有授粉者，農民們被迫為他們的蘋果和梨子進行人工授粉，否則他們的作物將無法結果；在孟加拉，我看到農民替瓜果進行人工授粉；巴西部分地區農民也指出他們必須替百香果進行人工授粉。此外，世界各地許多研究發現，包括加拿大的藍莓、巴西的腰果，以及肯亞的法國豆，由於授粉昆蟲數量不足，密集耕作地區的昆蟲授粉作物產量較低，而靠近原生林地區或其他野生動物豐富地區的農場產量則較高，因為這些地區仍保有較多的授粉昆蟲。在英國，最近一項關於加拉蘋果（Gala）和考克斯蘋果（Cox）生產的研究發現，由於授粉不佳，水果的品質受到影響，農民目前損失大約六百萬英鎊的潛在收入。顯然，在世界許多地方，我們正處在或已經因為授粉者不足而限制到作物產量的節骨眼上。如果連我們的農作物都很難得能吸引到足夠的授粉者，那麼野花更可能如此；如果野花因授粉不足而進一步減少，那麼這意味著倖存的授粉者的食物就會更加短缺。一些科學家推測，這可能會引發「滅絕漩渦」，在這個漩渦中，花朵和授粉者的數量，將會以螺旋式的方式下降，從而雙雙滅絕。

在很大程度上，昆蟲所做的工作並未被人類社會所注意，牠們的付出，甚至被認為是理所當然。大多數畜牧業者幾乎沒有考慮過糞金龜的重要性，直到最近仍鮮少有耕作者採取任何措施，以增進授粉者或保護作物害蟲的天敵數量。就像澳洲的牛農或孟加拉的瓜農一樣，只有當昆蟲不再幫助我們時，我們才會被迫注意到嚴重性。在一切為時已晚之前，我們應當開始感激昆蟲為我們所做的一切才是明智之舉。

蜜罐蟻

蜜蜂和有些胡蜂從花朵中收集花蜜，將其儲存在以泥巴、紙或是蠟製成的特殊蜂房或是蜂窩中。當年中外頭花蜜不足的季節到來時，這些儲存的蜜成為重要的食物來源。在澳洲的乾旱沙漠中住著一種螞蟻，牠們以完全不同的方式儲存蜜露。蜜罐蟻，又稱為膨咕巨山蟻（*Camponotus inflatus*），有一項獨門絕招。某些螞蟻會吞入大量的蜜並貯存在體內，這使牠們的腹部怪異地膨大。牠們因此很快就會變得無法動彈，但是牠們的姊妹們仍會繼續餵食牠們花蜜，直到腹部膨脹成透明狀。成群的蜜罐蟻垂掛在地下巢室的屋頂上，宛如一串串成熟的金色葡萄，每隻蜜罐蟻都十分樂意將牠們儲存的甜美花蜜反芻給蟻群中任何飢餓的成員。在乾旱的澳洲，這些儲存的蜜是如此寶貴，以至於吸引了大大小小的盜賊。其他螞蟻巢穴會派出突擊隊，制伏守衛，偷走無助的活體食物儲存蟻，把這些腹部膨脹的螞蟻拖回自己的巢穴。澳洲原住民也非常珍視那些蜜罐蟻，他們會在乾熱的土壤中向下挖到兩米深去找牠們，然後直接吃掉這些大腹便便的螞蟻來享用爆漿的蜜露。

3 昆蟲大驚奇

不論就實踐和經濟層面，我們都有充分的理由主張去保護現在或未來對人類有價值的昆蟲物種。然而，這種以人類為中心的保護方式，或許忽略了保護生物多樣性最有說服力的理由。我經常在演講完後被問到：「X物種存在的意義是什麼？」——這個X，可以是蛞蝓、蚊子、胡蜂或任何提問者碰巧不喜歡的其他生物。在過去，我會試圖透過透過物種的各個角色，最好將一些對人類有利之處也包括進來，從中建構出生態理由來回答X物種的存在問題。例如，我可能會指出，蛞蝓是蛇蜥（*Anguis fragilis*）最愛的食物，也是我們會喜愛的動物，如許多鳥類和哺乳動物（如刺蝟）的食物。有些類群的蛞蝓有助於有機物的分解；而有些則是其他蛞蝓的掠食者，諸如此類。同樣，當我以前住在蘇格蘭時，我經常被問到糠蚊（midge）有什麼「作用」。如果你在夏末訪問高地，那麼你很快就會厭惡這些肉眼勉強看得到的棕色小蚊。儘管牠們很小，但是當這群吸血小惡魔集結成群時，的確會為我們的生活帶來困擾。據說在一八七二年，維多利亞女王曾經在一次高地野餐中遭到一群小蚊「大舉攻擊」而狼狽逃離。不過，她不是唯一的受害者：據估計，糠蚊每年給蘇格蘭旅遊業帶來約二億六千八百萬英鎊的觀光損失。然而，即使是糠蚊也有其重要的作用：牠們翼展約兩毫米，重量僅為千分之二克，儘管體型微小，[8]但在一平方公尺的沼澤地可以羽化出高達二十五萬隻糠蚊，這相當於每公頃可提供約一點二五噸食物給許多鳥類（如燕子和毛腳燕），以及較小型的蝙蝠物種。僅在英國，就擁有六百五十種糠蚊，這數字十分驚人，而其中只有大約百分之二十會咬人。人們對於牠們的幼蟲階段扮演的角色所知甚少，事實上，許多物種的幼蟲階段還尚未被描述過。例如，在熱帶地區，糠蚊是可可樹的唯一授粉者，這意味著沒有糠蚊，我們就沒有巧克力，所以至少其中有些糠蚊非常重要。

最近，我試圖反問這個問題。為什麼蛞蝓或糠蚊的存在需要理由，甚至得看牠們為我們做了什麼或是對生態系統有何貢獻？蛞蝓的存在必須要有「意義」嗎？

還記得奧爾多．里奧波德說過，「修補的首要原則，便是保護所有的螺絲釘。」儘管他這麼說，但是的確有些昆蟲或其他動物滅絕的事實存在，而不論是在生態還是經濟方面，我們卻絲毫不覺得有任何影響。例如，聖赫勒拿巨型蠼螋（*Labidura herculeana*）已經滅絕，但人類卻未注意到此事：幾十年前，聖赫勒拿巨型蠼螋還生活在遙遠的大西洋島嶼上的海鳥群島中，然而自一九六七年以來，人們再也沒有看到過這種八釐米長、活生生的絢麗生物。合理的猜測是牠們被人類引進的齧齒動物消滅了。不管牠曾經發揮過什麼生態作用，至少到目前為止，沒有人察覺到牠的消失有什麼明顯的生態影響。紐西蘭的巨沙螽（*Deinacrida*）＊——身上有著棕色盔甲，是世界上最重的巨型昆蟲之一，會在潮濕的原生林中緩慢地爬行——或許也會因為類似的原因而消失，並逐漸遭人遺忘。除了少數幾名紐西蘭昆蟲學家可能因此心碎之外，牠們的消失極不可能帶來什麼不利的後果。同樣地，在我居住的地方附近的南唐斯（South Down），嚙疣螽斯（wart biter cricket）可能會從牠們最後的幾處棲息地消失，霾灰蝶（*Phengaris arion*）則很可能會從英格蘭西南部滅絕，不過我很確定牠們的消失並不會帶來生態災難。

也許溫斯頓說得沒錯，也許「我們並不真正需要」許多的昆蟲？也許我們人類可以在一個最低限度生物多樣性的世界裡生存？堪薩斯州或劍橋郡（Cambridgeshire）的重度耕作區已經十分接近這樣的狀態。很快地，我們很可能有能力消滅整個物種——例如，基因驅

---

❽ 糠蚊是小型昆蟲演化的奇蹟。為了飛行，牠們必須每秒振翅一千次，這是動物界中振翅速度最快的物種。只有雌性會叮咬人，牠們能夠跟隨我們呼氣時釋放到下風處的二氧化碳，使牠們即使在黑暗中也能追蹤到我們。一旦停在我們的皮膚上，牠們便會扭動頭部，利用類似電鋸般鋒利的鋸齒狀大顎切入我們的皮膚。牠們可以吸取相當於自身兩倍體重的血。

＊審定註：巨沙螽自成一科，不是螽斯也不是蟋蟀，但跟牠們是遠親，只分布在紐西蘭。

動技術（gene drive technology）[9]可以消滅實驗室裡甘比亞瘧蚊（*Anopheles gambiae*）的族群，或許有一天，我們也可以用它來消滅整個在野外的甘比亞瘧蚊（幸運的是，這項技術還未到達田間測試的階段）。如果我們有了這種能力，我們是否應該使用它，又該在哪裡停手？理論上，若釋放一次便能將整個大陸的目標物種消滅殆盡，這種技術該如何在國際間受到監管？誰能決定一個物種的生死？在蚊子之後，什麼物種會被列入下一個等待消滅的目標？是蛞蝓、蟑螂，還是胡蜂？我們何時才決定收手？

科技也正被以很不同的方式運用著。世界各地有幾個實驗室的工程師正在開發機器蜜蜂為農作物授粉，其前提是蜜蜂的數量正在減少，我們可能很快就需要有替代品。這是我們希望孩子們所生活的未來嗎？在這樣的未來，孩子們將再也看不到蝴蝶在頭頂上翩翩起舞，沒有野花，沒有鳥鳴聲和昆蟲發出的嗡嗡聲響，取而代之是授粉機器人發出的單調聲響？

對我來說，講昆蟲的經濟價值只是用來敲醒政客的工具。他們似乎只看重金錢，所以我向他們指出昆蟲對經濟的貢獻。但老實說，昆蟲的經濟價值與我為什麼要支持牠們存在的理由毫無關係。我這麼做，純粹是因為我認為昆蟲很了不起。在冬末第一個溫暖的日子裡，當我在花園裡見到一年中的第一隻鉤粉蝶一閃而過的金黃色翅膀，帶給我內心無比的喜悅。同樣，夏日傍晚螽斯的鳴唱、笨拙的熊蜂在花叢間的嗡嗡響聲，或看到一隻從地中海長途遷徙而來的小紅蛺蝶沐浴在春天的陽光下……這些景緻，都撫慰著我的心靈。我無法想像，如果沒有牠們，世界將變得多麼悲涼。這些小小的奇蹟提醒我，我們所繼承的是一個多麼美妙和迷人的世界。我們真的願意讓我們後代子孫生活在一個缺少這些樂趣的世界裡嗎？

昆蟲不僅美麗，牠們迷人、怪異，跟我們如此不同。讓我舉幾個例子來說明。有些角蟬（tree hopper，蚜蟲的遠親）演化成植物尖刺的模樣，大概是為了偽裝，也使牠們看上去難以下嚥。當牠們成群聚集在一株植物的莖上進食，看起來就像是可怕的荊棘。來自厄瓜多的巴西角蟬（*Bocydium globulare*），在頭的後面（前胸背面）長著一根長柄，頂端分岔成五個長毛的球狀物，以及一根向後長的長刺。有一派說法認為，這會讓角蟲看似受到蟲草

---

❾ 這種巧妙而又可怕的方法，是將一個攸關雌蟲生育力的基因的缺陷複本插入其基因體（genome）內。若雌蟲只有單個缺陷複本，則可以正常生殖，但當兩個複本都是缺陷版時就會不孕。科學家同時在這個缺陷複本前加入「基因驅動元件」（gene drive），確保雌蟲的後代都帶有缺陷複本的基因，使得它在族群中很快就變得普遍。隨著此缺陷基因的數量增加，族群中愈來愈大比例的蚊子同時具有兩個缺陷複本而無法生殖，使得族群最終被消滅。理論上，只要釋放一隻經過基因編輯的蚊子（或是任何其他不受歡迎的生物，例如老鼠或蟑螂），便能消滅整個族群，甚至整個物種。然而目前尚不清楚這個技術在現實世界是否真的如此有效，因為在個體數眾多的野生族群裡，有些蚊子極可能對此發展出抗性，就像產生抗藥性一樣。

圖二　威廉斯・福勒（Williams Weeks Fowler，一八九四）

描述與描繪的許多奇特中美洲角蟬。詳見延伸閱讀。

屬真菌寄生，這種真菌會從昆蟲宿主頭部冒出子實體（fruiting body），理論上掠食者可能不喜歡吃被感染的獵物。這一點倒是從來沒有被研究過。也沒有人研究過為什麼泰國的一種大型盾背椿象，跟貓王的長相有著詭異相似性；有些鳳蝶毛蟲長得就像鳥糞一樣；還有其他種類的毛蟲，外表長得像蜘蛛、花、蛇、樹枝或豆莢。分布在美洲的提燈蟲（*Fulgora laternaria*）是蟬的親戚，頭上就像戴著一個花生殼，原因不明；象鼻蟲家族多半是外型相當平淡、體型微小的棕色甲蟲，但馬達加斯加的長頸象鼻蟲（*Trachelophorus giraffa*）的雄蟲，卻擁有亮眼的紅、黑色體色，小小的頭懸在一個極長的脖子末端，雄蟲會用這個細長的脖子進行笨拙的戰鬥，試圖將對手趕到樹下去，以贏得雌性的芳心。有些雄性飛蛾可以從牠們的尾端擠出巨大的充氣毛茸副器，即所謂的「毛筆器」（hair pencil），幫助牠們將誘人的費洛蒙散發在夜晚的微風中。

除了近乎無盡的怪異和奇妙外表之外，昆蟲還演化出了各種各樣奇特的行為和生活史。例如，雖然大多數飛蛾喝花蜜，但來自日本和韓國的吸血蛾（vampire moth，屬名 *Calyptra*）的雄性卻喜歡吸血，只要有機會，牠們會很樂意用鋸齒狀舌頭刺破人類的皮膚。同時，在馬達加斯加有一種名為馬達加斯加食淚蛾（*Hemiceratoides hieroglyphica*）的飛蛾，牠會從沉睡的鳥類的眼瞼下吸取帶有鹽份的眼淚。在南美洲，科學家們發現了樹懶蛾類（sloth moth）的毛蟲只以樹懶的糞便為食，成蛾則在樹懶的毛皮之間搭便車，一旦樹懶大便，成蛾便會在新鮮的糞便上產卵。

果蠅科的二裂果蠅（*Drosophila bifurcate*），其產生的精子長五點八公分，比起小小的果蠅本身長約二十倍。精子在雄性體內時，大部分時間都蜷縮成一團宛如戈爾迪結（Gordian knot）般的難解模樣，但在雌性體內時卻能以某種方式解開自己。在這個物種中，似乎較大的精子能在受精競賽中勝過較小的精子。

在一些巴西的穴居書蝨中，雌性會在交配時爬到雄性身上，將一個巨大、可充氣、多刺的類陰莖狀結構插入雄性體內，以吸取他的精子。雌性的多刺類陰莖狀結構，有助於與雄性緊密連結，直到她完成交配，過程可能需要花上五十多個小時。然而，與某些竹節蟲相比，這只能算是一次短暫的幽會，昆蟲界的密宗性愛大師保持的交配紀錄可以長達數週，最高記錄甚至達七十九天之久。

即使按照昆蟲的標準，撚翅蟲（twisted wing fly）也相當奇特。牠們自成一個小目，撚翅目（Strepsiptera）。儘管分布在世界各地，包括英國在內，卻很少有人真正見過牠們的廬山真面目。依物種不同，雌性撚翅蟲會寄生在蜜蜂、胡蜂或是蝗蟲體內。一旦完全長大，牠會占據不幸的宿主體內百分之九十的空間，但宿主卻還能活著與活動。即使變成成蟲，撚翅蟲的雌性還是沒有眼睛、腿或是翅，外型就像蛆一樣。但這看似無助的生物，會將沒有眼睛的頭從宿主腹部的節間推出，並釋放費洛蒙來吸引配偶。雄性撚翅蟲是一種小型、柔弱、自由飛行的昆蟲，有一對暗色的三角形翅膀。雄蟲會與還在宿主體內時的雌蟲交配，很快就精盡蟲亡。雌蟲接著在自己體內產出無數活生生的後代，這些後代會反過來吃掉母親，然後爬出宿主的身體去尋找新的宿主。在以蜜蜂為寄主的撚翅蟲種類，幼蟲會待在花朵之中等待合適的蜜蜂到來，並爬到蜜蜂背上搭順風車回到蜂巢，在那裡牠們鑽進蜜蜂後代的體內，如此完成牠們奇特的生命週期。

任何一種奇妙的昆蟲，都能輕易讓人花一輩子的時間去研究，或者至少成為一個有趣的博士論文研究題材。在我們迄今已命名的一百萬種昆蟲中，還有很多沒有被研究過，因此，誰知道關於昆蟲的生活還會有哪些有趣的發現？鑑於人們認為還有另外四百萬種我們尚未命名的物種，毫無疑問，只要這些昆蟲還在，科學家們仍會樂於再花上幾千年的時間研究牠們。如果這些奇特的生物不存在，這個世界是否還會如此豐富，令人吃驚與美妙？

因此，人們可以主張說，昆蟲在實際面和經濟面上都很重要，也可以主張說牠們給我們帶來了快樂、靈感和驚奇，但這兩種論點最終都是自私的，因為兩者都關注昆蟲為人類做了什麼。照顧昆蟲和地球上的其他生命，無論大小，還有最後一個理由，這個理由並不關係到人類的福祉。人們可以主張地球上的所有生物都和我們一樣有權住在這裡。如果你有宗教信仰，你真的認為上帝創造了這一切奇妙的生命，只是為了讓我們可以肆無忌憚地摧毀牠們？你難道認為造物主蓄意要讓珊瑚白化和死亡，到處充滿塑膠垃圾？造物主費盡心力創造五百萬種昆蟲，以便我們可以在牠們甚至尚未被命名的情況下，就讓其中許多物種滅絕，這樣是合理的嗎？

另一方面，如果你不相信造物神話，並接受物種乃經過數十億年演化的科學證據，而非由一個癡迷於甲蟲的超自然神祇所創造，⑩那麼你必須意識到，人類也不過是一種智商較高且具破壞性的猿猴，是地球上千萬種動植物中的其中一種。如此觀之，則沒有人賦予我們統治萬物的權力，我們並未受到上帝賦予我們掠奪、破壞和滅絕其他物種的權利。

不論是否有宗教信仰，大多數人都同意，富人和強者不應該被允許壓迫或是剝奪貧困和弱者（雖然我們確實允許這樣的事不斷發生）。同樣地，在《世界大戰》（*The War of the Worlds*）＊一書出版後被翻拍的數十部科幻電影中，遠比我們更聰明的外星人出現，並決定人類這個種族是多餘的，因此打算將我們消滅，以便外星人可以為自身目的掠奪地球，或者闢建一條星際通道。當然，在這些電影中，我們視外星人為壞人，且站在支持弱勢的人類立場，儘管勝算不大，但人類通常會在最後贏得某種程度的勝利。

我們何時才能意識到我們自身立場的表裡不一呢？我們在自己的星球上成了不折不扣的惡人，為了自己的方便，不假思索消滅了各種生命。我們下意識認為電影《ID4星際終結者》（*Independence Day*）中的外星人無權奪取我們的星球，但我卻不禁納悶，當紅毛猩猩見到牠的森林家園被推土機夷為平地時，牠會怎麼想？我們不該在心中對生物存有「特定的好惡」。我們人類難道沒有道義責任來照顧我們在地球上的所有同伴，無論牠們是美麗還是醜陋，無論牠們是否提供重要的生態系統服務價值或者微不足道，無論這些生物是企鵝、熊貓還是衣魚？

炮步甲（The Bombardier Beetle）

昆蟲演化出許多迷人的防禦措施以抵禦掠食者。有些昆蟲，包括各種螳螂、飛蛾和蝗蟲擁有絕佳的偽裝，有些擁有巨大的假眼，使它們看起來很大、很危險，而有些則利用鮮豔的顏色對外宣告牠們的體內藏著毒素。

---

⑩ 英國演化生物學家約翰·霍爾丹（J.B.S. Haldane）曾被問到，在他數十年的演化研究中教會了他什麼關於上帝的本質。他也許是半開玩笑地回答說，「祂肯定對甲蟲有過度的偏愛。」他也可以再加以補充，說上帝肯定也非常喜歡蜂類和蒼蠅。

* 審定註：一八九八年出版的書籍。

很少有昆蟲的防禦措施，能像炮步甲那樣引人注目或有效。這種中等大小、看起來無害的地棲甲蟲擁有一項絕技。牠的尾部有一個充滿過氧化氫和對苯二酚混合物的儲存囊。當受到攻擊時，這些化學物質會從儲藏室中噴射到一個內襯著催化劑的厚壁反應腔，導致這兩種化學物質發生劇烈反應，在封閉的腔室內爆炸，炮步甲將牠的尾部朝向不幸的襲擊者，「砰」地一聲，噴出近乎沸騰的有毒物質苯酚。其他小型掠食者如昆蟲可能會被直接殺死，而鳥類等大型掠食者可能會倉促撤退。我曾在無意中抓起一隻炮步甲，指尖因此被灼傷，我可以保證這是一種難得的經驗。年輕的查爾斯．達爾文是一位狂熱的甲蟲收藏家，曾經把一隻甲蟲放進嘴裡，只因為空罐子用完了沒地方放。幸好，他放進嘴裡的不是一隻炮步甲。

PART 2

昆蟲的衰退

4 昆蟲衰退的證據

人們普遍接受我們現在生活在「人類世」（Anthropocene），這是一個新的地質年代，地球的生態系統和氣候正因為人類活動而發生根本性的改變。我討厭這個名詞，但也無法否認這是個貼切的名詞。

在地球的歷史上，這個新時代的特點之一便是生物多樣性急遽下降：野生動植物以及整個生物群落的喪失。大眾對於生物群落喪失的看法尤其集中在滅絕事件上，特別是那些大型哺乳動物，如山地大猩猩和非洲象，或是已經滅絕的鳥類，如旅鴿或是渡渡鳥。這些吸引人的大型生物擄獲了公眾的心和想像力，並被保育組織廣泛當成「旗艦物種」來為保育工作募集資金。看到最後的北非白犀牛（在撰寫本文時只剩下兩隻，都是雌性），或者平塔島（Pinta）的最後一隻象龜「孤獨喬治」在圈舍裡曳步而行、等待滅絕的影片鏡頭，著實令人心碎。

已知有八十種哺乳動物和一百八十二種鳥類在近代（通常定義為西元一千五百年後）

消失。當然，這個時期並不包括發生在更新世（Pleistocene）晚期的「巨型動物群滅絕」潮，當四萬年前現代人首次在世界各地散播開來，幾乎消滅了曾經在地球上漫遊的所有大型哺乳動物和不會飛的鳥類。然而，最近開始出現的證據顯示，全球野生動物受到的影響，遠比這些相對溫和的滅絕物種數量暗示的還要深遠得多。

大多數物種或許還沒有滅絕，但愈來愈明顯，野生動物的數量平均說來已大不如前。以色列科學家伊農．巴昂（Yinon Bar-On）最近發表的一篇具有里程碑意義的論文中，估計自一萬年前人類文明興起以來，野生哺乳動物的生物量已下降了百分之八十三。換句話說，大約六分之五的野生哺乳動物已經消失了。這份令人瞠目結舌的估算也揭示了人類影響的規模，即野生哺乳動物現在僅占所有哺乳動物生物量的百分之四，而我們的牲畜（主要是牛、豬和羊）占了百分之六十，剩下的百分之三十六則是我們人類。當然，這些數字很難掌握，但如果他是對的，那麼全世界五千種野生哺乳動物——老鼠、大象、兔子、熊、旅鼠、馴鹿、角馬、鯨魚等等——加起來的重量，只有人類畜養牛和豬的十五分之一，而野生哺乳動物的重量，則是全部人類重量的九分之一。這位科學家還計算出，全球鳥類生物量的七成現在由家禽所組成。人類世已經到來。

同樣在二〇一八年發表的，還有世界野生動物基金會（World Wildlife Fund）和倫敦動物學會（Zoological Society of London）共同發布的《地球生命力報告》（*Living Planet*

Report），該報告估計，一九七〇年至二〇一四年間，世界野生脊椎動物（包括魚類、兩棲動物、爬行動物、哺乳動物和鳥類）的總數量，掉了六成。[11]不過是在人們的記憶中，我活著的時間裡（我出生於一九六五年），已經有一半以上的野生脊椎動物消失不見。我們幾乎沒有採取任何措施來減緩這樣的衰退（甚至還加速它的惡化），所以不禁讓人懷疑，再過四十四年之後還剩下什麼？我們的孩子將繼承什麼樣的世界？

顯然野生脊椎動物的衰退很糟糕，但另一個更具戲劇性的變化正悄然而至，並可能對人類福祉有更深遠的影響。世界上已知物種的絕大多數當然是無脊椎動物，意味著牠們沒有脊椎，而在陸地上，無脊椎動物又以昆蟲為大宗。我們對昆蟲的研究遠不如對脊椎動物的深入，對於迄今已被命名的一百萬種昆蟲中，絕大多數我們基本上一無所知；我們對牠們的生物學、分布和豐度完全未知。通常我們所擁有的資訊，只是博物館裡一隻針插的「模式標本」，上面標著採集日期和地點。除了一百萬種已命名的昆蟲外，估計至少還有四百萬種昆蟲尚未被發現。[12]儘管我們至少還要花好幾十年才能對地球上驚人的昆蟲多樣性完成編目，但已有證據指出這些生物正在迅速消失。

二〇一五年，克雷菲爾德協會（Krefeld Society）的成員與我聯繫，這是一個由業餘和專業昆蟲學家所組成的團體。自一九八〇年代後期以來，他們一直在德國各地的自然保留區以馬氏網陷阱（Malaise trap）捕捉飛行昆蟲。馬氏網陷阱是以其發明者：瑞典科學家和探險家任尼耶·馬萊士（René Malaise）的名字命名，是一種類似帳篷的結構，可以被動地捕捉任何不幸撞進去的飛蟲。這些德國昆蟲學家共花費了二十七年，在六十三個地點、近一萬七千天中收集到總重達五十三公斤的昆蟲（可憐的東西）。他們將研究數據傳給我，希望我能夠幫助他們解讀，並準備在科學期刊上發表。當我查看數字並繪製一些簡單的圖表時，我變得愈來愈著迷和關注這個研究結果。在一九八九年至二〇一六年的二十六年間，陷阱捕獲的昆蟲的總生物量（即重量），減少了百分之七十五。在盛夏，當我們在歐洲看到昆蟲活動達到頂峰時，衰退的數字更為明顯，為百分之八十二。起初，我認為肯定是哪裡出現了問題，因為這的樣衰退看來太過戲劇化，令人難以置信。我們知道野生動物總體上

⓫ 如果按棲息地劃分，淡水脊椎動物的衰退幅度最大，達百分之八十一，而海洋脊椎動物為百分之三十六，陸地脊椎動物為百分之三十五。

⓬ 鑑於多年來進行過數百次科學考察，甚至深入到地球最偏遠的地區，這個數字看起來似乎難以置信。帶一個捕蟲網進到熱帶森林，揮舞一下，你很可能就會捉到科學上的新物種，這部分還算容易。困難的部分是，如何知道在你網中的昆蟲哪些是新物種。你從網中取出的任何一隻特殊昆蟲，專家都需要花上數週或數月的研究，在顯微鏡下仔細觀察，才能確定該標本並非已命名的百萬種物種之中的其中一種。鮮少有人具備進行此類工作的專業知識，因此按照目前的進度，恐怕還需要數百年時間，我們才能完成全部昆蟲的編目。

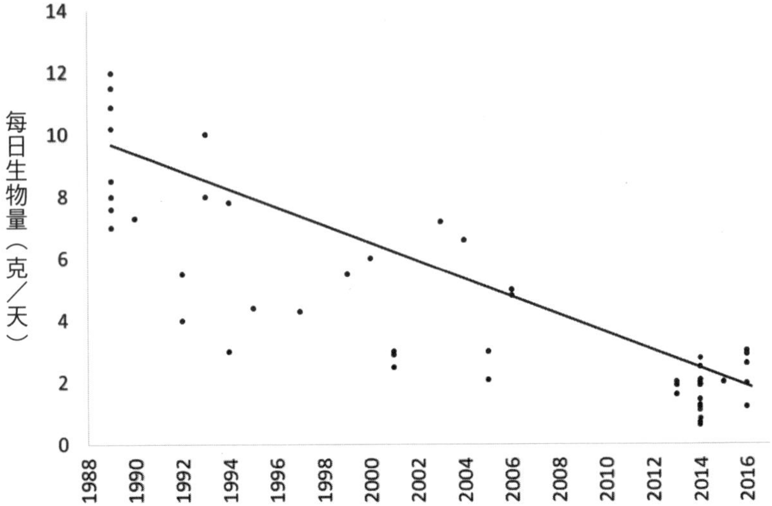

圖三　一九八九至二〇一四年間德國自然保留區飛行昆蟲的生物量衰退趨勢：昆蟲以標準化的馬氏網陷阱收集。在二十六年的研究中，每個陷阱每日捕獲的昆蟲總重量下降了百分之七十六。見延伸閱讀中霍爾曼（Hallmann）等人的二〇一七年研究論文。

在減少，但有四分之三的昆蟲如此迅速地消失，顯示了其速率與規模都超出過去的想像。

我們把研究成果寫成報告，並嘗試在最有聲望《自然》（*Nature*）和《科學》（*Science*）科學期刊上發表，但它們對此興趣缺缺。經過一番折衝，這項研究最終發表在《公共科學圖書館：綜合》（*PLoS ONE*）期刊。

幸好，這項研究隨後在世界各地被報導，並引發了很多討論。一些人認為該研究數據並不可靠，指出它只描述了生物量（也就是重量）而這些昆蟲既未被鑑定也未被計數。簡而言之，批評者所提出的是，生物量上的損失可能僅代表少數大型昆蟲物種不成比例的消失。理論上，如果較大的物種被較小的物種取代，昆蟲的實際數量仍可能保持穩定甚至增加。也有人指出，在六十三個採樣點中，有些只在一年內進行了採樣，而其他地點在研究期間進行了多次採樣。要是有無限資金可以做一個完美的研究，研究者應該就會在二十七年內針對每個樣點年年採樣。負責英國環境的政府部門，環境、食品暨農村事務部（DEFRA）當時的首席科學家伊恩．博伊德（Ian Boyd）對這項研究持懷疑的態度，並指出像這類的長期族群資料集中，可能還存在一個微妙的既定偏差：科學家可能在他們感興趣的生物常出沒的地方進行監測。所有生物的族群都會隨著時間的推移而波動，有的上升，有的下降。大於平均水準的昆蟲族群更有可能是下降而非上升（統計學家稱之為「回歸均值」的概念）。如果想像一下相反的情況，也許就能容易理解這種現象。假設一個科學家在一處沒有他所選擇的生物出沒的地方設立了監測樣點網絡（當然這有點瘋狂），那麼隨著時間的推移，該族群就只會保持不變或上升。雖說如此，這個德國的研究是針對那些保持完整，且在研究期間有經營管理以繁榮野生動物的自然保留區所做。在當時，這些德國的研究數據是迄今為止我們所能拿到的最佳數據，而且呈現出來的模式非常明確，很難不下昆蟲生物量大幅衰退的結論。

克雷菲爾德研究於二〇一七年底發表後，引發了一場爭論，即類似的昆蟲豐度衰退是否也發生在其他地方，或只是在德國的自然保留區內發了什麼情況。幾乎整整兩年後，即二〇一九年十月，由慕尼黑工業大學的塞巴斯欽・塞博爾德（Sebastian Seibold）所領導的另一個德國科學家團隊，發表了他們從二〇〇八年至二〇一七年十年間，對德國森林和草地的昆蟲族群所做的詳盡研究結果，給出了部分答案。他們研究了一百五十個草地和一百四十個森林，含括各種類型：從密集耕作的牧場到鮮花盛開的草地；森林樣點則從有管理的針葉人造林，到古老的闊葉林地。草地的取樣是用掃網來捕捉植被中的昆蟲，而森林的取樣則是用飛行攔截陷阱（Perspex traps），主要捕捉飛行昆蟲。與克雷菲爾德研究不同，塞博爾德及其同事在整個研究過程中，系統性地從相同的樣點收集資料，其樣點有人們預期會有很多昆蟲的地方，也有可能鮮有昆蟲的地方，從而克服了伊恩・博伊德提出的批評點。他們也有資源，可以計算所捕獲的超過一百多萬隻節肢動物（包括蜘蛛和盲蛛目等非昆蟲），並鑑定出大約二千七百個物種。鑑於時間尺度很短——僅僅十年——該研究的結果令人深感不安，因為逐年衰退的速度甚至比克雷菲爾德研究數據所描述的還要快。草地的情況最差，平均來說損失了三分之二的節肢動物生物量（昆蟲、蜘蛛、潮蟲等）、三分之一的物種，以及五分之四的節肢動物總數。在林地，生物量衰退了四成、物種少了三分之一以上，而節肢動物的豐度也下降了百分之十七（後者未達統計學上的顯著差異）。[13] 然而，除了少數草地曾使用除草劑外，這些樣點都不曾施用過農藥，但在周圍有較高比例農地的樣點，昆蟲總體衰退的幅度往往最大。

克雷菲爾德研究和塞巴斯欽・塞博爾德及其同事的新資料，總共涵蓋了大約三百五十個樣點，顯示了至少從一九八〇年代起，德國的昆蟲群聚已經開始急劇衰退，這已非只是合理的懷疑。正如里茲大學（Leeds University）的威廉・庫寧（William Kunin）教授在對塞博爾德論文的評論中所道：「結論是明確的。至少在德國，昆蟲衰退的問題確實存在，而且其嚴重程度正如人們所擔心的那樣。」

其他地方的情況如何？是否是因為在德國發生了什麼特別的事件？這似乎不太可能。德國的土地使用和耕作方式與鄰國基本上相同，大體上受整個歐盟共同的法律和政策管轄。農村看起來也和法國差不多，可用的農藥和其他地方也都一樣。就我所見，德國和我們其他國家之間的唯一區別是，德國人有遠見，開始監測他們的昆蟲，而我們其他人則沒

⓭ 生態學家將大部分時間用於進行複雜而痛苦的分析，試圖辨別他們數據所呈現出來的模式是否可能是偶然造成。某種程度上說，公認的標準是二十分之一的幾率。如果機率大於二十分之一，該模式則有可能是由偶然的結果，那麼該模式則被認為不具有顯著性。反之，如果機率小於二十分之一，則該模式很可能被認為是真實的。在這個研究中，除了林地中的節肢動物總豐度衰退之外，其他所有的衰退指標都被視為具有「統計學上的顯著差異」。

有，只有少數受青睞的昆蟲類群受到監測。因此，來自其他地方的確鑿數據十分欠缺。

自一九七〇年起，從加州到俄亥俄州，再到歐洲的各個地方，只有蝴蝶和飛蛾受到廣泛和持續的監測，牠們也呈現出普遍衰退的模式，只是在幅度上很少像在德國發現的那樣劇烈。備受矚目的例子是帝王蝶，這是一種引人注目且具標誌性的蝴蝶，在春季和夏季時出現在美國和加拿大南部。帝王蝶有兩個或多或少獨立的族群，一個在落磯山脈以東，一個在以西。美東的帝王蝶以長途遷徙著稱：三月時，帝王蝶從墨西哥的西馬德雷山脈（Sierra Madre Mountains）的越冬棲地向北邊飛去，一路繁殖，後代在初夏前抵達加拿大。秋天來臨時，牠們再從加拿大飛行三千英里，返回墨西哥。這種遷徙的非凡之處，在於蝴蝶每年秋天都會返回一模一樣的地點，也就是牠們已故的曾祖父母在春天啟程之處。牠們如何得知這條路徑？在此同時，美西的帝王蝶也在進行一段路程雖短卻同樣令人印象深刻的旅程：從加拿大飛往加州沿海的越冬棲地。一九九七年，三位前瞻性的加州科學家，米婭・蒙洛（Mia Monroe）、丹尼斯・弗雷（Dennis Fray）和大衛・馬里奧特（David Marriot），開始在帝王蝶的棲息地，也就是牠們群聚在樹上過冬之處，計算越冬蝴蝶的數目。後來這成為感恩節與新年的年度活動，並由以昆蟲保育著稱的北美公益組織薛西斯戈灰蝶協會（Xerces Society），負責協助及協調所屬的兩百名志工投入調查。可惜弗雷和馬里奧特都在二〇一九年離世，但他們在有生之年，都見證了他們摯愛的帝王蝶驚人的衰退。一九九七年，加州洛磯山脈以西的越冬帝王蝶約為一百二十萬隻，但到了二〇一八年和二〇一九年，則剩下不到三萬隻，少了約百分之九十七。洛磯山脈以東的帝王蝶族群的情況則稍微好一些，但從二〇〇六至二〇一六年的十年中，飛抵墨西哥的帝王蝶仍少了八成。

帝王蝶並不是唯一一種衰退中的蝴蝶。全球研究最多的昆蟲群聚或許是英國的蝴蝶。由於牠們不會每年聚在一處方便人類計數，因此在蝴蝶監測計畫中，志工會在整個春季和夏季沿著穿越線調查，記錄牠們的數目。該計畫由具有前瞻性思維的昆蟲學家厄尼·波拉德（Ernie Pollard）所制定，他曾在（現已解散）陸生生態研究所（Institute for Terrestrial Ecology）工作，總部設在英國劍橋郡的蒙克斯伍德研究站（Monks Wood Research Station）。波拉德建立了一個簡單的作業流程，在春季和夏季，記錄員每兩週沿著一條固定的路線行走，計算路徑兩側兩米內出現的每一隻蝴蝶。現在這套流程，通稱為「波拉德穿越線調查法」（Pollard Walks），已在世界各地被採行，並適用於其他昆蟲類群。該計畫始於一九七六年，當時共有一百三十四個穿越線樣區，如今已有超過二千五百個，分布在英國各地。現在，這已是世界上規模最大、執行最久的國家昆蟲記錄計畫。它揭示的趨勢令人擔憂。屬於「廣闊鄉間」的蝶種，即農田、花園等環境的常見物種，如莽眼蝶（*Maniola jurtina*）和孔雀蛺蝶（*Aglais io*），牠們的豐度在一九七六年至二〇一七年間衰退了百分之四十六。與此同時，對環境挑剔、數量通常少得多的狹棲性物種，例如豹蛺蝶類（Argynnini）和翠灰蝶類（Theclinae），儘管人類已經針對其中許多物種進行多方保護，但仍衰退了百分之七十七（這邊得指出，在研究的第一年，也就是一九七六年，由於當年英國異常炎熱，這些蝴蝶因而變得非常之多，卻也凸顯了之後的明顯衰退）。

在歐洲其他地方，蝴蝶的衰退速度似乎較慢。例如，針對全歐洲十七種草地性蝴蝶群聚趨勢的分析發現，一九九〇年至二〇一一年間，牠們衰退了三成。

蝴蝶的表親，飛蛾，由於大多數是夜行性，所以無法沿著穿越線調查法計數。然而，許多飛蛾會受到燈光吸引而被誘進陷阱，燈光陷阱（light traps）乃成為長期運行的英國飛蛾記錄計畫的基礎。燈光陷阱通常專注在較容易識別的「較大型的飛蛾」，但調查結果也和牠們的日行性表親一樣不樂觀。從一九六八年到二〇〇七年間，英國大型飛蛾的總體豐度衰退了百分之二十八，在英國南部比較城市化和集約耕作的地區此一趨勢更為明顯，總體的數量衰退達四成。最近一項針對蘇格蘭飛蛾的分析發現，一九九〇年至二〇一四年間，其豐度衰退了百分之四十六。

除了蝶蛾之外，英國只有用來監測蚜蟲族群的吸蟲塔（suction trap）有其他昆蟲的大規模長期資料。吸蟲塔能將昆蟲吸入十二公尺高的塔頂端的陷阱中。蚜蟲的飛行能力很弱，但牠們可以飛高，然後像大氣中的浮游生物一樣隨風飄蕩，在作物之間傳播，這也是利用高塔來取樣的原因。被吸入塔頂的昆蟲，會由一組專業的工作人員進行分類和計數，如果

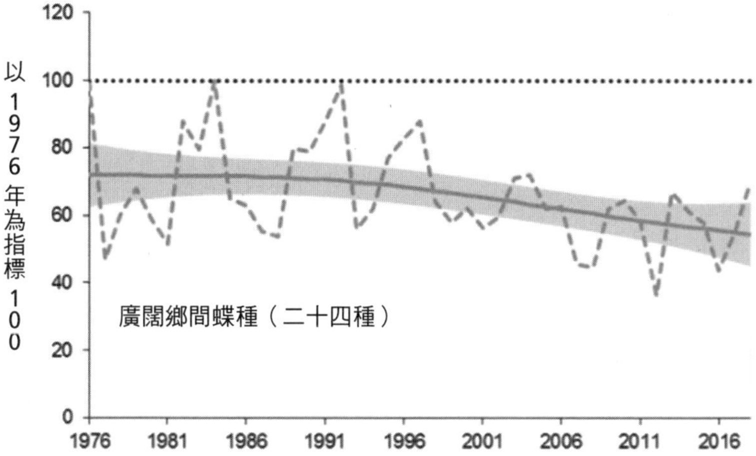

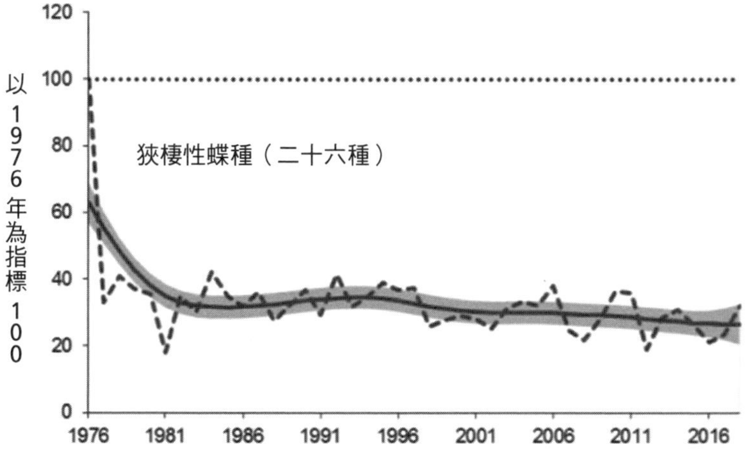

圖四　一九七六年至二〇一七年間英國蝴蝶群聚的趨勢：全英國各地穿越線調查法記錄到的蝴蝶數量每年都不同，但總體上是處在衰退的模式。上圖是常見的、分布廣泛的物種，其豐度衰退了百分之四十六；下圖是稀有物種，衰退了百分之七十七。資料出自DEFRA大英生物多樣性指標二〇二〇年度報告。皇家版權。

發現有蚜蟲入侵，便會向農民發出預警。位於哈彭登（Harpenden）的羅薩姆斯特德研究站（Rothamsted Research），是全球最古老的農業研究站，也是其中一個吸蟲塔的所在地，克里斯．肖托爾（Chris Shortall）在此工作時，曾分析一九七三年至二〇〇二年期間其中四個陷阱的數據。雖說目標是針對蚜蟲，但這些陷阱中的大部分生物量，實際上多是一種雙翅目昆蟲——毛蚊（*Dilophus fibrilis*），這是一種飛行能力較弱的黑色昆蟲，大概因為會在十二公尺高的地方漫飛所以慘遭不幸。四個吸蟲塔樣點中，有三個在研究初期便鮮少捕捉到任何類型的昆蟲，即便在研究後期也依然如此。第四個吸蟲塔樣點位於赫裡福德郡（Herefordshire），一開始時有許多昆蟲，但在研究的三十年期間，捕獲的生物量迅速衰退了約七成。

自從克雷菲爾德研究發表以來，世界各地的科學家一直在尋找其他長期數據，那些留在筆記本或舊版EXCEL檔案裡、未被發表且快被世人所遺忘的研究數據。新發表的研究論文愈來愈多、愈來愈快，而且幾乎都顯示出相同的趨勢。例如，荷蘭在一九八五年至二〇一七年期間，以掉落式陷阱（pitfall traps）捕獲的步行蟲生物量衰退了百分之四十二；而燈光陷阱中的飛蛾生物量，在一九九七年至二〇一七年期間下降了百分之六十一。同樣在荷蘭，從二〇〇六年到二〇一六年，儘管半翅目昆蟲中蚜蟲、沫蟬和盾椿等的數量基本保持穩定，但「石蠶蛾」這群具有水生幼蟲且成蟲像蛾一般的昆蟲豐度卻衰退了大約六成。約此同時，在大西洋彼岸的加利福尼亞沿海地區，一九八八年至二〇一八年期間，草甸沫蟬（*Philaenus spumarius*，一類半翅目昆蟲）似乎已經完全消失。迦納某條河流中的水生昆蟲，在一九七〇年至二〇一三年間減少了百分之四十五。資料儘管非常零散，但幾乎所有的新證據都指向一個方向：昆蟲的數目正在衰退，而且速度很快。

你可能會驚訝我怎麼還沒提到蜜蜂。畢竟，蜜蜂作為授粉者的重要性，使得牠們的衰退受到媒體的廣泛關注。然而，不幸的是，我們現在沒有關於野生蜜蜂物種豐度的長期資料集。直到最近，才開始有人有組織地嘗試以系統性的方式，來計算牠們的數量。然而，我們確實有一些被研究得比較多的野生蜜蜂的精確分布圖，尤其是熊蜂。這些分布資料主要來自博物館收藏的標本和一小批專業的業餘記錄者，他們幾十年來一直在記錄看到的昆蟲。人們利用這些資料來繪製各個物種在過去不同時期的分布圖，從而看到其分布範圍的時序變化。例如，博物館中的舊紀錄和標本顯示，大黃熊蜂（*Bombus distinguendus*）曾經遍布英國，從康沃爾（Cornwall）到肯特（Kent），再向北到薩瑟蘭（Sutherland）。然而，最近的紀錄卻只來自蘇格蘭的最北部和西部，這代表大黃熊蜂在英格蘭和威爾斯已經滅絕。我們無法得知牠們在英國的數量波動（即每年有多少實際的蜜蜂數），但是牠們的分布範圍已經減少了百分之九十五以上，所以我們似乎可以肯定，大黃熊蜂的數量比以前少得多。

這類研究揭示了許多物種的分布範圍有嚴重收縮的趨勢。在英國，在一九六〇年以前到二〇一二年之間，二十三種熊蜂當中有十三種的分布範圍減少了一半以上，而其中的兩種，短毛熊蜂（*Bombus subterraneus*）和卡勒姆熊蜂（*Bombus cullumanus*），更行將滅絕。不過，這些統計數字需要謹慎以待，因為基本的紀錄大多是由無償（儘管他們在這方面通常知識淵博）業餘愛好者隨意記錄而取得。觀察到的模式，在很大程度上取決於有多少記錄者、他們又有多少時間可以花在記錄上，他們是碰巧住在那裡或者只是去度假……等等因素（熱衷於觀察昆蟲的業餘昆蟲學家可能會花上整個假期去尋找昆蟲，這讓他們的家人非常惱火）。舉例來說，如果一個蒼蠅愛好者，他搬到了比如說英國的林肯郡（Lincolnshire），並在週末尋找和記錄蒼蠅，他們無疑會在地圖上增加很多新的紀錄（因為沒有多少人會記錄蒼蠅）。如果他們隨後死亡或搬走，在多年後檢視資料的科學家看來，可能會認為有一段時期林肯郡的蒼蠅很繁盛，接著又消失了，而這一切其實只是記錄者來了又走。

參與記錄昆蟲的人數，以及每年所得的昆蟲紀錄量，都隨著時間的推移而大大增加，這可能使人覺得特定物種的分布範圍變得更加廣泛，或掩蓋了衰退的事實。最近，牛津郡生態學和水文學中心（Centre for Ecology & Hydrology）的加里．波尼（Gary Powney），針對英國所有野生蜜蜂（不僅僅是熊蜂）以及食蚜蠅的分布範圍的變化模式進行了詳細分析。

他採取了複雜的統計方法，試圖將記錄者的努力程度納入。他發現，這兩個昆蟲類群在一九八〇年至二〇一三年間都有所衰退，大約是英國每平方公里平均消失十一個物種。簡單地說，如果你分別在一九八〇年和二〇一三年在英國的任何一個特定地方尋找食蚜蠅和蜜蜂，平均而言，在你第二次造訪此地時，預計會發現少了十一個物種。

自一八五〇年以來，英國已有二十三種蜜蜂和訪花的胡蜂物種滅絕。在北美，

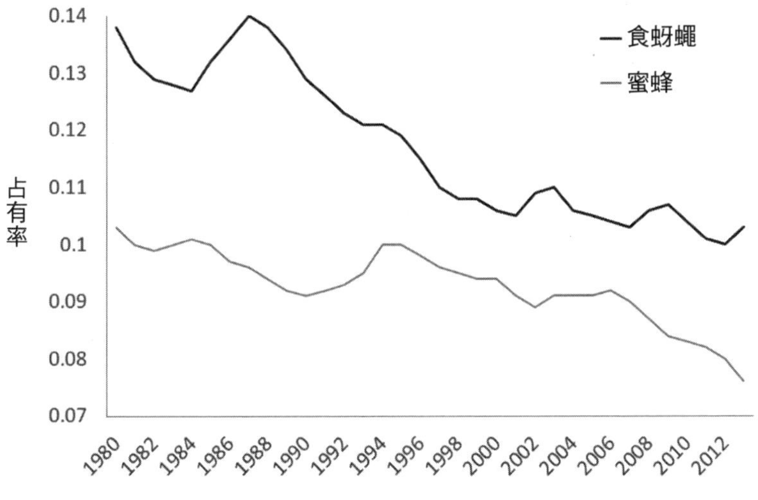

圖五　英國野生蜜蜂和食蚜蠅的地理分布範圍變化：趨勢線顯示英國每個昆蟲物種在一公里網格中，所占據的平均比例。野生蜜蜂物種以灰色顯示（根據一百三十九種物種），食蚜蠅以黑色顯示（根據二百一十四種物種）。因此，例如在一九八〇年，平均每個食蚜蠅物種占據一公里網格的百分之十四左右，但到二〇一三年已經下降到百分之十一左右。（摘自波尼等人論文，二〇一九年）。

過去二十五年中，有五種熊蜂的分布範圍和豐度大幅衰退，其中一種富蘭克林熊蜂（*Bombus franklini*）正瀕臨滅絕。美國一項針對伊利諾伊州熊蜂的地區性研究發現，二十世紀該州有四種熊蜂滅絕。與此同時，在南美洲，由於攜帶疾病的歐洲熊蜂（*Bombus terrestris*）入侵，全球最大的金色大熊蜂（*Bombus dahlbomii*），在短短二十年內從廣泛分布和普遍常見，走向瀕臨滅絕。即使在偏遠的青藏高原，畜養的犛牛過度放牧，似乎也導致熊蜂迅速衰退。

此外，雖然大部分昆蟲，像是蒼蠅、甲蟲、蝗蟲、蜂類、蜉蝣、沫蟬等，牠們雖然未受有系統的監測，但我們常會有食蟲性鳥類族群變化趨勢的良好數據，而牠們大多也都在衰退中。例如，在北美，於空中捕食獵物（即德國生物量大幅減少的飛蟲）的食蟲性鳥類，衰退的幅度超過任何其他鳥類，在一九六六年至二〇一三年間衰退了約四成。崖沙燕（*Riparia riparia*）、美洲夜鷹（*Chordeiles minor*）、煙囪雨燕（*Chaetura pelagica*）和家燕（*Hirundo rustica*）在過去二十年裡，數量都減少了七成以上。

在英格蘭，一九六七年至二〇一六年間，斑鶲（*Muscicapa striata*）的數量減少了百分之九十三。其他常見的食蟲鳥類也發生類似的慘況，包括灰山鶉（*Perdix perdix*，減少了百分之九十二）、夜鶯（減少了百分之九十三）和杜鵑（減少了百分之七十七）。紅背伯勞（*Lanius collurio*）是大型昆蟲的專食者，於一九九〇年代在英國滅絕。根據英國鳥類學信託會（British Trust for Ornithology）的估計，二〇一二年英國的野生鳥類與一九七〇年相比，數量總體上減少了四千四百萬隻。

上述所有證據，都來自高度工業化的已開發國家內昆蟲及其捕食者的資料。大多數昆蟲居住在熱帶地區，但相關的研究卻很少。我們只能猜測亞馬遜、剛果或東南亞雨林的森林砍伐，對這些地區的昆蟲生活產生了什麼影響。我們永遠不會知道，有多少物種在我們發現牠們之前就已經滅絕（在大約四百萬種尚未被命名的昆蟲中，大多數都生活在這些森林裡）。美國生物學家丹．詹森（Dan Janzen）研究中美洲的昆蟲長達六十六年之久，他肯定比其他還在世的人更了解這個地區的昆蟲，但令他遺憾的是，他並未以任何有系統的方式監測昆蟲。他確信昆蟲已經出現了大幅衰退。「自一九五三年以來，我一直看著墨西哥和中美洲昆蟲的密度和物種豐富度逐漸且非常明顯地衰退」，他寫道。「房子著火了，我們不需要溫度計，而是趕緊救火。」

最近發表的一項熱帶長期研究證實了詹森的觀點，這可能是迄今為止昆蟲衰退最令人擔憂的證據。一九七六年和一九七七年，美國昆蟲學家布拉德福德．李斯特（Bradford C. Lister），前往波多黎各盧基約（Luquillo）對森林的節肢動物豐度進行了採樣。他去那裡是為了研究安樂蜥（Anolis），牠們是一種小型、敏捷、食蟲的蜥蜴家族，有著鮮明而可伸縮的喉囊，用以發出信號並吸引配偶。李斯特最初對不同的安樂蜥物種間，是否存在食物競

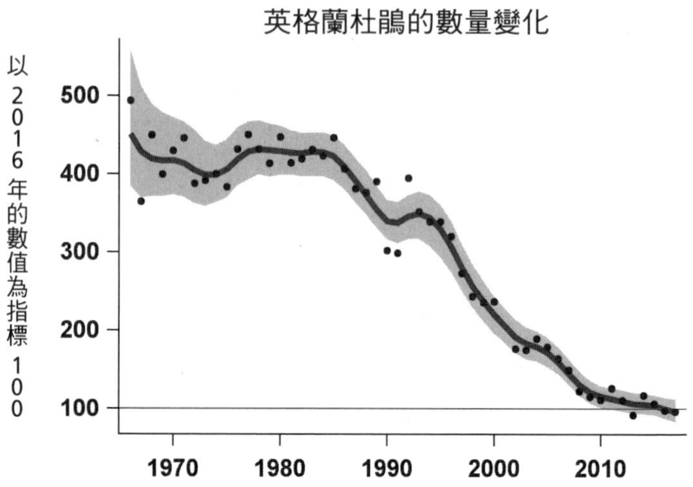

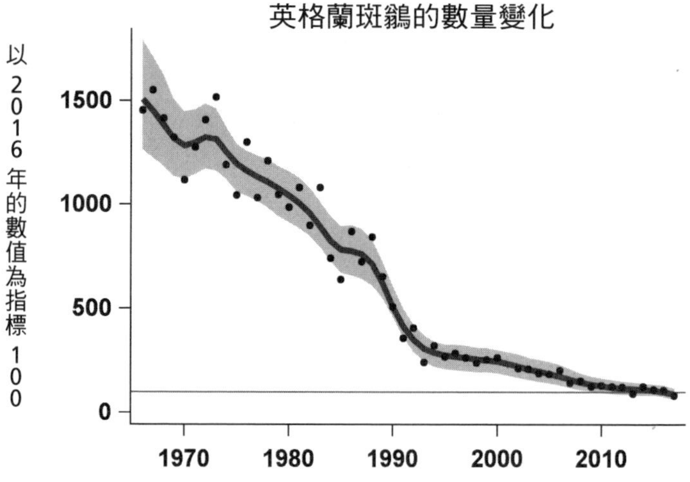

圖六　英格蘭兩種食蟲鳥類的族群變化：族群指標乃是以二〇一六年的數量為一百，所呈現出的相對比例。由此可以看到，一九六七年的杜鵑（上圖）數量是二〇一六年的四倍多，而斑鶲（下圖）大約是十五倍。這兩種都是專食昆蟲的鳥類。過去的五十年裡，牠們在英格蘭都經歷了急劇的衰退。在我記憶中，這些鳥類已經從熟悉的普通鳥種變成罕見鳥種，能看到或聽到牠們都令人興奮。經英國鳥類學信託會許可重製，摘自馬西米諾（Massinino）等人論文，二〇二〇年。

爭感到興趣，因為在當時，弄清楚自然環境中物種之間發生了多少競爭是個熱門話題。由於安樂蜥吃昆蟲，他開始使用掃網（sweep nets）和捕蠅紙（sticky traps）來量化昆蟲的數量。三十五年後，他回到同樣的地點，在二〇一一年至二〇一三年間以同樣的方式重複取樣。他發現，在掃網所得的樣本中，不同季節的昆蟲和蜘蛛的生物量減少了百分之七十五到百分之八十八。捕蠅紙陷阱的樣本，則減少了百分之九十七到百分之九十八。其中最極端的差距是，比較一九七七年一月和二〇一三年一月所放置的相同的捕蠅紙陷阱，捕獲量從每天四百七十毫克的節肢動物，下降到只剩八毫克。「我們簡直無法相信最初的結果」，李斯特在接受採訪時說。「我記得（在一九七〇年代）雨後到處都是蝴蝶。在（二〇一二年）回來的第一天，我幾乎沒有看到任何一隻。」

澳洲昆蟲學家法蘭西斯科・桑切斯－巴約（Francisco Sanchez-Bayo）和同事克里斯・威克赫斯（Kris Wyckhuys），最近彙編了他們所能找到的與野生昆蟲群聚相關的長期研究，總共七十三項。他們發現這其中存在巨大的知識差距，幾乎沒有來自整個大陸的數據，如非洲、南美洲、大洋洲和亞洲，而這些地方的昆蟲生活極其豐富。國際自然保護聯盟（International Union for the Conservation of Nature，IUCN）的工作，也說明了我們對於昆蟲在全球尺度下遭受什麼樣的命運所知極為有限。該機構試圖追蹤和報告地球上野生動物的滅絕風險狀態，從中挑出需要特別關注的物種，以集中努力保育。國際自然保護聯盟評估了地球上每種鳥類和哺乳動物的狀況。但相對之下，它只能評估百分之零點八的已知昆蟲物種的狀況（可能不到實際昆蟲物種數的百分之零點二）。桑切斯－巴約和威克赫斯的結論是，儘管昆蟲群聚的長期數據非常零星，且大多數昆蟲類群和許多國家根本沒有數據，但我們現有的數據卻幾乎都指向同一個方向：向下。他們得出的結論是，根據最佳估計，昆蟲每年衰退約百分之二點五，其中百分之四十一的昆蟲物種，面臨了滅絕的威脅。他們還估計昆蟲局部滅絕的速度是脊椎動物的八倍，並表示「我們正在目睹自兩億五千兩百萬年前的二疊紀末以來，地球上最大的滅絕事件」。

桑切斯－巴約和威克赫斯的研究受到一些科學社群人士的批評，他們正確地指出，作者只用「昆蟲」和「衰退」為關鍵字來搜尋研究，卻沒有用「增加」當關鍵字，導致所得結果出現偏差。《衛報》對這篇文章的報導使情況雪上加霜，由於論文推斷出昆蟲數量每年衰退百分之二點五，如此將得出所有昆蟲都可能在一個世紀內滅絕的結論——但這是一個不太可能的說法，因為家蠅和蟑螂等昆蟲肯定會比我們人類存在得更久。

幾個月後，到了二〇二〇年初，來自萊比錫研究中心的羅爾．克林克（Roel van Klink）及其同事，共同發表了另一項全球分析，這次包含一百六十六個關於昆蟲群聚的長期資料集，當中也包括了發現「增加」的研究。他們得出的結論是，總體而言，陸生昆蟲以每十年百分之九的速度下降，比起桑切斯－巴約和威克赫斯所得出的結果要慢得多。令人驚訝的是，他們發現近年來淡水昆蟲群聚有所增加，部分原因是某些地點的蚊子和糠蚊數量大幅增加所致。在此背景下，甚至有人質疑昆蟲是否真的在衰退。然而，這項研究隨後也受到批評，因為科學家發現有一系列複雜的方法學缺陷和錯誤，並且不恰當地納入一些由於人為干預致使當地昆蟲數量顯著增加的資料集。例如，有一項研究是關於關建讓蜻蜓繁殖的池塘之前和之後的蜻蜓數量比較；其他有像是清除毒物汙染行動之前和之後，溪流中的昆蟲群聚數量比較。在這種

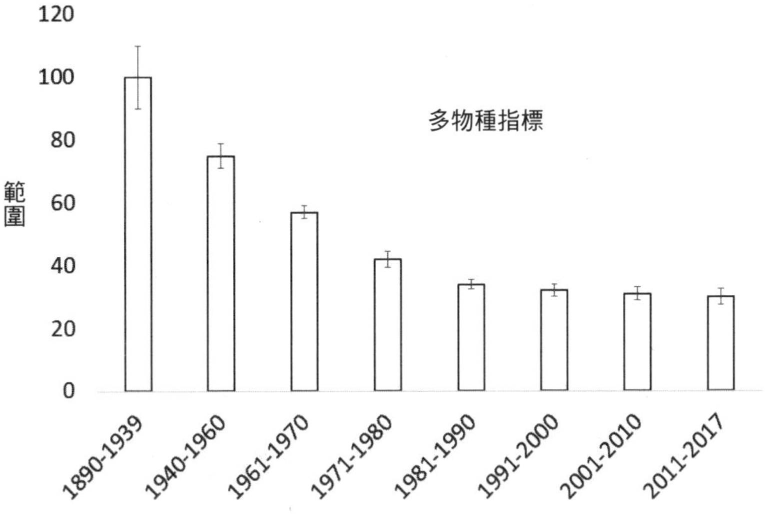

圖七　一八九〇至二〇一七年間，荷蘭蝴蝶的活動範圍變化模式：這些模式是根據博物館蒐藏的七十一種蝴蝶標本的採集點估計而來。活動範圍變化以第一個時段當作一百所呈現的相對比例變化。二〇世紀上半葉的衰退速度似乎最快，而這早在任何詳細的昆蟲監測開始之前。摘自范．史特恩（van Strien）等人論文，二〇一九年。

特殊情況下，昆蟲數量的增加並不令人驚訝，但這些數據並未告訴我們全球模式是否如此。昆蟲衰退的確切速度仍然是爭論的主題，身為講究科學實證的科學家，這大概也很難達成一致的結論。

關於昆蟲衰退模式的現有資料有一個顯著特徵，就是它們只涵蓋了很近期的歷史，時間跨度甚至不及我的年紀（前面提過，我出生於一九六五年）。現有的最早資料來自一九七〇年代，而許多研究，例如來自德國的研究，起步的時間更晚。人類對地球的影響遠早於在一九八九年便已開始，這是克雷菲爾德研究的第一年，也是瑞秋．卡森的《寂靜的春天》出版後的二十七年，以及合成農藥被廣泛採用後的四十多年。德國的昆蟲生物量如果真的衰退了百分之七十六，很可能只是之前更大幅衰退期的尾聲。最近一項關於荷蘭蝴蝶的研究，試圖透過分析博物館藏品中具有代表性的物種的分布範圍，去提供一個能再進一步追溯過去的管道，類似於加里．波尼對大英的蜜蜂和食蚜蠅的分析，但這個研究可以追溯到一八九〇年。該研究顯示出荷蘭蝴蝶的活動範圍收縮得最快速的時期發生在一八九〇年至一九八〇年間，遠在克雷菲爾德研究開始之前。總體而言，從一八九〇年到今天的整個一百三十年期間，它估計蝴蝶的活動範圍減少了百分之八十四。我們永遠不會知道，比如說一百年前，在農藥和工業化耕作出現之前，到底有多少昆蟲，但似乎可以肯定的是，當時昆蟲的數量要比目前存在的多上很多倍。

扁頭泥蜂（*Ampulex compressa*）

扁頭泥蜂是最美麗卻又最邪惡的昆蟲之一，牠的身體細長，長約兩公分，帶有鮮紅色的腿和金屬綠的體色，在熱帶非洲和亞洲的大部分地區皆可以發現牠們的蹤跡。

雌性泥蜂的首選獵物，通常是出沒於不太講究衛生的房子和餐館的大型蟑螂。一旦找到一隻，牠便會撲向獵物，迅速刺進蟑螂的胸部，導致獵物短暫的麻痺，暫時無法動彈。然後雌蜂會小心翼翼地將牠的刺插入獵物大腦中控制其逃跑反射弧的確切部位，並透過第二次毒液注射使其永遠失能。接下來，牠會花時間咬掉獵物的一半觸角，喝下觸角流出來的血淋巴（昆蟲的血液），讓第一劑的毒液消退、第二劑發揮全效。蟑螂變得溫順，幾乎跟殭屍沒兩樣，雖然蟑螂的體型比扁頭泥蜂大得多，但扁頭泥蜂能用大顎咬住獵物的觸角殘端，然後像拴著狗鍊的狗一樣把蟑螂帶回她的掘穴中。到掘穴之後，她會在獵物身上產下一個卵，卵很快便孵化。在接下來的一週左右，蟑螂持續平靜地站著，無法逃跑或自衛，因為牠正慢慢地被扁頭泥蜂的後代活生生地啃食，先是在這隻不幸蟑螂的外部取食，之後會鑽入體內吃掉牠的重要器官。

5 基線偏移

昆蟲數量衰退有一點是我們大多數人都沒有注意到的，這一點十分有趣。證據顯示，昆蟲還有哺乳動物、鳥類、魚類、爬行動物和兩棲動物，現在的數量都遠比幾十年前少得多，但由於這種變化十分緩慢，所以很難察覺。科學家們發現我們皆患有「基線偏移症候群」（shifting-baseline syndrome），即我們會把我們成長的世界當作是常態，儘管它可能與我們父母成長的世界完全不同。現今的證據顯示，我們人類並不善於察覺發生在我們此生中所出現的漸進式變化。

倫敦帝國理工學院的科學家，他們透過採訪約克郡鄉下的村民，得出人類的記憶與其可靠度之間彼此相關又截然不同的現象。科學家們讓村民說出當今最常見的鳥類，以及在二十年前最常見的鳥類是哪些，然後將他們的回答，與我們手頭上關於這些時期實際常見鳥類的準確資料做比對。結果發現，老年人更擅長於描述二十年前出現的常見鳥類。科學家們將這樣的結果描述為「世代失憶症」：也就是我們不難看出，年輕人根本不知道他們有記憶之前的世界是什麼樣子。更有趣的是，雖然年長者可以記住二十年前的鳥類名稱，但他們對當時最為常見的鳥類的描述，卻偏向我們現今所發現的鳥類樣貌。他們的不完美記憶，是真正的記憶加上近期觀察記憶的混合體，科學家將其描述為「個人失憶症」（personal amnesia）。我們的記憶欺騙了我們，淡化了我們觀察到的變化幅度。

當然有很多人會注意到周遭中看到的常見鳥類，卻少有人會關注昆蟲。人們唯一有感的昆蟲衰退跡象，是所謂的「擋風玻璃現象」。有趣的是，幾乎所有年齡在五十歲以上的人都記得曾經有一段時間，在夏季白天長途駕車時，汽車擋風玻璃上滿布死亡的昆蟲，有時甚至必須停下來擦洗一下擋風玻璃。同樣，在盛夏的夜晚，駕車行駛在鄉間小路上時，車燈下的飛蛾數量宛如一場小型暴風雪。今天，身處西歐和北美的司機，已經不用幹這種清洗擋風玻璃的苦差事。這個現象似乎不太可能完全以現代車輛擁有較好的空氣動力學來解釋。

我有一本自製葡萄酒的老配方書，其中一個配方一開始便提到：「首先，收集兩加侖的黃花九輪草……」這在過去肯定是合理的做法，但在我的年代卻非如此。對我來說，黃花九輪草一直都很稀少，能從樹籬中發現幾朵就算得上特別的經歷了。這道食譜提供了一條線索，告訴我們過去生活周遭的花卉植物數量比現今要豐富得多，卻沒有任何還在世的人能記得這點。

儘管我不知道到底是哪個年代擁有取之不盡的黃花九輪草，但我想我還記得一九七〇年代有許多蝴蝶翩翩飛舞。我敢肯定，在我的孩提時代，成群的小辮鴴（lapwings）是每天在農田裡都能看到的景象，而且我在鄉下的任何地方，都能聽到杜鵑在春天發出的叫聲；而出生於千禧世代的孩子們，他們卻生活在一個鮮有蝴蝶、小辮鴴和杜鵑的世界。他們的父親從未要求在夏季開車後要擦洗汽車的擋風玻璃，清除上頭的昆蟲殘骸。幾乎可以肯定，他們從來沒有在小學操場上雜草叢生的角落裡吃過午飯、徒手捉蝗蟲，因為通常沒有蝗蟲讓他們抓。正如我對於沒有見過長滿黃花九輪草地不會有感懷一樣，我們的孩子們也不會對這類植物有任何懷想，因為他們從來不知道這類植物的存在。「常態」的概念，對每一個世代的人來說都不相同。

我們的孩子的下一代，將很可能會生活在一個比現在的昆蟲、鳥類和花朵更加稀少的世界，他們依舊會認為這樣很正常。他們可能會在書中讀到，或者更有可能在網路上讀到，刺蝟曾經是常見的日常生物，但他們可能永遠無法體驗，聽到刺蝟在籬笆底部哼哼唧唧尋找蛞蝓的聲音所帶來的快樂。他們不會懷念孔雀蛺蝶一閃而過的驚鴻一瞥，不像今天的美國人民會懷念曾經鋪天蓋日、遮蔽天空的旅鴿群。我們的孩子或許會在學校裡學到，這個世上曾經存在過充滿了神奇而美麗的生命的巨大熱帶珊瑚礁，然而這些珊瑚礁早已不復存在，對他們來說，就跟猛瑪象或是恐龍一樣不真實。

在過去的五十年裡，地球上野生動物的豐富程度已大大的減少。許多曾經常見的物種，如今都已經變得稀少。儘管無法掌握確切的數字，但如果查看來自歐洲不同時期各種昆蟲類群的研究，自一九七〇年以來，我們似乎已經失去了至少百分之五十或更多的昆蟲。這個比例甚至可以輕易達到百分之九十。過去一百年來，昆蟲衰退的幅度很可能更大。北美洲的情況可能與歐洲相似，因為耕作方式大致相同，但我們對世界其他地方發生的情況不太確定：情況可能好一點，也可能更差。

可怕的是，我們對昆蟲衰退的速度如此不確定，因為我們知道昆蟲在作為食物、授粉者和回收者等功能上，都扮演著舉足輕重的角色。更加駭人的是，我們大多數人都沒有注意到有什麼改變。即使我們之中有人對於一九七〇年代的環境仍記憶猶新，或是對自然感興趣，也無法準確地說出我們小時候究竟有幾隻蝴蝶或是熊蜂。人類的記憶不夠精確、帶有偏見且善變，而且正如我們在約克郡村民身上發現到的那樣，我們易於修改我們的記憶。你可能會有某種模糊不安的感覺縈繞在心，覺得曾經不只有一、兩隻蝴蝶在醉魚草花叢間飛舞，但你沒有十足的把握，也許那只是你對過去那些好時光難以忘懷罷了。

如果我們對於過去的一切不復記憶，而我們的後代子孫也將不知道他們錯過了什麼，那麼這一切重要嗎？也許我們的基線產生了變化，我們習慣了新的常態，這是件好事，否則我們可能會為我們所失去的東西而心碎。有一項有趣的研究統計，主要針對一九五〇年至二〇〇七年間，豐收滿載後返回佛羅里達州基韋斯特（Key West）的漁民照片，研究發現，雖然漁民抓到的魚平均重量從十九點九公斤掉到剩二點三公斤，但漁民臉上的笑容並沒有因此減少。今天的漁民如果知道他們錯過了什麼，大概會很傷心，但是他們並沒有為此感到難過，顯然，無知確實是一種幸福。

另一方面，人們或許會說，我們應該牢記，並盡可能地記取生物數目減少帶給我們的教訓。野生動物監測計畫可以透過測量變化加強我們的記憶。但如果我們允許自己遺忘，我們將註定讓我們的後代子孫生活在一個沉悶、貧乏的世界裡，他們將無從知道鳥鳴、蝴蝶和嗡嗡作響的蜜蜂，能給我們的生活帶來什麼快樂與驚奇。

切葉蟻

南美洲的切葉蟻是地球上僅次於人類，擁有規模最大、最複雜的社會的動物。

一個切葉蟻群最多可以有八百萬隻螞蟻，全部都是姊妹，共同照顧牠們的母親——蟻后，整個蟻群以「超級有機體」的方式有效運作。每隻職蟻都有特定的角色，以適合牠們的身形擔負一項工作，例如：小型職蟻會在巢中照顧幼蟲；中型職蟻負責覓食樹葉；而具有巨大頭部和強健大顎的大型職蟻，負責保護巢穴不受食蟻獸和其他大型掠食者的攻擊。一些小型職蟻會搭乘覓食職蟻的便車，保護覓食職蟻免受寄生蠅的侵害，這些寄生蠅會在覓食職蟻頭部的縫隙中產卵。在這整個複雜的機制中，並沒有任何領導者帶領全體蟻群運作。如同大多數動物一樣，螞蟻本身不能消化纖維素，而纖維素是植物的主要成分。然而，覓食蟻每天收集數千片樹葉，在橫跨雨林林床的蜿蜒小徑裡穿梭，將樹葉帶回巨大的地下巢穴。這些葉片被運到地底下培養真菌的真菌園巢腔，由職蟻們精心照料，並嚼碎葉肉當成真菌的營養來源。真菌能分解纖維素，並產生小束富含營養的特化菌絲，稱為葡萄狀菌簇（staphylae），以回報螞蟻的餵養，這正是切葉蟻的主要食物。在蟻巢中發現的真菌，在其他地方是找不到的——因為沒有螞蟻，它們無法生存；而螞蟻沒有它們，很快就會餓死。

PART

3

昆蟲衰退的原因

是什麼原因導致了昆蟲在全球消失？如今，關於這方面的理論多如牛毛。有些得到很好的證據支持，有些雖不那麼充分卻仍不無道理，有些則是徹頭徹尾的愚蠢。與其他昆蟲相比，針對野生蜜蜂衰退原因所進行的探討不計其數，儘管仍有爭議，但大多數科學家認為這是人為壓力的綜合結果，包括棲息地喪失、長期暴露在複雜的各式農藥下、隨著養蜂巢所傳播的非本地昆蟲疾病，氣候變遷影響的開始，以及其他可能的因素。或許很可能還有其他尚未被發現的因素。其他昆蟲可能也面臨類似的困境。牠們衰退的原因，可能因地而異，總之，原因十分複雜。然而，如果我們要阻止甚至扭轉這些衰退，那麼我們就必須正確地了解，是什麼原因驅使這些事發生，如此我們才能決定採取什麼樣的步驟，使這個世界對我們的昆蟲弟兄們更加友好。

6 失去家園

為了經濟利益而破壞雨林，如同燒毀一幅文藝復興時期畫作以求溫飽。

——愛德華．威爾森，美國生物學家

在過去的一個多世紀裡，自然和半自然棲息地被加速清除，以便發展農業、道路、住宅區、工廠、卡車停車場、高爾夫球場、城外購物中心等。幾乎所有這些變化，都導致了生物多樣性的淨損失，豐富的自然群落因此被摧毀，取而代之是小麥、混凝土、大豆、棕櫚油樹、刈草皮或是其他的人為棲息地，這其中只有極少數對於野生動物具有重要的價值，而這些極少數的例外中，以有利方式管理的花園和社區農圃，以及利用更永續的方式耕作農地，這兩者都可以支持生物多樣性。在人口增長和科技發展的推動下，我們每個人的影響力也變得更大，比如比起用開山刀，一個人用推土機一天內便能在雨林裡消除一千倍的面積，這導致有豐富野生動物的棲息地正在加速消失。

在我的一生中，熱帶森林一直在被砍伐。一九八〇年代我還是個青少年時，當我看見亞馬遜地區大片古老的板根雨林樹木被推倒、木材被就地焚燒的照片時，我感到驚駭莫名，煙霧在被燒焦的枯黑枝幹間裊裊升起，地球上最多樣化的生態系統就此化為灰燼。二〇一九年當我再次看到亞馬遜地區數千公頃的雨林又陷入火海的新聞鏡頭，彷彿惡夢重演。在一九八〇年代，大部分熱帶森林的砍伐都是為了開闢成牧場飼養牛隻，以提供給那些廉價速食店漢堡肉。砍伐森林這件事曾經引發許多抗議活動和運動，但收效很小或僅是徒勞，接下來的幾十年，森林仍持續不斷地被砍伐且未受到控制。近年來，大部分遭到砍伐的森林已被大豆或油棕這些單一栽培農作所取代，儘管有些仍然是為了畜養牛隻。

熱帶森林的砍伐並未得到遏制，現今的砍伐速度，甚至比起以往任何時候都要快，自一九九〇年代以來，砍伐的速度增加了大約百分之十至百分之二十五之間（森林面積損失的估算算不上是一門精確的科學，但隨著衛星影像的改善，每年的估計都變得更加準確）。熱帶森林目前正在以每年七萬五千平方公里，或是每天約兩百平方公里的速度遭到砍伐，而受損和退化的面積，則比這個數字還大得多。估計每天約有一百三十五種熱帶雨林物種滅絕，其中絕大多數是昆蟲（這邊必須指出，這種估算必然非常粗略）。在復活節島上，森林砍伐一直持續到最後一棵樹都被砍光，土壤也被沖蝕入海。正如電影《羅雷斯》（*Lorax*）中，老萬（Once-ler）不顧羅雷斯（Lorax）的警告砍伐了所有的毛樹（truffula tree）一樣，我們仍持續砍伐地球的森林，儘管我們明知這是一件愚蠢至極的事。我們正以驚人的規模進行生態滅絕。我並沒有任何宗教信仰，但如果你是個虔誠的基督徒，請考慮一下：你真的認為上帝創造了美妙的生物多樣性，為的是讓我們能夠統治它們，以便將它們消滅殆盡？你認為祂會滿意我們的行徑嗎？

當然，我要談的不僅僅是熱帶森林。溫帶和寒帶森林也正在遭到破壞，從全世界來看，我們每年淨損失約十億棵樹木。從二〇〇〇年到二〇一二年，我們在全球失去了兩百三十萬平方公里的森林——這個面積比起英國、法國、德國、西班牙、葡萄牙、比利時、荷蘭、義大利、瑞士、奧地利、波蘭、愛爾蘭和捷克加起來的總面積還要大。如果全部聚集在一起，人們可以從蘇格蘭東北端的約翰奧格羅茨（John O'Groats）開始步行，向南到直布羅陀（Gibraltar），然後向東到華沙，而一路上，完全沒有經過任何一小片樹蔭。曾經覆蓋地球一千六百萬平方公里的森林，現在只剩下六百二十萬平方公里。

其他野生動物豐富的棲息地同樣也遭到破壞或摧毀：湖泊和河流被污染和退化、沼澤地乾涸、泥炭地被挖出或放乾，山谷因為水力發電計畫或是灌溉而被大壩淹沒。在中國，整座山被夷平，山頭被用來填補山谷，以開闢出城市擴張所需的平坦土地。在東京，淺海沿岸地區被垃圾填滿，用以建造全新的島嶼，搭蓋建築物和高爾夫球場。

在全球尺度上，原始棲息地的持續喪失，並以大規模簡化的人為棲息地取代，這大概是現在野生動物衰退的最大單一因素，包括昆蟲的衰退（棲地的喪失可能很快就會被氣候變遷所帶來的的破壞比下去）。在西歐，棲息地正以不同的形式喪失，因為在幾個世紀前，這裡幾乎所有的原始自然棲息地都消失了。在英國，即使幾千年來我們持續以各種方式管理幾處僅存的古老林地，但事實上，它們並非真正的野生林地，儘管這些林地可能還不錯。然而，雖然人類已經占領這裡八千年（確實，也許正是因為這種占領），直到一九〇〇年左右，我們仍然擁有大片生物多樣性豐富的棲息地。除了成熟的林地之外，還有布滿鮮花和蝴蝶的白堊丘陵、長腳秧雞（*Crex crex*）築巢的平地乾草甸、黃蜜蛺蝶（*Melitaea athalia*）和隱線蛺蝶（*Limenitis camilla*）翱翔的矮林地、捷蜥蜴（*Lacerta agilis*）捕食蝗蟲的石楠荒原。這些都是由傳統的土地管理方式所創造出來的人造棲息地，會進行割草、放牧和矮林作業等維護。這些是相對溫和或不頻繁的土地管理方式，是野生動物能適應甚至從中受益的做法。樹木每十年或二十年才被砍伐一次（將樹木砍至樹根部位，使它們有機會重新發芽，又名矮林作業法），因此被砍伐的林地是一個由開闊的林間空地和不同年齡的樹木所組成的生態環境，能支持多樣化的生命。偶爾在山坡上放牧和每年替牧草地除草，便能夠防止樹苗生長並控制較粗的草生長，只要吃草的動物數量保持在較低水準，就可以使花卉繁盛。幾千年來，這些棲息地成為歐洲大部分野生動物生存的關鍵。

今天，這類人造棲息地的喪失，正是歐洲野生動物衰退的主要因素，而這背後主要肇因於我們耕作方式的快速變化。長久以來，集約化程度較低的耕作方式，形成錯落有致的棲地，而利於蜜蜂和其他昆蟲的生存。除了草地和白堊丘陵之外，還有長滿開花雜草的休耕地，以及將小田地隔開的開花灌籬。在一九二〇年代，英國擁有大約三百萬公頃的低地和乾草地，但在二十世紀裡，卻失去了百分之九十七以上。其中大部分被可耕種作物或青貯料田（silage fields）所取代，這些棲息地的生物多樣性通常接近零。

尖音熊蜂（*Bombus sylvarum*）是現今英國最稀有的熊蜂，但在約莫一百年前，牠在英國南部十分常見。這種小型五彩熊蜂，身上帶有黃色和灰色條紋，尾部帶有紅色，因其發出異常高亢的嗡鳴聲而得名，人們很容易就能聽出來附近有一隻正在覓食的熊蜂。尖音熊蜂會在開滿花卉的草地活動，喜歡以紅三葉草、療齒草、黃花苜蓿（*Anthyllis vulneraria*）、黑矢車菊和藍薊（*Echium vulgare*）等花卉為食。二十世紀以降，幾乎所有鮮花盛開的草地都消失了，使得這種美麗的蜜蜂也近乎滅絕，現在牠僅存在於少數幾個地方，包括彭布羅克郡（Pembrokeshire）、薩默塞特郡（Somerset Levels）和泰晤士河口（Thames Estuary）。二十年前，我在索爾茲伯里平原（Salisbury Plain）曾看到一些尖音熊蜂，不過現在似乎也已經滅絕。僅存的族群，則可以在倫敦東部泰晤士河附近的棕地（brownfield sites）發現其蹤跡，廢棄的工業區散落著被燒毀的汽車和垃圾，卻盛開著鮮花，現在成了尖音熊蜂的最後避難所之一。

許多草地生物，在失去了牠們的家園的情況下，經歷了大規模的衰退：長腳秧雞、地花蜂（*Andrena marginata*）、克里頓眼灰蝶（*Polyommatus coridon*）、大黃熊蜂、嚙疣螽斯和二葉舌唇蘭（*Platanthera chlorantha*），這還只是列舉其中幾個例子而已。要是列出完整清單，可得花上好幾頁篇幅。

在英國，我們失去的不只有花朵盛開的草地棲息地。二次世界大戰開始後，政府提供補貼，以提高糧食產量和農耕效率，補貼也包括移除樹籬的費用，導致每年損失九千五百公里的樹籬。據估計，從一九五〇年到千禧年間，我們失去了超過一半的樹籬。自一八〇〇年以來，八成的低地荒地以及七成的農田池塘已經消失，剩下的池塘大部分皆受到嚴重的污染糟蹋，尤其是來自化肥徑流的破壞。

英國和其他已開發國家的現代農業，受到全球農業企業和政府政策所形塑，其典型特徵是擁有大片田地的大型農場，通常由外部承包商管理，盡可能保持近乎完美的單一作物栽培，並施用大量的農藥和化肥。源自二次世界大戰期間經歷的糧食短缺，使得確保「糧食安全」成為合理化的主張，以作物產量最大化為目標。工業化耕作的支持者認為，這是避免飢餓和饑荒的唯一途徑。在這麼做的過程中，我們創造了一個村野景觀，當中生產的食物比過去多得多，價格也更低廉，但只提供了極少數就業機會，並且極不適宜野生動物生存。從昆蟲的角度來看，現代集約化農地鮮少有適合昆蟲生存的機會；由於花朵稀少，因此對於蝴蝶、飛蛾、蜜蜂和食蚜蠅來說，缺少了花蜜或是花粉；毛蟲、沫蟬或甲蟲賴以為食的雜草也愈來愈稀少；稀疏的樹籬也常被修剪到很低矮，讓昆蟲能築巢或越冬的避難所變得不足。要想找到食物或棲身之處，必須先通過重重殺蟲劑的試煉。

我們已經對超市貨架上的低廉食品價格習以為常，並未反思其生產過程中的真實環境成本。例如，化肥中的硝酸鹽和耕地上用來去除蛞蝓的農藥中的聚乙醛（metaldehyde），這些化合物被沖入並污染了我們的溪流與河流。自來水公司從河流中引水供人類飲用時，必須花費大量資金試圖去除這些污染物——尤其是聚乙醛很難去除，因此，儘管他們盡了最大努力，但我們的飲用水中通常仍殘存著一些聚乙醛。從長遠來看，我們或是我們的孩子們都將為耕作土壤⓮遭到侵蝕和汙染、耕作活動釋放的溫室氣體（約占所有排放量的百分之二十五），以及失去授粉者和其他昆蟲而付出代價。

⓮根據目前的數字推估，我們每年從地球表面流失約七百五十至一千億噸的表土，中國和印度的表土流失率特別高，而美國也不遑多讓。即使是紐西蘭，一個被大眾認為相對有環境意識的國家，估計每年也損失了一億九千兩百萬噸土壤，其中大部分來自過度放牧的牧場。紐西蘭的人口只有四百八十萬，相當於每人每年損失四十噸的土壤。全球平均起來大約是每人損失十至十五噸的土壤——考慮到土壤需要數千年才能夠再生，這些數字十分不樂觀。不良的耕作方式使土壤暴露在外，有機物受到氧化，增加了二氧化碳的排放，許多土壤被沖刷或流入河流和海洋，造成淤塞和污染。

原始棲息地的喪失（主要是在發展中國家）和半自然棲息地的喪失（主要是在已開發國家），兩者的共同影響是，全球野生動物的生存空間愈來愈被擠壓成一小塊一小塊、破碎和孤立的「島嶼」，無論是尚未慘遭鏈鋸毒手的熱帶雨林，或是德國克雷菲爾德協會採樣的自然保留區。人們普遍認為，在自然保留區內的野生動物安全無虞，但是德國的研究表明了事實並非如此。在克雷菲爾德的研究中，一九八九年至二〇一六年間，昆蟲生物量衰退了百分之七十六的情況正是發生在自然保留區。儘管這些保留區在整個研究過程中保持完整，或大致處於相同狀態，並且是為了野生動物的生存而精心管理。雖然德國方面的資料並沒有為昆蟲衰退的原因提供明確的證據，但我們可以根據經驗稍加猜測。這些德國自然保留區與其他地方的自然保留區一樣，往往被惡劣的棲息地所包圍。該研究針對的是飛蟲（大多數昆蟲都會飛），而任何飛蟲都可能在保留區待上一段時間之後飛離保留區。如果飛離的昆蟲發現自己處於無法生存的環境中，可能是因為該地缺乏食物或農藥含量較高或是因為其他因素，除非牠知道如何返回保留區，否則大概就只有死路一條。保留區周圍的景觀，如同族群生物學家所稱的「槽匯」，生物一旦進入之後很少能夠返回。除非保留區這塊島嶼上的族群能夠快速繁殖，否則這類個體流失到保留區外頭的穩定失血，也可能將導致當地昆蟲的滅絕。

我們知道有些昆蟲確實在大多數時間不會選擇離開保留區。例如，白緣眼灰蝶

（*Polyommatus bellargus*）和枯灰蝶（*Cupido minimus*），牠們整個成蟲期都傾向於待在出生地附近活動，在現代世界這是個明智的策略。不幸的是，即便如此，牠們依然不安全，因為一段時間之後，保留區內的族群會開始近親繁殖，進而失去遺傳變異，使得牠們變得較不健康，以及較難適應環境。除非保留區外的蝴蝶能定期遷徙，穿過周圍的荒地，帶進嶄新的基因，否則牠們遲早會從保留區滅絕。

如果這一切還不夠，保留區這座小島嶼上的族群也很容易因為運氣不好而滅絕。昆蟲的數量每一年都有很大的變化，特別是由於天氣的變化無常。只要一場大風暴、洪水或是夏季的乾旱，可能就會消滅一個已經固守了幾十年的小族群。一旦某個物種從自然保留區中消失，牠們就不太可能再重新定居，除非附近的保留區還有健康的族群可以作為新移民的來源。隨著棲息地變得愈來愈分散和孤立，昆蟲能重新再立足的情況也愈來愈少。

最後還有一個不易察覺的因素也正在發揮影響。在自然保留區四周圍上柵欄，只擋住了人類，卻無法阻止農藥隨風飄入或通過地下水滲入保留區中。柵欄也無法阻止氮氧化物的沉積，這些化合物是燃燒化石燃料的產物，會流入土壤，並改變植物群落。當然，保留區也不能阻止氣候變遷，隨著時間的推移，可能會使一個特定地方的氣候不再適合目前所居住的一些（或最終不適合所有）昆蟲。

不論用哪種方式將大片完整的棲息地拿走，只留下小塊的碎片（一如我們對林地、荒地和白堊丘陵的處理方式），我們可以預期生活在這些小塊破碎土地上的物種數量，將會隨著時間遞減，一個接著一個銷聲匿跡。這或許會在這些保留區島嶼形成之後的幾十年才發生，而到那時，我們只能看著昆蟲滅絕的數目逐漸且以銳不可擋之勢增加。正如美國科學作家大衛．奎曼（David Quammen）在他的優秀著作《渡渡鳥之歌》（*Song of the Dodo*）中所說：

> 想像有一張精美的波斯地毯和一把獵刀。地毯有十八英尺長，十二英尺寬。也就是我們有一張二百一十六平方英尺大的羊毛織品。先看看刀子是否夠鋒利？如果不夠，我們可以再打磨一番。然後，我們開始將地毯切割成三十六等份，接著再將它們拼湊起來——瞧！我們仍有將近二百一十六平方英尺、像地毯的毛織品。但是這代表什麼？是我們擁有三十六張精美的波斯地毯嗎？不，我們只剩下三十幾張已經毫無價值的碎片，而且每張都開始分崩離析。

這正是在德國乃至全世界正在發生的事情。

這種現象與一個科學上的重大爭論有直接關聯，常被稱為「土地共享或節約爭論」（sharing-sparing debate），其中「共享派」呼籲應試圖將人類活動（如種植食物）與支持生物多樣性（例如小型、有機、環保農場）二者整合，而「節約派」則主張盡可能集約地使用一些土地（例如用於工業化農業），以便將剩餘的土地留給自然。但德國的研究表明，為自然保留土地似乎行不通，因為自然保留區的面積不夠大，並且被工業化農業的用地所包圍。

總體而言，我們可以非常肯定，不論是熱帶雨林等原始棲息地，或乾草甸和低地荒原等人為棲息地，原有的棲息地喪失是迄今為止昆蟲衰退的最大原因之一。當務之急是，要想辦法遏制任何進一步的損失，甚至開始重建一些棲息地，使其恢復昔日的榮景。

蘭花蜂

在中美洲和南美洲濕熱的叢林中住著蘭花蜂，這是一個美妙，且身上帶著金屬綠、金色或是藍色的蜜蜂家族，在熱帶陽光的照耀之下，牠們就像珠寶般閃閃發光，在花間飛舞。雄性蘭花蜂正如其名，經常在蘭花間停留，但這些蘭花不提供花蜜，雄蜂也不採集花粉。相反地，牠們利用前足上的細毛刷從蘭花收集芳香的化學物質，然後將其梳理下來，並儲存在較大和空心的後足之中。牠們是香水收藏家。雄蜂會聚集在蘭花的生長地點，等候雌性前來這裡尋找配偶，顯然雌性是根據雄蜂收集的蘭花氣味的品質和數量來擇偶。

蘭花有特殊的授粉系統。它們不像大多數花那樣產生散落的花粉粒，每朵花只會產生一到兩個花粉塊：這種密集的花粉球帶有一根沾黏性的柄（黏盤柄），會附著在來訪的昆蟲身上。蘭花完全依賴雄性蘭花蜂替它們進行授粉，達爾文首次發現並描述這件事，不過當時他誤以為這些是雌蜂。蘭花花朵的結構十分精巧，當雄蜂忙著採刷花香時，牠們的頭部或胸部接觸到花粉塊的黏盤柄，因此整個花粉塊結構乃沾黏在牠們身上，上頭帶著一對亮黃色的花粉球，蘭花蜂無法自行去除。當蘭花蜂造訪其他花朵以收集更多花香時，一些花粉塊跟著被轉移而使花朵受精。如果一切進行順利，這種花朵與蘭花蜂的獨特共生關係可確保蘭花和蘭花蜂都能繁殖。

7 遭受汙染的土地

自從一萬年前農業發展以來，我們的農作物就一直受到疾病，或是有害動物侵襲，小到蚜蟲、蝗蟲，大到鴿子和大象。隨著人口與耕地面積的增加，這些有害生物的問題變得更加嚴重，因為種植的作物愈多，牠們就愈可能找到我們栽種的作物。據我們所知，在農業發展的最初五千年左右，農民把祈禱和祭祀當成保護作物的主要手段。例如，在古埃及，奴隸被用來獻祭給法老的收穫女神和保護者雷奈努泰特（Renenutet），而阿茲特克人則將兒童獻祭給他們的雨神特拉洛克（Tlaloc）。我猜這些血腥的儀式大概並無收效。儘管如此，農民和農村社區祈求神祇的幫助仍然很普遍，不過更務實的害蟲管理手段其實也早已被施行。例如，早在四千五百年前，農民就在他們的莊稼中使用了硫磺來殺死害蟲。中國人在三千兩百年前，就使用汞和砷化合物＊來防治體蝨（body lice），而且很可能還將化合物直接灑在莊稼上。而來自除蟲菊（*Chrysanthemum cinerariaefolium*）的植物萃取物，被當作殺蟲藥劑使用至少有兩千年歷史。使用化學農藥自然不是什麼新鮮事。

然而，直到一九四〇年代，我們使用的殺蟲劑要麼是天然存在的有機化合物，例如通常從植物中萃取的除蟲菊或尼古丁，要麼是無機化合物，例如硫酸銅、汞鹽、氰化物、砷或硫酸。一些人認為天然存在的化合物，比現代合成的替代品更無害，但這顯然是無稽之談。汞或是砷對環境沒有任何好處。我們沒有這些天然化學物用量的確切數字，但可以合理地猜測其總體用量非常少，因為大多數農民根本買不起或無法取得。

所有這一切，都隨著工業化學的出現而改變。以工業規模製造化學品始於十八世紀，主要有硫酸、漂白劑，以及後來用於生產玻璃和紡織品的蘇打水。十九世紀，隨著化學工業大規模的擴張，人們開始大量生產染料、硫化橡膠、化肥、肥皂和第一批塑膠。然而，直到二十世紀，新興產業才將注意力轉向開發新型的合成農藥。

雙對氯苯基三氯乙烷（dichlorodiphenyltrichloroethane，DDT）是第一種被發現具有殺蟲特性的人造化合物。一九三九年，瑞士化學家保羅．穆勒（Paul Herman Müller）研究發現，DDT會攻擊昆蟲的神經系統，導致神經信號反覆傳導，使昆蟲產生抽搐、顫抖、癲癇發作，最終死亡。DDT在第二次世界大戰期間，被盟軍廣泛用於太平洋戰場，用來控制惱人的瘧疾病媒：瘧蚊。到戰爭結束時，DDT也已被廣泛且廉價地用於家庭和農業用途。一九四七年，一家製造商在《時代》雜誌上刊登一則廣告，上頭是卡通化的農場動物面帶微笑，以及一名雙頰紅潤的家庭主婦，齊聲高唱「DDT對我們的好處！」，並宣稱

「DDT是全人類的救星」。同年，有一部短片裡頭的英國殖民者將一碗粥倒入DDT後食用，以說服東非當地人相信這種新化學品對他們無害（但觀眾似乎不為所動）。保羅・穆勒因其研究發現，而於一九四八年獲得諾貝爾獎。

約略同時，德國科學家格哈德・施拉德（Gerhard Schrader）在一九四〇年代合成了另一種化學物品，巴拉松（parathion）。這對昆蟲也同樣是劇毒，會攻擊牠們的神經系統，抑制神經傳導物質的分解，導致昆蟲喪失方向感、癱瘓和死亡。施拉德任職的法本公司（I. G. Farben）也開發和製造了用於滅絕營毒氣室的齊克隆B（Zyklon B），他的工作很可能也部分涉及開發用於人體的神經毒劑。

透過化學合成，各種相關的化合物很快被開發出來。DDT及其相關化學物質，被稱為有機氯化合物（organochlorides），包括阿特靈（aldrin）和地特靈（dieldrin），而巴拉松則衍生了幾十種有機磷酸酯（organophosphate）化合物，包括馬拉硫磷（malathion）、毒死蜱（chlorpyrifos）和亞胺硫磷（phosmet）。這些新的化學品很便宜，而且在殺死害蟲方面非常

＊審定註：此一說法幾乎都是出自Taylor Holley & Kirk（2007）的文章，但沒有其他可溯的原始文獻，有可能是指「雄黃」一類的砷化合物，常在古代被用來驅蟲。

有效，使作物豐收（至少在剛開始時是如此），因此它們被農民們廣泛地採用。於是開發、製造和分銷這些化學毒物的企業如雨後春筍般出現，形成一個全球性的產業。一九七〇和一九八〇年代，出現了許多新類型的農藥，包括阿維菌素（avermectins，餵養牲畜食用以殺死寄生蟲）、蘇力菌（*Bacillus thuringiensis*）噴霧劑（從一種細菌中萃取出來的殺蟲劑），以及三唑類（triazoles）、咪唑（imidazoles）、嘧啶（pyrimidines）和二羧醯亞胺類（dicarboxamide）的殺真菌劑（fungicide）。一九九〇年代，更多的新產品進入市場，包括全新的類尼古丁殺蟲劑，以及賜諾殺（spinosad）和芬普尼（fipronil）。今天，大約有九百種不同的「活性成分」，也就是對某種有害生物有毒的化合物類型，在美國獲得使用許可，在歐盟則約五百種。在過去八十年或是更長一段時間裡，農業耕作對化學物的投入越發依賴，並持續到現在。根據政府的官方統計，一九九〇年時，英國農民在四千五百萬公頃的耕地上使用農藥。到了二〇一六年，已上升至七千三百萬公頃。其實長期以來，作物的實際耕作面積並無變動，一直都是四百五十萬公頃。換句話說，一九九〇年時每塊農地平均使用十次農藥，二〇一六年更上升到十六點四次，僅二十六年農藥的使用就增加了近百分之七十。

一九六二年，也就是戰後DDT進入農業使用僅十八年左右，瑞秋・卡森出版了劃時代的著作《寂靜的春天》，書中聚焦在探討早期的合成農藥，以及日益增加的證據顯示農藥

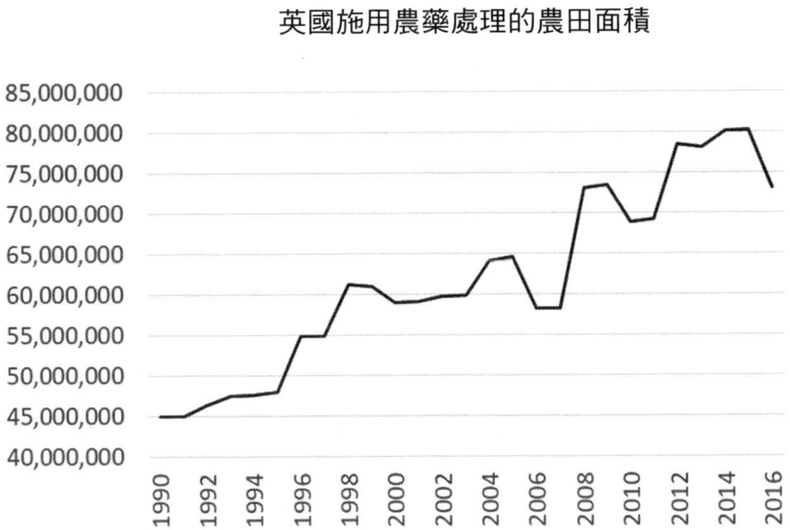

圖八　英國使用農藥處理的農田面積逐年變化：農民每年對他們的農作物施用更多的農藥。根據英國每年用農藥處理的農作物總面積的官方數據（https://secure.fera.defra.gov.uk/pusstats/）（二〇一六年為七千四百萬公頃）製圖。

這一面積在一九九〇年至二〇一六年期間，增加了百分之七十。鑑於英國祇有大約四百五十萬公頃的可耕地和園藝用地，而此一面積在此期間幾乎維持不變，這些數字意味著，現在英國每塊可耕地或是果園平均每年施用約十六次農藥。我們必須注意的是，這十六次的農藥施用可能是同一種農藥，也可能是十六種不同的農藥，或者是兩者的某種組合。這些數據不包括農民施用獸醫用藥的農藥，例如常規給予牲畜以保護免受寄生蟲侵害的阿維菌素。

並不向像人們天真以為地無害。問題是害蟲迅速演化出對新農藥的抗藥性，因此農民不得不加重用量，而早期那般的作物豐收也沒法再維持下去。然而，害蟲的天敵，如捕食性胡蜂和甲蟲，往往比牠們的獵物繁殖得慢，所以演化出抗藥性的速度也慢，這使得牠們受到農藥的打擊更大。沒有這些天敵，害蟲問題變得愈來愈嚴重，甚至出現了新的害蟲：那些以前被天敵控制住的昆蟲，這下也成了問題。此外，越發明顯的是DDT及其相關化學物質在環境中存在幾十年，並在食物鏈中不斷向上積累：毛毛蟲被鳴禽吃掉，鳴禽又被隼吃掉，依此類推。因此，捕食者和我們人類，最終都會在脂肪中累積大量的DDT。較高的DDT劑量會導致死亡，較低的劑量會導致癌症、自然流產和不孕。游隼和禿鷹等猛禽受到的影響尤其嚴重，因為長期暴露在DDT的作用下，導致牠們產下的蛋殼變薄，大部分的蛋在孵化前就意外破碎了。

《寂靜的春天》一書出版後，瑞秋・卡森遭到農業化學業界及其政治遊說者的人身攻擊，被貼上了狂熱分子、共產主義者和其他各式各樣的標籤。業界發起了反攻，四處發布傳單，同時向《寂靜的春天》的出版商抱怨，並威脅採取法律行動。最終，卡森贏得了她的戰鬥，儘管遺憾的是她沒能親眼見證這一刻——她於一九六四年死於癌症。DDT於一九七二年在美國、一九七八年在歐洲和二〇〇四年在全球被禁用，只有在控制瘧疾上得以有限制的使用。＊然而，在歐洲的土壤和河流中，仍持續發現有DDT的殘留。我無意挑戰哺育乳母的巨大裨益，但令人擔憂的是，母乳仍常含有DDT及其相關物質，濃度通常比牛奶中含有的機氯殺蟲劑（以及多氯聯苯）高出十到二十倍（根據澳洲、墨西哥、烏克蘭和加那利群島等不同地區的研究）。受到汙染的母乳再餵食嬰兒，使得人類的嬰兒成為食物鏈最頂端的受害者。終究，DDT並非它所宣稱的百益無害。

除了DDT，格哈德．施拉德發明的有機磷酸酯，也被證實對農民的健康有莫大的危害，對這些從神經毒性發想出來的化學品，結果不讓人意外。尤其是，在羊隻身上施用這些化學品的農民，出現了各類急性和長期的健康問題。現在在大多數已開發國家──但不是全部──已經禁用有機磷酸酯，不過在開發中國家它們仍被非常廣泛地使用。

如今，支持使用農藥的人經常主張說，現代農藥比起那些老式、被禁用的農藥，對人類和環境要安全得多──這種觀點似乎已經盛行了幾十年，且未受任何質疑。極為諷刺的是，生態環境保護者和獨立科學家們似乎也認定農藥這個問題已經解決。他們認為，瑞

＊審定註：瘧疾曾經是臺灣的頭號殺手，一九四八年政府在洛克斐勒基金會協助下，在屏東潮州設立瘧疾研究所，並自一九五二年與聯合國世界衛生組織（WHO）合作滅瘧，大量在家屋中噴灑DDT。一九六五年，臺灣成為根絕瘧疾的第一個國家，目前還有十數個非洲國家繼續使用DDT對抗瘧疾。

秋・卡森已經贏得勝利。使用關鍵字「野生動物」和「農藥」搜尋全球科學出版刊物資料庫，發現從一九六三年《寂靜的春天》出版到一九九〇年之間，一共只有二十九篇論文（相比之下，一九九〇年之後，光就這個主題就發表了一千一百四十四篇論文）。從本質來說，生態環境保護者和科學家們皆已把目光從這個焦點移開。卡森或許打贏了一場戰鬥，卻並未贏得這場戰爭。

農藥對環境影響一事重新獲得關注，可以追溯到一九九〇年代，當時法國養蜂人開始抱怨，他們的蜜蜂群因鄰近的向日葵作物使用一種新的殺蟲劑——益達胺（imidacloprid）而不斷消亡。益達胺是全新一類的農化品，即類尼古丁化合物，這個名字在當時對我們大多數人來說毫無意義，卻在之後因其與蜜蜂消亡之間的關係而變得惡名昭彰。與DDT和有機磷酸酯一樣，類尼古丁農藥也是神經毒素，會攻擊昆蟲的大腦，但它們的效力遠遠超過先前的殺蟲劑：殺死一隻蜜蜂所需的DDT劑量，比益達胺要高上七千倍。

法國農民因其激進行為而聲名狼藉：就在幾年前，法國農民為抗議廉價進口商品，而放火燒死一卡車的英國綿羊。然而法國養蜂人卻曾長期不受重視，儘管他們曾在巴黎穿著養蜂裝舉行過一次抗議遊行。然而，十年後，北美的蜜蜂開始大量死亡，這種現像被稱為「蜂群衰竭失調症」（colony collapse disorder）。在許多案例中，成蜂不斷消失，拋下巢內幼蟲而死去，宛如蜜蜂版的「接引升天」。統計數字之大令人震驚：二〇〇六年和二〇〇七年的冬天，分別有八十萬個飼育的蜂群消失，占北美所有蜂群的近三分之一。媒體對此產生了濃厚的興趣，瘋狂猜測蜜蜂可能即將滅絕。蜜蜂蜂群大量死亡的確切原因撲朔迷離，充斥各種可信度不同的理論，將其歸咎於某種病毒疾病、一種名為瓦蟎（*Varroa destructor*）的寄生吸血蟎、手機的電波干擾、外星人綁架、化學尾跡陰謀論、營養不良和農藥等等。不久後，北美和歐洲的實驗室裡開始展開研究計畫，試圖找出「蜜蜂危機」的原因。

不僅僅是法國和美國。在二〇〇八年春天，德國有成千上萬的蜜蜂蜂箱裡的蜜蜂因大規模中毒而死亡。這些死亡事件恰逢農民播種玉米的時間，幾乎所有玉米的種子都塗上了類尼古丁殺蟲劑。隨後的調查顯示，種子的披衣過程存在缺陷，導致種子被播種到地下時，殺蟲劑披衣鬆動，形成有毒的粉塵雲。儘管錯誤很快得到了糾正，但像我這類欲解開蜜蜂衰退之謎的科學家，終於注意到了類尼古丁藥劑（我們科學家對此的理解可能比較慢）。當時，歐洲和北美幾乎所有的可耕地作物，都是利用類尼古丁的種子披衣處理法。法國養蜂人會不會是哪裡出了錯？

類尼古丁是系統性的化合物，這意味著它們會被輸送到植物的任何部位。我們把它用於種子的披衣，目的是一旦種子播種後，種子的披衣會溶解在潮濕的土壤中（類尼古丁化合物是水溶性的），當種子發芽和生長，它便會吸收毒素，將之擴散到整株植物中，保護其免受蟲害。這聽起來很聰明，農民購買預先經過披衣處理的種子，然後無需再採取任何措施來保護他們的莊稼。但在引入這些新藥劑時，有個應該再明顯不過的問題，卻似乎沒有人擔心過，那就是這個化學物質既然能被運送到植物的任何部位，當然也包括了花粉跟花蜜。在大自然中，像油菜籽和向日葵這類需要授粉的作物，十分受到各類蜜蜂的歡迎，因此當作物開花時，這些蜜蜂也等於全都替自己注射了殺蟲劑。

二〇〇〇年初，分析測試顯示，經過處理的作物，其花蜜和花粉中確實含有微量的類尼古丁，不過含量很低，只有十億分之幾。如此低濃度的含量是否足以造成任何傷害，引發新一波的爭論。類尼古丁農藥的製造商、農化巨頭拜耳（Bayer，前面所提到的法本公司的一個分支）和瑞士的先正達（Syngenta），嚴正否認自家的農藥與蜜蜂衰退間有任何的關聯。我們需要進行實驗，檢測這麼低濃度的農藥是否對蜂群造成傷害，但籌集資金、進行實驗、分析成果並在科學期刊上發表實驗結果，需要花費數年時間。

我自己的研究小組當時在蘇格蘭的斯特靈大學（University of Stirling），開始研究以類尼古丁益達胺處理過的油菜作物為食的熊蜂群，是否會受到任何傷害。這聽起來或許很容易，但實際上非同小可。理想的田野試驗應該包括許多油菜田，隨機分配給經過農藥處理的實驗組，或未經過農藥處理的對照組。將熊蜂巢放置在這兩大組田地旁，每隔一段時間測量蜂群的健康狀態。實驗需要眾多的田地當作重複，這對生態學研究至關重要，因為其中總是存在無法解釋的變異：因為每一個田和每一個蜂群都略有不同，有了大量的重複，我們就能去除背景的雜訊，而分辨出接觸農藥與否是否呈現出差異性的結果。每塊田必須與其他田地相距至少兩公里，避免熊蜂在田地之間飛來飛去，不然放在對照組田地旁的熊蜂仍可能會接觸到農藥。理想情況下，整個實驗中的田野，必須沒有任何其他使用類尼古丁處理過的作物。

建立這樣一個實驗需要大量的資金，但我們沒有贊助商，也沒有計畫支持，所以不得不採取另一種做法。我們沒有把熊蜂群放在經過或未經農藥處理的油菜田旁邊（理想狀態是每組各有數個重複），而是在熊蜂群的食物中添加極少量的益達胺，模擬經過農藥處理過的油菜作物其花蜜和花粉中所發現的濃度。這些濃度非常低——花粉和花蜜中的益達胺濃度分別只有十億分之六和十億分之零點七。餵食熊蜂這種受污染的食物兩週，以模擬如果蜂巢靠近經過處理的油菜田會發生的結果，然後將七十五個蜂巢放置在大學校園內，讓他們幫忙照料。我們每週監測熊蜂的體重，並計算蜂巢產生多少新蜂后。熊蜂的蜂巢約在夏末消亡，但如果一切順利，牠們會留下新的年輕蜂后，這些新蜂后會在隔年春天開始建立自己的蜂群。

當我們整理和分析數據時，結果十分清楚。食用含有農藥食物的蜂巢，比對照組蜂巢小得多（後者給予了未受污染的食物），且新蜂后的數量也減少了百分之八十五。當然，這意味著第二年的熊蜂蜂巢會少得多。這樣的結果不免令人擔憂，不過當高知名度的《科學》雜誌同意在二〇一二年初刊登這項研究時，我們都感到很高興。

與這篇文章同時發表的，還有另一個由法國亞維農的生態學家米卡埃爾・亨利（Mickaël Henry）的團隊所做的研究，他們發現類尼古丁農藥會損害蜜蜂的導航能力，使牠們因此經常在覓食之後找不到回家的路。在我們看來，這兩項研究提供了清楚的證據，指出這些類尼古丁種子披衣確實會對蜜蜂造成危害，研究成果在世界各地都有報導。＊

當時，我一派天真。剛進入極具爭議的農藥領域，對於來自農藥公司的反擊毫無招架之力。這些公司想方設法想要貶損我們的發現，比如它們主張我們的實驗設計與現實不符，因為我們是在食物中添加農藥，而非讓蜜蜂在作物上自然覓食，這樣的做法實際上是強迫蜜蜂吃下被污染的食物。他們並指稱，我們的研究和法國的研究都使用了不切實際的高劑量殺蟲劑，儘管我們所使用的殺蟲劑劑量，是參考了從油菜花粉和花蜜中所獲得的類尼古丁濃度的公開資料。網路上出現了一些誹謗性的文章，試圖詆毀我的科學家身分，聲稱我是一個「受雇的科學家」，專門收賄，捏造證據以支持任何出錢方的議題（儘管事實上我們的研究完全未獲任何資助）。

還好，歐洲議會（European Parliament）相當嚴肅地看待我們的研究結果，要求歐洲食品標準局（European Food Safety Authority，EFSA）的科學家調查該主題，並回報結果。他們花了幾乎一整年時間來檢視所有證據，並在二〇一三年，他們在報告中指出，在開花會吸引授粉昆蟲的作物（如油菜和向日葵）上施用類尼古丁農藥，比起施用在風媒作物（如小麥與大麥）上，前者確實對授粉者構成顯著的風險。值得稱道的是，歐洲議會迅速採取行動，提議禁止在開花朵的作物上使用類尼古丁藥物，不過令人困窘的是，英國最初反對這一點，但該禁令仍於二〇一三年十二月正式立法通過。

於此同時，科學也有新的發展。新的研究被發表，其中一些是我們負擔不起的大規模田野試驗。由生態學家梅約・朗多夫（Maj Rundlöf）領導的團隊在二〇一五年發表了一項在瑞典的大型研究，發現放在經過類尼古丁藥物處理過的油菜田旁的熊蜂蜂巢，比放在未經處理的田地旁時，表現要差得多。研究也指出，在繁殖新蜂后上受到的損害，幾乎與我們三年前報告中提出的百分之八十五相同。在研究熊蜂的同時，這些研究人員還觀察了獨居性的壁蜂（*Osmia*）和飼育的西洋蜂蜂群所受到的影響。壁蜂完全無法在經過類尼古丁藥物處理過的田地附近繁殖，但飼育的蜂群在這方面並未受到顯著影響。

＊審定註：二〇一四年臺灣大學昆蟲系的楊恩誠教授領導的研究團隊，以餵食西洋蜂幼蟲含亞致死劑量的益達胺，觀察其羽化之後的表現，也證實藥劑會影響蜜蜂學習與導航，多數經藥劑處理的蜜蜂外出覓食後未能歸巢。

在瑞典研究發表的兩年後，一項更大規模的跨國研究在英國、德國和匈牙利三地展開重複實驗。這個龐大的計畫是由班・伍德考克（Ben Woodcock）和英國生態與水文中心（Centre for Ecology & Hydrology，CEH）執行。農化產業自己提供了高達二百八十萬英鎊的資金，事先經其認可實驗程序，將此視為推翻歐洲禁止在開花朵的作物上使用類尼古丁藥物的最後一搏。但該研究同樣發現，油菜中的類尼古丁物質對熊蜂蜂群和獨居的壁蜂有害。在英國和匈牙利，飼育的西洋蜂同樣也受到農藥的明顯傷害，但在德國則不然，那裡的蜜蜂似乎主要以遠離農作物的野花為食。[17]拜耳和先正達兩家公司，也就是資助者，很快就表態撇清與這項研究的關係，對他們先前同意的研究方法提出批評，並聲稱研究結果尚無定論，還指責專案團隊選擇性地使用數據且錯誤地詮釋。班・伍德考克對此進行了反擊，他在一次媒體採訪中說，「我真的不喜歡他們指責我撒謊。」

直到今天，儘管有大量的反證，類尼古丁藥物的製造商仍然堅稱他們的殺蟲劑可有效殺死害蟲，但對蜜蜂和其他益蟲完全無害。他們的立場讓我想起了「雙重思想」（Doublethink）的例子：同時接受兩種相互矛盾的思想，在喬治・歐威爾的《一九八四》（*Nineteen Eighty-Four*）中，這是所有忠誠的黨員所企盼擁有的能力。

在班・伍德考克和梅約・朗多夫進行大規模田野試驗的同時，其他科學家正在更仔細地研究類尼古丁物質對單一蜜蜂（而非蜂群）在行為和健康上的影響。只需要極少量的類尼古丁物質就可以徹底殺死蜜蜂，物質的毒性一般以「半致死劑量」（Lethal Dosage 50%，*LD50*）表示：也就是足以殺死一半接受此物質的動物的劑量。大多數類尼古丁物質的半致死劑量約為每隻蜜蜂十億分之四克，以任何標準來說這樣的劑量並不算多。然而，愈來愈多的證據顯示，即使是微小的劑量也可能產生微小卻重要的「亞致死」（sublethal）效應。從米卡埃爾・亨利於二〇一二年關於益達胺對蜜蜂導航影響的研究中，我們已經了解到，僅需給予蜜蜂三分之一的半致死劑量，就會降低牠們找到返回蜂巢的能力。這頗符合直覺：若我們當中的任何人接受了亞致死劑量的神經毒素，很可能會感到頭暈目眩與茫然，並在返家途中迷了路。對於一隻蜜蜂來說，牠的工作是整天在蜂巢和花叢之間來回飛行收集食物，迷路對牠而言是天大的災難。牠無法再為蜂巢做出貢獻，而牠在外面也活不了多久。這是否足以說明「蜜蜂衰竭」的原因？

更糟糕的是，新的研究指出，即使是微小的亞致死劑量的類尼古丁物質，也會產生其

⓱ 從這些和其他田野研究中發現的一個共同線索是，野生蜜蜂，如熊蜂和壁蜂，似乎比飼育的西洋蜂更容易受到這些農藥的影響。我們不能確定原因，但根據理論推測，如果蜂群的職蜂數目超過五萬隻，意味著牠們有足夠的職蜂可以應付因為農藥而造成的犧牲。相比之下，熊蜂的蜂群最多只有幾百隻職蜂，而壁蜂的雌蜂則必須獨自照顧自己的巢穴，所以如果雌蜂慘遭不測，那麼巢穴也就完蛋了。

他有害影響。例如，蜜蜂食物中，只要出現十億分之一劑量的類尼古丁物質，就會損害牠們的免疫系統，使牠們容易受到疾病的感染，例如蜜蜂畸翅病（其症狀包括翅膀萎縮，使牠們喪失飛行的能力）。無論是正在發育中的幼蟲還是成蜂，只要吸收了微量的類尼古丁，似乎都會削弱牠們學習和記憶哪些花朵擁有最多花蜜的能力，而這項技能正是蜂群是否成功的重要關鍵。這些亞致死劑量，還會減少蜂王的產卵和預期壽命，降低雄蜂的生育能力，並減少了成蜂照顧幼蟲的時間。新農藥上市前規定要作的檢測中，沒有一項試驗是觀察這些亞致死劑量導致的效應。

你或許認為，歐盟已禁止在會開花朵的作物上使用類尼古丁農藥，至少在歐洲這個問題便將落幕：如果蜜蜂沒有接觸到這些化學物質，那麼在現實世界中，不論是半致死劑量或是亞致死劑量，都不會對牠們產生任何影響。不幸的是，事實沒有那麼簡單。將某種農藥黏合在農作物種子上，看似是一種有效的使用方式（只要它們附著得當）。在過去，大多數農藥是通過安裝在拖拉機上的噴桿噴灑，可能會飄出作物區，例如進入灌木籬笆、花園或自然保留區。將農藥製成種子披衣似乎能讓藥劑更集中在對付害蟲上，因此被推廣使用。表面上看來這似乎很有說服力，也相當普遍為人所信。可悲的是，事實證明並非如此。

二〇一二年，美國科學家克利斯汀・克魯普克（Christian Krupke）發表了一項研究，發現在經過類尼古丁處理的農田附近生長的野生蒲公英中，也發現了類尼古丁。當我讀到這篇論文時，腦中彷彿響起了警鈴。如果農藥是黏合在農作物上，它是如何進入附近的野花叢的？在進一步挖掘的科學文獻時，我發現了拜耳的員工發表過的一項研究，他們量化了作物對於種子披衣的吸收比例。這個比例在作物類型之間差異很大，大約是活性成分的百分之一到百分之二十，平均只有百分之五。相比之下，從拖拉機噴灑農藥的方式，可以輕鬆地將百分之三十或更多的活性成分噴灑到作物上。如果種子披衣上平均百分之九十五的類尼古丁沒被作物吸收，那它去了哪裡？

來自義大利的研究指出，即使將殺蟲劑正確地黏合在種子上，在鑽洞埋種子的過程中仍有大約百分之一的農藥化為粉塵，於空氣中釋放。義大利研究人員發現，這些農藥粉塵對飛經附近的任何蜜蜂都是致命的威脅。

還剩下百分之九十四的化學品下落不明。當然，它們的去向相當明顯，便是進入了土壤和地下水。如果大部分類尼古丁沒有被作物吸收，也沒有飄散在空氣中，那它很可能是留在土壤中。接下來要問的是：類尼古丁在土壤中是否造成任何危害？例如對幫助保持土壤健康的無數小生物是否有害？它們在土壤中將存留多久？它是否也污染了土壤中的水分並滲入水道？

二〇一三年，我從歐盟一份與益達胺有關的龐大而晦澀的報告中，意外挖掘出證據：

指出類尼古丁物質在土壤中分解的速度非常緩慢。因此如果每年播種經過種子披衣處理的小麥作物，它便會隨著時間的推移而積累在土壤中。這是拜耳公司自一九九一年開始的一項為期六年的研究成果，但十五年來，農藥監管機構似乎忽視了其重要性。當時我是先收到了一封來自美國的匿名郵件，引導我找到這份長達七百頁的文件，接著才發現這個證據。

農藥有殘存性是極不可取的，因為如果它需要耗費數年才能在環境中分解，那麼它很有可能接觸到它原本無意傷害的東西。更糟的是，如果農藥的殘存性會隨著連續使用而不斷積累，那麼隨著時間的推移，環境中的毒素含量也將愈來愈高。DDT的長期殘留正是它最終被禁用的主要原因之一。如果類尼古丁物質在土壤中積累，那麼整年裡任何土壤中的生物都將大量接觸到毒素。考慮到這類物質是水溶性的，可以合理推測它們會順著農田滲透到鄰近的土地，進入溝渠、溪流和河流。這或許可以解釋為什麼在克利斯汀・克魯普克的研究中，蒲公英中會出現農藥——如果土壤受到了污染，那麼野花的根，便有可能會像農作物一樣吸收農藥。如果認為類尼古丁已經存在於野花中，那麼歐盟在開花朵的作物上禁用該類農藥，仍不足以防止蜜蜂受到影響。

二〇一二年，在我發表了關於類尼古丁對熊蜂蜂群影響的論文不久後，我就從蘇格蘭搬到了英格蘭南部海岸的蘇塞克斯大學（University of Sussex），這段期間計畫申請也異常順

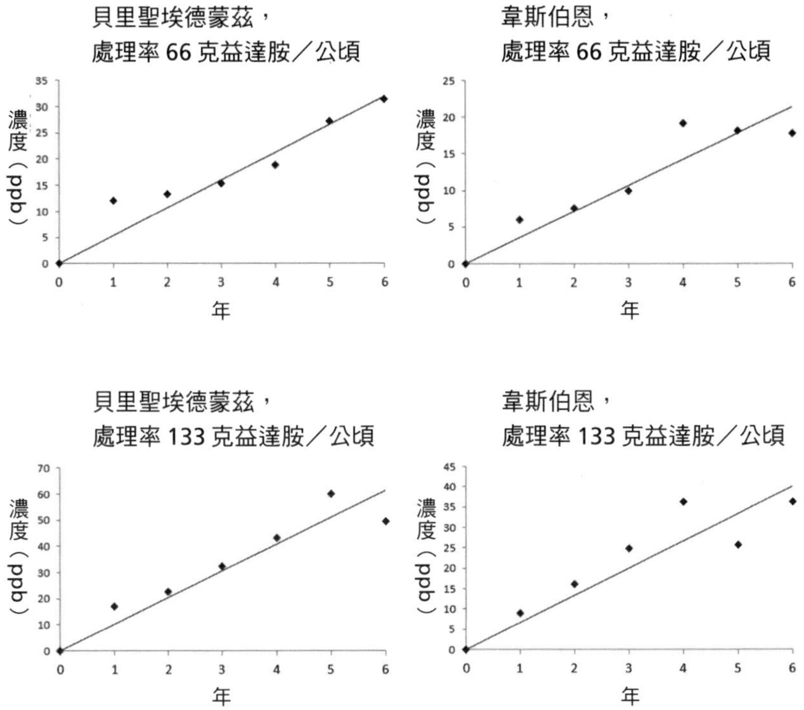

圖九　類尼古丁殺蟲劑在土壤中的積累：在每年秋季（一九九一至一九九六年）播種經過藥劑處理的冬小麥種子的土壤中，檢測到的類尼古丁益達胺的濃度。兩個研究地點都位於英格蘭。除了第一年外，處理率為六十六克或一百三十三克益達胺／公頃，第一年在貝里聖埃德蒙茲（Bury St Edmunds）為五十六克，韋斯伯恩（Wellesbourne）為一百一十二克。這些資料來自歐盟二〇〇六年針對益達胺的評估報告草案，毫無疑問，這種化學物質的含量會隨著時間的進展而增加。然而，不知為何，該報告根據這些資料所得出的結論，卻是「這種化合物不會在土壤中有積累的潛在危險。」

利。我幾乎同時從環境、食品暨農村事務部和英國生物技術和生物科學研究委員會（Biotechnology and Biological Sciences Research Council，BBSRC）獲得補助，以調查類尼古丁環境宿命（environmental fate，意旨農藥於環境中的可能動態）的各個方面，以及它們可能造成的危害。至此，我終於獲得足夠的資金來研究這些農藥。為此，我招募了兩位博士後研究，一個是來自英國西部，永遠開朗、充滿活力的貝絲．尼可斯（Beth Nicholls），另一個則是來自西班牙，個性沉靜、體貼和一絲不苟的克莉絲蒂娜．博蒂亞（Cristina Botias）。她們一起解開了許多關於類尼古丁在環境中的流向，以及它們對於環境所造成的影響。

克莉絲蒂娜關注在野花的研究，她花費了無數時間，在蘇塞克斯親自採集生長在耕地邊緣和樹籬上各種野花的花粉和花蜜。我們想要搞清楚蒲公英在美國受到農藥污染究竟是一種偶然，還是更為普及的現象。克莉絲蒂娜也從這些野花生長的地方採集了數百個土壤樣本。這是一項極為繁瑣工作，採集者必須將一個個小玻璃管小心翼翼地插入每朵花的蜜腺，再透過「毛細作用」吸取花蜜。[18] 每朵花僅提供千分之幾毫升的花蜜，因此她必須採樣數百朵花，以取得足夠大的樣本進行化學分析。另外，她也收集了花粉，方法是帶回一堆花朵，乾燥它們之後，再小心地將花粉粒刷入試管中。做這麼繁瑣的工作本來就已經十分艱難，外加上克莉絲蒂娜對花粉過敏，讓事情難上加難。自此，她不得不戴著呼吸防護具執行所有的田野工作，一雙眼睛總是又腫又紅。

克莉絲蒂娜辛苦取樣的分析結果令人擔憂。農地邊緣的土壤，以及野花的花粉和花蜜樣本，經常含有原本應該只存在於作物中的類尼古丁。罌粟、荊棘、大葉牛防風、紫羅蘭、勿忘草、貫葉連翹（*Hypericum perforatum*）、薊等植物，皆含有殺蟲劑。樣本的濃度變異很大，有時候甚至比經過處理的油菜作物的濃度還高得多。例如，一些來自大葉牛防風和罌粟花的花粉樣本，其所含的農藥濃度是我們在蘇格蘭的熊蜂實驗中使用的濃度的十倍以上（濃度之高甚至連農藥業者都聲稱難以置信）。這點起初實在令人費解，但仔細想想也許是可以預期的結果。如果類尼古丁會在作物的土壤和土壤的含水中不斷積累，我們可以預期它們會滲到田邊。我們已經知道，不同作物間通過其根部吸收類尼古丁劑量的差異很大，因此我們估計不同野花之間也是如此。也許罌粟和大葉牛防風剛好真的很會從土壤中吸收這些化合物吧？

不管是什麼原因，我們已有足夠證據得知二〇一三年歐盟禁止在開花朵的作物上使用

⓲毛細作用是液體容易流入狹窄空間的現象，甚至受到吸附力的牽引而上升。毛細作用解釋了為什麼衛生紙會吸收溢出的液體，以及為什麼液體蠟會沿著蠟燭的燈芯向上流動。

類尼古丁農藥，並無法阻止蜜蜂接觸到它們。二〇一三年的禁令頒布後，英國的類尼古丁農藥總用量實際上是上升的，原因是他們在小麥等不吸引蜜蜂的作物上的用量大增。如果應用於穀類作物的類尼古丁物質進到了野花上，那麼蜜蜂和所有其他訪花的昆蟲其實仍身處險境。造訪野花採食花蜜對蜜蜂來說，猶如一場俄羅斯輪盤的賭命，有些花朵不含農藥，有些則含有很高的劑量，蜜蜂無從分辨其中的差異。[19]

值得慶幸的是，比起手工收集大範圍區域的花蜜和花粉樣本，有種更加簡單的方法。正如克莉絲蒂娜自己體驗發現的，人類在這方面的效率實在很低。相比之下，蜜蜂堪稱是汲取花食的大師：牠們收集花粉和花蜜已有一億兩千萬年的歷史。牠們的眼睛和觸角可以有效地配合花朵的顏色和氣味，而牠們的身體也已經演化到讓牠們能有效地收集和攜帶花蜜和花粉。牠們的腹部有一個可擴張的「蜜囊」（honey stomach），能夠容納與身體等重的花蜜。牠們的身體覆蓋著枝狀的毛髮，可以黏著花粉，而牠們腿上的花粉刷，可以巧妙地將花粉刷到後腿的花粉籃（pollen baskets）裡。[20]

因此，要檢測多種類型環境污染時，蜜蜂可以是一個強大而有效的工具，而不僅僅被用來偵測農藥污染而已。一個蜂群派出成千上百的職蜂穿越整個田野，通常距離牠們的巢穴有一、兩英里遠，蜜蜂帶著牠們從成千上百的花朵中辛勤收集的花粉和花蜜樣本回來，然後科學家們為了自己的目的竊取這些樣本。這正是我的另一個博士後研究貝絲做的工作，她在這個研究項目中抽到了好籤，因為她的工作是把熊蜂和西洋蜂群放到外面的田野間，然後取樣牠們儲存的花蜜，以及牠們在花粉籃裡採集到的花粉。

克莉絲蒂娜和貝絲採用的兩種不同方法各有利弊。從蜂群中抽取食物樣本，比從花中收集花粉和花蜜要容易得多，但由於我們不知道蜜蜂到底在哪裡覓食，所以不可能確切知道食物中的任何農藥殘留是來自哪裡。對於花粉，我們可以透過在顯微鏡下觀察花粉粒，大致確定它是來自什麼類型的植物（花粉粒在不同的植物物種之間的形狀和大小不同），但我們同樣不知道產生這些花粉的植物是生長在哪裡。另一方面，由於想要知道農藥對蜜蜂的可能影響，這種方法倒是可以準確地告訴我們，自由飛行的蜜蜂在現實世界中所接觸的農藥濃度。

透過貝絲和克莉絲蒂娜的共同努力，我們對類尼古丁的環境宿命有了相當的了解。很

---

⑲在新堡（Newcastle）的潔芮・萊特（Jeri Wright）實驗室進行的研究發現，蜜蜂在生理上無法品嚐或是嗅聞到類尼古丁物質，但是，如果可以選擇含有或不含有類尼古丁的糖溶液餵食器，蜜蜂不知何故更喜歡品嘗含有類尼古丁的糖溶液。有些人解釋蜜蜂可能對農藥上癮，就像吸煙者對尼古丁上癮一樣。

⑳蜜蜂和熊蜂身上有花粉籃，但其他類群的蜜蜂則以別的方式攜帶花粉。例如，黃面花蜂吞下花粉，然後回到牠們的巢穴中反芻，而壁蜂和切葉蜂則是利用牠們毛茸茸的肚子來攜帶花粉。

明顯，它們大部分進到了土壤，並殘存在土壤裡多年。克莉絲蒂娜的土壤樣本中，經常可以檢驗出益達胺。這是市面上第一種類尼古丁藥劑，但當她採集樣本時，農民早在幾年前就已停用益達胺了，並以兩種較新的類尼古丁藥劑——可尼丁（clothianidin）和賽速安（thiamethoxam）取代。[21]類尼古丁藥劑擴散到田間，並被野花和灌木樹籬吸收，因此，原本可以支持農田野生動物生活的樹籬，這下皆遭到強效殺蟲劑滲透。同樣，沿著田地邊緣種植、為蜜蜂提供食物的花叢，也都遭到了污染。事實上，在蘇塞克斯郡的任何一個地方，不管是熊蜂還是西洋蜂，牠們採集到的花粉和花蜜都可以驗出含有類尼古丁物質。我們在蜂群的食物儲存中發現到的類尼古丁濃度，往往遠高於實驗中使用的劑量，而有些人宣稱實驗劑量高得不合常理。例如，在我們的蘇格蘭研究中，發現餵食含有類尼古丁食物的熊蜂蜂巢，其新生的蜂后數量下跌了百分之八十五。我們當時是在其花粉中添加十億分之六的農藥當作實驗組，業界發言人當時辯稱十億分之六的濃度簡直不可能，但我們分析了蘇塞克斯郡農田中的熊蜂巢的花粉儲存的農藥劑量，通常含有十億分之三十以上，此一劑量顯然足以對熊蜂造成傷害。

貝絲和克莉絲蒂娜還將從蜜蜂後腿帶回的花粉球，按照來自何種植物進行了分類，就不同的植物種類個別分析，以了解其中有哪些農藥。這是因為在一次的覓食之旅中，每隻蜜蜂往往只會收集一種植物的花粉，很少有蜜蜂會攜帶混合的花粉。即使在四月和五月，附近的油菜作物開花期間，大部分花粉也都來自野花，而此時山楂是蜜蜂的最愛。這些資料是在二〇一三年暫停在開花朵的作物上使用類尼古丁藥劑的規定生效前所收集的，但克莉絲蒂娜計算過，透過花粉進入蜂群的類尼古丁藥劑殘留中，只有百分之三來自農業作物。令人震驚的是，其中百分之九十七是透過野生花粉進入蜂群。

當克莉絲蒂娜於二〇一五年發表他的研究結果時，歐盟再次作出了非常積極的反應。二〇一三年的禁令旨在保護蜜蜂免受這些化學品的影響，但顯然單單禁止在開花朵的作物上使用它們是不夠的。二〇一六年，歐盟委員會要求歐洲食品標準局審視新的證據並提出報告，再次聚焦在對蜜蜂的可能危害。這個過程花了一年多的時間，但是當報告於二〇一八年二月提出時，結論再清楚不過：幾乎所有類尼古丁農藥的使用方式都對蜜蜂構成了風險。因此，在二〇一八年底，三種主要的類尼古丁農藥在全歐洲皆被禁止在所有戶外施用。

我們的計畫資金未能延伸到研究從農田中滲入的類尼古丁對水生棲息地的污染，幸好

㉑ 農藥的名稱，幾乎無一例外，都有難以發音和不易記住的特性。昆蟲保護公益機構（Buglife）的首席執行官麥特．沙羅（Matt Sharlow）推斷這是一個刻意設計的伎倆，以防阻公眾對它們的討論。

各地的其他科學家已經著手這方面的研究。烏特勒支大學（University of Utrecht）的泰莎．凡戴克（Tessa Van Dijk）和尤恩．凡德斯勞許（Jeroen Van der Sluijs）開了第一槍，他們取得官方收集到的關於荷蘭淡水污染程度的資料，指出溪流、河流和湖泊的類尼古丁含量都十分驚人。在污染最嚴重的地區，濃度竟高達令人咋舌的十億分之三百二十！如此高的劑量，溪水本身都可以當成殺蟲劑了。與此同時，在加拿大薩斯喀徹溫大學（University of Saskatchewan）的克莉絲提．莫里西（Christy Morrissey），發現加拿大的湖泊和濕地，幾乎也都受到類尼古丁藥劑的污染。這兩項研究也激發全世界的科學家開始四處探究，很快便發現世界各地的湖泊和河流，從葡萄牙到加利福尼亞再到越南，都已經受到這些化學物質長期污染。

迄今為止被研究過的地點中，似乎以荷蘭淡水的類尼古丁污染程度最高，其他地方的污染程度通常低於十億分之一。這聽起來可能不多，但不幸的是，此劑量仍然足以殺死水生昆蟲。尤其是蜉蝣、石蠶蛾和一些蠅類似乎最為敏感。因此歐盟監管機構計算出益達胺的「安全」濃度參考值，須為淡水的兆分之八點三。在一項全球調查中，莫里西發現不僅有四分之三的水體樣本其濃度超過了此一規範劑量，甚至在一些樣本中發現多達六種不同的類尼古丁物質，而且，總體而言，類尼古丁物質的污染在全世界都逐年增加中。

殺蟲劑汙染程度較高的淡水系統，往往有較少的無脊椎生物，這應該不讓人意外。健

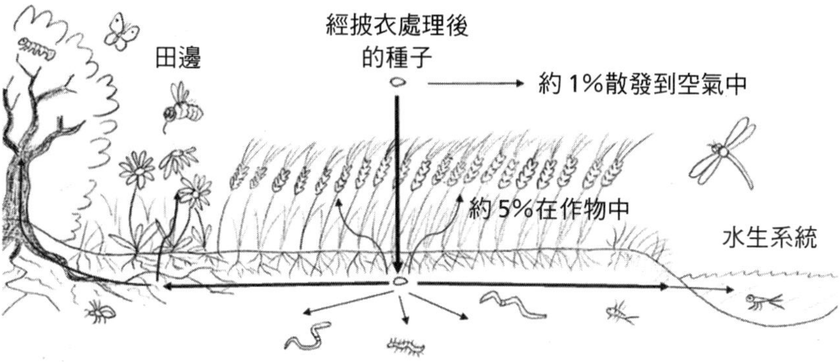

圖十　以類尼古丁殺蟲劑用作種子披衣的環境宿命：平均只有大約百分之五的農藥進到了它原本的標的，也就是作物本身——此一數字是由製造商拜耳自己的科學家計算得出（參見延伸閱讀，Sur和Stork，二〇〇三年）。大部分藥劑最終進入土壤和土壤的含水中，如果反覆使用，它會隨著時間的推移而積聚。土壤中的農藥會被野花和樹籬植物的根部吸收，傳送到葉與花上，也會滲透進溪流之中。這種施用方式還有一個基本問題，因為它必然是預防性的：農民在播種之前無法知道作物是否會受到害蟲的侵襲。預防性使用農藥違背了「病蟲害整合管理」（IPM）的所有原則，也就是只有絕對必要時才使用農藥，以將農藥用量降到最低。大多數農業科學家都認為這是抑制蟲害的最佳管理策略。在「病蟲害整合管理」下，使用了許多非化學技術的蟲害管理，例如鼓勵天敵、使用抗病作物品種和長期作物輪作。只有當這些方法都失敗了，並偵測到大量害蟲時，農民才會求助於農藥。

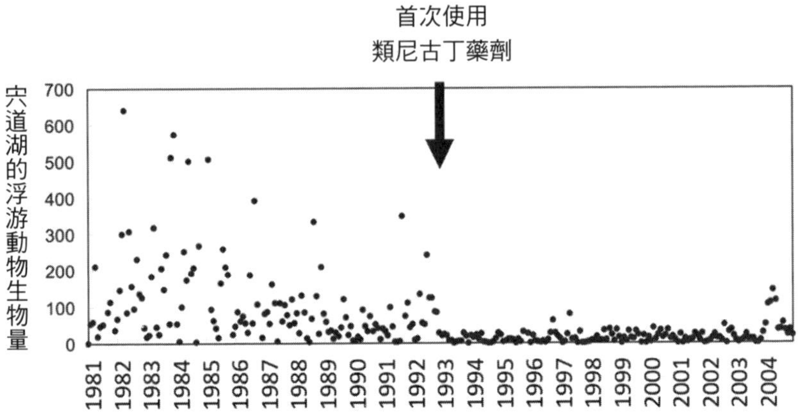

圖十一　類尼古丁污染對湖泊無脊椎動物的影響：自一九九三年在稻田周圍引入類尼古丁藥劑後，日本宍道湖的浮游動物數量急劇下降（來自山室真澄等人合著，二〇一九年）。

康的溪流和湖泊通常有大量的昆蟲，提供魚、鳥和蝙蝠食物。在荷蘭，人們發現各種甲殼類動物和水生昆蟲在污染較嚴重的溪流中不太常見，而且這些地區的食蟲鳥類的衰退速度也更快。然而，類尼古丁對淡水生物影響最引人注目的證據，大概是日本的宍道湖的案例，我在前面有提到過。多年來，湖中的無脊椎動物群聚一直受到密切監測，因為它們是重要的鰻魚和香魚漁業的基礎。當類尼古丁農藥被引入周圍的稻田時，人們發現新農藥污染了注入湖裡的溪流，湖中的昆蟲、甲殼類動物和其他小動物（通常統稱為浮游動物）的族群，很快就崩潰了。農藥的擁護者會辯稱這只是巧合，碰巧在同樣的時間浮游動物遇上其他重大災害——也許有另一種污染物也在同一年被第一次使用，或者是浮游動物碰上一場嚴重的瘟疫。這樣的解釋當然也有可能，但請捫心自問，你認為最可能的解釋是什麼？

在日本，由於沒有採取任何行動，使得宍道湖的漁業產量，至少在二十年裡一直偏低（我找不到二〇一四年以後的公開資料）。相較之下，從歐洲的角度來看，禁用類尼古丁農藥的傳奇故事在許多方面都令人鼓舞。科學證據不斷累積，並受到監管機構評估，而政府也迅速採取行動。然而，令人遺憾的是，我們一開始就犯了一個可怕的錯誤，讓這類農藥在市場上存在了二十五年，最後才弄清楚它們對環境帶來的危害。歐洲食品標準局在二〇一八年針對這些化學品的風險評估中，檢視了亞致死劑量效應的證據，以及它們對野生蜜蜂（不單是飼育的西洋蜂）所造成的影響，卻仍然沒有要求新開發的農藥在上市之前，應先以這種方式進行評估。儘管歐洲食品標準局與歐洲各地的科學家已經合作制定出對新農藥更嚴格的評估流程，但迄今為止，農藥產業對政治人物的密集遊說，已成功阻止了該流程的實施。從本質來說，沒有任何方式可以阻止新的農藥再次重蹈覆轍。近年來，市場上出現了新的殺蟲劑，其名稱通常難以發音：氟吡呋喃酮（flupyradifurone）、氟啶蟲胺腈（速殺氟，sulfoxaflor）、溴氰蟲醯胺（賽安勃，cynatraniliprole）等。這些殺蟲劑大多數是強效神經毒素，其特性類似於類尼古丁。事實上，其中一些可以直說，就是類尼古丁農藥。或許有人不禁納悶，從現在起二十年後，一旦積累了足夠的證據，這些化合物是否也會被禁用。

然而，儘管歐洲一直在積極禁止類尼古丁農藥的使用，首先是在開花朵的作物，然後是所有作物，但悲劇在於，它們仍然是世界其他地區的首選殺蟲劑。除了被當成種子披衣這種最普遍的用法外，在美洲，通常會以飛機噴灑藥劑到作物上，或是在種植觀賞樹木前以浸泡方式使用，還有噴灑到牲畜飼養區以殺死蒼蠅。二〇一七年，愛德華·米歇爾（Edward Mitchell）領導的一組瑞士科學家發表了一項新研究，他們檢測了來自世界各地的數百個蜂蜜樣本。其中百分之七十五至少含有一種類尼古丁，其中還有許多甚至含有兩到三種不同類型的混合。[22]即使是偏遠島嶼上的蜜蜂，如加勒比海的庫拉索島（Curaçao）和太平洋的大溪地（Tahiti），其食物儲存中也含有這些毒素。

這是值得深思的問題。蜜蜂是極其重要的昆蟲，而四分之三的蜜蜂的食物中含有高效性的殺蟲劑，這應該是一個最令人擔憂的問題。有鑑於這些藥劑致死劑量和亞致死劑量的一系列影響，這當然對蜜蜂構成了非常嚴重的威脅。但更廣泛地說，這對全球所有的授粉昆蟲也都是個威脅。飼育的西洋蜂是個廣適者：牠們會從大量不同的植物物種中採集蜂蜜。因此，如果西洋蜂接觸到類尼古丁農藥，那麼熊蜂、獨居蜜蜂、蝴蝶、飛蛾、甲蟲、各種蜂類等也必然會受到影響。看來，現在世界上大部分的昆蟲物種，都長期暴露在專門用於殺死昆蟲的化學物質中。

即使在歐洲，這個問題也沒有完全解決。農民可以向他們的國家政府申請禁令豁免（derogation），在法律上，這意味著他們取得臨時性的豁免，特許可以在作物上使用類尼古丁。他們爭辯說這是出於緊急用途，因為他們沒有合適的害蟲控制替代方法可用。然而許多歐盟政府似乎並未審查這些論點是否合理，便同意申請者提出的申請。例如，在二〇一七年，二十八個歐盟國家中有十三個同意農民所提出使用類尼古丁的禁令豁免，允許他們在開花朵的作物上使用已遭禁用的農藥。而英國政府在二〇二一年一月脫歐後的首要行動之一，便是同意部分甜菜使用類尼古丁的禁令豁免，儘管環保組織表達強烈抗議。

此外，歐盟並未將禁令擴展到獸醫用藥。雖然農民不准在他們的作物上使用類尼古丁農藥（除非取得禁令豁免的批准），但是一般民眾仍然可以買到寵物除蚤用的類尼古丁藥劑。「心疥爽」（Advocate）和「蚤安」（Advantage）是兩款非常受歡迎的除蚤藥商品，皆以益達胺為活性成分。另一種競爭產品「蚤不到」（Frontline），則是以芬普尼作為其活性成

㉒ 近來，另一項瑞士研究得出這些農藥普遍存在的進一步證據。該研究檢測瑞士的麻雀羽毛中是否含有類尼古丁物質。結果顯示包含生活在有機農場在內的數百件麻雀樣本中，百分之百含有至少一種類尼古丁物質。同時，在美國的研究人員則發現，就算是合理劑量的類尼古丁物質，也會減輕遷徙的白冠帶屋鵐的體重，並擾亂牠們的導航能力。

分，這是另一種具有與類尼古丁物質非常相似的神經毒性殺蟲劑。你可能以為與農作物相比，用在寵物身上似乎沒什麼大不了，而且劑量也較小，然而，其使用的劑量仍然很高。這些除蚤藥也是預防性使用，每個月滴在你飼養的狗或貓的脖子後面，使動物對吸血昆蟲產生毒性。以一隻中型狗來說，每月建議使用量便足以殺死六千萬隻蜜蜂，光是在英國，就有大約一千萬隻狗和一千一百萬隻貓，因此每年會有好幾噸重的益達胺和芬普尼進到我們的寵物身上。

當然，這可能不會有什麼問題，因為蜜蜂通常不會在狗或貓身上取食，但請記住，這些是持久性和水溶性的化學物質。如果狗跳入池塘或是溪流中，或是在雨中外出，毒素便會被洗掉或沖走，從而將可觀的殺蟲劑釋放到環境中。我的博士生蘿斯瑪莉・珀金斯（Rosemary Perkins），她最近從環境署取得資料，並分析了二十條英國河流中益達胺和芬普尼含量的數據。她得出的結果十分令人擔憂，因為其中十九條河流被益達胺污染，而二十條河流都遭到芬普尼以及其各種有毒分解物污染。更糟糕的是，在大多數河流中，發現的殺蟲劑汙染程度都遠遠超出對水生昆蟲的安全限度。另一個引人關注的是，在汙水處理廠下游的河水樣本中，這兩種化學品的污染程度都比較高。美國的一項研究發現，給狗洗澡時，大部分的除蚤藥會流進洗澡水中，由此看來，這也是英國河流的污染源頭，特別是由於芬普尼在英國從未取得農用許可。

在貝絲和克莉絲蒂娜針對蜂群收集的食物中的農藥進行研究期間，我們曾在城市地區也放置了一些熊蜂巢。我們很想知道城鎮和鄉村暴露於農藥的情況有何不同。在英國，政府機構對農民使用農藥有仔細的監管，但是園丁、地方當局或寵物主人的用藥情況則似乎未受管理。總體而言，城市地區的熊蜂蜂巢，其食物的農藥濃度應該要低於農村的蜂巢，但是我們卻發現結果並非如此。在農村，蜜蜂食物中最常見的類尼古丁物質，是可尼丁和賽達安，也是幾年前取代益達胺用於農田的新型化合物。相比之下，城市熊蜂的食物中，主要的類尼古丁成分則是益達胺。我們對於益達胺成分的來源仍然不清楚。益達胺曾經是園藝用除蟲噴劑的主要成分，有可能是有些園丁仍在使用多年前購買的舊產品；或者，是多年前使用的益達胺至今仍殘留在土壤和植物中；又或者，它們可能是來自寵物狗和貓，因為雨水沖刷了牠們皮毛的藥劑而污染了花園。最可能的原因是這三者皆有，不過最好能夠知道其相對的比例，因為前兩個來源最終會終止，但目前更沒有跡象顯示，類尼古丁除蚤藥會停產。

到目前為止，我一直集中在討論類尼古丁農藥，因為這是目前仍被普遍使用、最惡名昭彰的農藥，不過它們只是冰山一角。正如科學家們誤以為農藥問題已在一九六〇年代至一九八〇年代針對DDT及其同類的爭鬥中得到解決，因此若以為類尼古丁農藥是唯一會對昆蟲或環境造成風險的農藥，將是大錯特錯。一些科學家和社會運動者可能已經形成了狹隘的視野，將所有精力集中在此一主題上，反而忽視了更大的問題。在蘇塞克斯對蜂巢的花粉和花蜜所含的農藥殘留研究中，我們也檢測了殺真菌劑，而這些殺真菌劑通常比殺蟲劑更常見。在熊蜂收集的花粉中，我們發現至少有三種不同的農藥，有時甚至多達十種，全都混合在一起。世界各地的其他研究人員，他們對蜂蜜和花粉樣本進行了各種類型的農藥檢測，結果發現無論蜂巢所在地理位置為何，蜜蜂的食物幾乎無一例外地包含了複雜的殺蟲劑、殺真菌劑和除草劑的混合。在蜜蜂的食物中，已經發現到一百六十種不同的農藥，包括八十三種殺蟲劑，四十種殺真菌劑，二十七種除草劑和十種殺蟎劑（用來殺死蟎蟲的藥劑）。

當然，人們可以合理地預期，除草劑和殺真菌劑之類的化學藥劑對昆蟲不會有太大問題，因為它們的毒性並非針對昆蟲。除草劑主要用來殺死農作物內部或附近的雜草，而殺真菌劑則是用來對付作物的真菌病害，如黴病、銹病和枯萎病，如果不加以控制，危害會很嚴重，特別是在濕熱的天氣。農民通常認定殺真菌劑和除草劑對蜜蜂無害，因此會在白天蜜蜂活躍時將藥劑噴灑在開花朵的作物上（但通常會避免使用殺蟲劑）。然而，愈來愈多的證據顯示，殺真菌劑確實對昆蟲有害。例如，一項關於北美熊蜂衰退模式的大規模研究發現，總體上，衰退的最佳預測指標是殺真菌劑的使用，而非殺蟲劑或除草劑。該研究還發現，使用一種稱為百菌清（chlorothalonil）的特殊殺真菌劑，與蜜蜂感染微孢子蟲病

（*Nosema bombi*）的發生率有密切關聯，這種疾病有時會導致熊蜂致命的腹瀉。其他研究人員發現，暴露於這種藥劑的蜜蜂，更容易感染另一種密切相關的疾病：東方蜂微粒子蟲病（*Nosema ceranae*），而熊蜂蜂群若暴露於百菌清的環境實用濃度下（我們預期生活在農田的蜜蜂會接受到的濃度），就足以讓蜂群的成長明顯降低。目前還不能確定這種殺真菌劑是如何傷害蜜蜂的，但有一種理論認為，它殺死了有益的腸道微生物，而這正是讓蜜蜂更容易受到疾病感染的原因。[23]

殺真菌劑百菌清自一九六四年以來便一直在役，是世界上使用最廣泛的農藥之一。二〇一八年之前，它一直是英國使用最廣泛的單一款農藥，並且在採樣的蜂蜜中，經常可以發現它的蹤影。它對蜜蜂的有害影響，在它最初註冊登記時並未被發現，幾乎可以說五十多年過去了，都沒有人注意到。二〇一九年，百菌清被歐盟禁用，主要是因為擔心它污染地下水，從而進入河流和飲用水，而不是因為蜜蜂的關係。與類尼古丁藥劑一樣，世界其他地區仍繼續使用百菌清，並未受到任何限制。人們不禁要問，目前使用中的數百種藥劑

㉓ 正如人類，或許還包含其他所有的動物，蜜蜂的腸道裡生活著複雜的共生細菌群落，破壞這些群落將會嚴重影響蜜蜂的健康。

裡，究竟還有多少種最終將被證明對於無論是蜜蜂、人類還是大冠蠑螈有害。我們的監管機構再向我們保證它們安全無虞，最後卻告訴我們它們的危害。這叫我們如何對一個曾多次誤導我們的體制存有任何信心？

雖然有些殺真菌劑似乎對蜜蜂造成直接的傷害，但其他殺真菌劑的影響則是隱隱未現。例如，現在已知一類被稱為麥角醇合成抑制劑（ergosterol biosynthesis-inhibiting，EBI）的殺真菌劑，會與殺蟲劑之間產生增效作用：殺真菌劑阻斷了蜜蜂的解毒機制，若蜜蜂沒有接觸到毒物，就不會有問題。但是，如果蜜蜂同時也接觸到殺蟲劑，牠對殺蟲劑的對抗能力將大為降低。一些殺真菌劑加殺蟲劑的混合物，對蜜蜂的毒性可以比起單獨接觸殺蟲劑高出一千倍。這種意外的相互作用，難以在新殺蟲劑上市前的規定檢測中被發現，因為每一種化學物質都是單獨測試。但是，想也知道在現實世界中蜜蜂和其他昆蟲幾乎不會一次只接觸到單一種化學品。實際上從卵孵化出來的那天起，他們很可能開始接觸到人造化學品的複雜混合物，以及存在於自然環境中的新病原體和寄生蟲（見第十章），這些相互作用遠遠超出了我們的預測或是理解。因此，即使是環境、食品暨農村事務部的首席科學家伊恩．博伊德，他最近也承認目前尚不可能預測大規模使用多種農藥對環境造成的負面影響。然而，我們還是繼續放任這種行為。

有種說法認為，比起過去DDT及其同類產品的年代，今天的農藥使用對環境已更加安全。畢竟，農藥的倡導者總是急於指出，使用於土地上的農藥總量已經降低。在英國情況的確是如此：從一九九〇年至二〇一五年，農民使用農藥的重量從三萬四千四百噸下降到一萬七千八百噸，下降了百分之四十八（全球於二〇一五年農藥使用總量約四十萬噸，所以英國約占全球使用量的百分之四）。我應該解釋一下，這些數字是「活性成分」的重量，也就是實際的毒素，通常還要在大量的水或其他溶劑中加入其他化學物質配製成市售農藥。[24]

然而，農藥使用量明顯下降，並非全部的事實。若其他條件相同，則減少施用農藥肯定是好事，但這個前提卻不成立。這些新化合物的其中一個特點是，隨著時間演進，它們的毒性往往比以前的農藥大得多。一九四五年時，DDT的施用量通常約為每公頃兩千

---

24 這些所謂的「惰性」（inert）成分，並不會受到與「活性」成分相同的監管測試的約束。但近來的證據顯示，混合物的綜合作用可能比單獨「活性」成分的毒性大得多。販售給農民，含有活性和惰性成分混合物的農藥製劑，被賦予了戲劇性、強大的名稱，或者有時只是簡單而奇怪的名稱。其中最著名的是含有嘉磷塞的製劑，通常稱為農達（Roundup）。各種殺蟲劑配方包括陰影（Shadow）、巡航（Cruiser）、現代靈（Mavrik）、心疥爽甚至甘道夫（Gandalf）——後者現在是一種類除蟲菊精殺蟲劑。我想托爾金（J.R.R.Tolkein，小說《魔戒》的作者）恐怕不會贊同使用這些殺蟲劑。

克。更現代的殺蟲劑，如涕滅威（aldicarb）、類除蟲菊精（pyrethroid）和類尼古丁，分別以每公頃一百、五十和十克的用量施用，因為它們對昆蟲的毒性要大得多。而這意味著不論是對人類有益或有害的昆蟲，都難逃遭到殺害的命運。一個粗略的估算顯示，改用使用量較小但毒性更大的化學品的淨效應，可能會對昆蟲構成更大的風險。類尼古丁和芬普尼對蜜蜂的毒性大約是DDT的七千倍，因此將兩公斤DDT（可以殺死約七千四百萬隻蜜蜂）換成十克類尼古丁（可以殺死二十五億隻蜜蜂），並不是朝著正確方向邁進，至少從蜜蜂的角度來看絕非如此。

我決定更詳細地研究這個問題，並且在蘇塞克斯大學一系列熱心學生的幫助下，我開始著手研究農藥使用對蜜蜂構成的潛在威脅在時序上的變化。感謝環境、食品暨農村事務部，英國農民在農作物上施用農藥的數據可以在其官網（https://secure.fera.defra.gov.uk/pusstats/）上自由取得，並且每年都會更新。對於在英國經常使用的三百種左右的農藥，我們根據它們每年的用量，計算出理論上可以殺死多少蜜蜂。我們加總了每一年所有不同農藥的「蜜蜂潛在死亡率」，看其時序變化為何。當然，我要強調的是，這是一種極不可能的最壞情況，因為此數據乃是假設農民使用的所有農藥都被蜜蜂吸收。儘管如此，圖中縱軸的比例還是令人震驚：英國的農藥用量，足以殺死地球全部約三兆隻蜜蜂好幾千次，所以，值得慶幸的是，其中大多數農藥並未被蜜蜂直接食用。我認為重要的是其中顯示的模

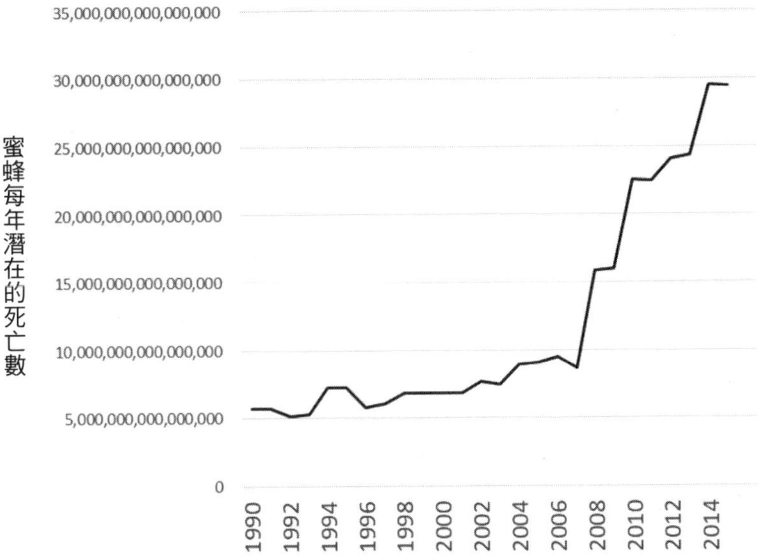

圖十二　隨時序變化的「毒素含量」：此圖顯示了每年施用於英國作物的農藥，理論上可殺死的蜜蜂數量，不過農藥全部被蜜蜂食用的情況不太可能發生。自一九九〇年以來，這個數字增加了六倍，因為農民採用了更新、更毒的殺蟲劑。

資料取自：https://peerj.com/articles/5255/。請注意，這還不包括餵食給牛隻的大量伊維菌素，這類農藥對昆蟲有劇毒，並大量存在於牲畜的糞便中，污染土壤。

式：自一九九〇年以來，蜜蜂的潛在死亡數增加了六倍。從蜜蜂的角度來看，農田已成為一個危險之地。

當然，農民使用農藥的目的並不是要殺死蜜蜂、熊蜂或是任何其他有益或無害的昆蟲。它們原本被設計來精準對付害蟲，如蚜蟲、粉蝨和植食性的毛蟲，因此會在晚上大多數蜜蜂睡覺時噴灑，讓施用的大部分藥劑不會靠近蜜蜂。然而，每年在土地上噴灑一萬七千噸毒藥，不可能不錯殺無辜。無論農用化學品製造者如何表裡不一地要求你相信他們說的話，殺蟲劑就是會殺死所有昆蟲，而不僅僅是原本針對的昆蟲。這也難怪我們的野生生物，或是任何生活在可耕地的植物或動物，每年都必須一次又一次遭受到農藥施用的危害。從拖拉機吊桿（或是美洲普遍使用的農作物噴粉飛機）噴灑的農藥，可能會飄入樹籬及其他地方；施用於種子披衣的農藥，則會積聚在土壤中並滲入河道；每年每塊耕地都要施用十七次以上的農藥，無怪乎我們農村的大部分地區皆逃不過被農藥污染的命運。

不幸的是，農作物上使用的農藥只是故事的一部分。還有像畜牧業者定期給牲畜服用的伊維菌素，用來保護牠們免受腸道寄生蟲和昆蟲外寄生蟲的侵害。透過口服，大多數伊維菌素會通過動物身體進到牠們的糞便。這些化學物質可以殘留數月之久，使得原本應該是糞金龜和蒼蠅的盛宴，變成了有毒的危險物。此外，地方政府也會在我們的公園和人行道上噴灑農藥，而屋主則用從超市或是在商店購買的農藥噴灑在他們的花園，或是滴在他們心愛的狗和貓身上。

令人難以置信的是，消費者甚至還可能購買到「除潮蟲劑」（Woodlice Killer）這類商品。事實上，在一家全國性報紙的園藝版面上近年來積極宣傳說，如果堆肥堆中的潮蟲太多，可以用「潮蟲殺手」（Vitax Ltd Nippon Wood Lice Killer），來「防治」牠們。對那些會聽信廣告的消費者，該產品包含通用的類除蟲菊精殺蟲劑，可從亞馬遜線上網路購物，或是從園藝商店和DIY商店購買到這類產品。廣告聲稱這類產品適合在戶外和室內使用，對付蠼螋和衣魚也同樣有效。我不曉得為何會有人想殺死這些生物。潮蟲算是有益生物，牠們會咀嚼堆肥堆中的木質物質，並幫助其變成深色、營養豐富的堆肥，在這方面牠們做得非常出色。潮蟲特別喜歡在潮濕的木椿中生存繁衍，悄悄地從木材中回收養分，最終將營養提供給花園中的植物。牠們也是鳥類和小型哺乳動物的食物。這些是有益的生物，應該受到讚揚，而不是被一些誤導性的、想要殺死一切興旺生物的變態慾望所迫害和毒殺。事實上，潮蟲根本就不可能在堆肥裡「太多」，因為牠們能幫助分解堆肥，所以是多多益善。如果你的房子裡經常有潮蟲或衣魚出沒，表示環境太潮濕了，你最好想辦法解決這個根本的問題，而不是在房子裡噴灑殺蟲劑來掩蓋症狀。

更加嚴重的問題是我們的土壤、河流、湖泊、樹籬、花園和公園，現在全都遭到人造毒素的混合物污染。人們常說人類在與自然交戰，但「戰爭」一詞意味著雙向的衝突。我們對自然的化學攻擊更像是種族滅絕。難怪我們的野生動物正在急遽衰退。

蠼螋的兩個陰莖

很少人知道，許多蠼螋種類的雄性有兩個陰莖，蛇也有這樣的特徵。＊日本的研究人員發現，有一對陰莖的蠼螋主要是「右撇子」，百分之九十的雄性蠼螋會用右陰莖交配。然而，如果右陰莖被切掉（科學家會做一些奇怪的事情），蠼螋就會使用左陰莖，而左陰莖似乎也能正常運作。奇怪的巧合是，在日本一些地區，蠼螋被俗稱為「ちんぽきり」（chinpo kiri），＊意思是「陰莖切割者」，這可能是因為蠼螋經常出現在舊式戶外廁所附近。

但是，為什麼蠼螋需要兩個陰莖？如果在交配過程中受到干擾，雄性通常會折斷正在使用的陰莖，把它留在雌性體內，這樣牠就可以迅速逃走。被拋棄的陰莖用來堵住雌性的交尾孔，降低牠再次交配的可能性，從而增加了牠繁殖後代的機會。第二隻陰莖作為備案，使雄性蠼螋能夠再次交配。科學家們還沒有研究過，蠼螋是否也會輕易地折斷牠的第二根陰莖。

有趣的是，許多雄性蜘蛛也採用類似的機制。雄性一次透過其一對觸肢中的一隻將精子傳遞給雌性，在某些種類，牠們會折斷觸肢並將其留在雌性體內，這意味著雄性一生只能交配兩次。雄蜘蛛離開後，牠的觸肢會持續向雌性體內注入精子。蜘蛛會演化出這種機制，可能是因為雌蜘蛛通常會吃掉逗留太久的男伴。

＊審定註：蛇與蜥蜴的雄性交尾器稱為半陰莖（hemipenis），是一對平常收在體內，使用時會外翻的構造，交尾時也是使用其中一側的半陰莖。

＊審定註：「ちんぽきり」或「ちんぽばさみ」是日本關西地區對蠼螋一種比較鄙夷的稱呼，「ちんぽ」是「珍寶」之意，用來指稱陰莖。

8 除草劑

大多數農場最常用的農藥是除草劑，農民發現這些化學品有助於去除非作物植物（通常稱為雜草），因為這些植物可能會與作物競爭土壤或其他環境資源，從而降低產量。它們也經常被用來蓄意殺死成熟的作物，如小麥或棉花，以確保它們一致地死亡和乾燥。這不僅使得收穫更加容易，並讓農民掌握收成的時間，以便與其他農業活動相互協調，儘管不幸的缺點是，收穫的作物中通常會含有除草劑。其中最著名、也是最惡名昭彰的除草劑是嘉磷塞（glyphosate），這種化學品通常存在於名為「農達」的商品配方中。嘉磷塞是全球使用最為廣泛的農藥，英國農業使用嘉磷塞的總量也逐年增加，至二〇一六年已達兩千多噸。這個數字還不包括地方當局或是一般住家庭園裡的使用量，而這兩者的使用量也相當大，人們經常可以看到小徑、人行道和道路旁的焦黃植被，表示使用量一定相當可觀，但這些並未受到政府或任何人的監控。

嘉磷塞是一種通用的除草劑，可殺死與它接觸的任何植物。它是系統性的除草劑，這意味著它會被植物組織吸收，並輸送到植物各處，從而殺死根部。我實在不想承認，但我也曾在我的花園裡經常使用它，因為當製造商聲稱它對野生生物無毒並且在環境中能夠很快分解時，我相信了製造商的說詞。我曾經很天真地相信這番話。我發現它對於擊退難以透過挖除的雜草很有用，例如蕁麻（nettles）、旋花（bindweed）、魁克麥草（couch grass）和刺藤（brambles），但即使用嘉磷塞處理，這些堅韌的植物似乎總會在一段時間後重新長回來。嘉磷塞用在保持通道和車道乾淨方面也非常方便，省去了

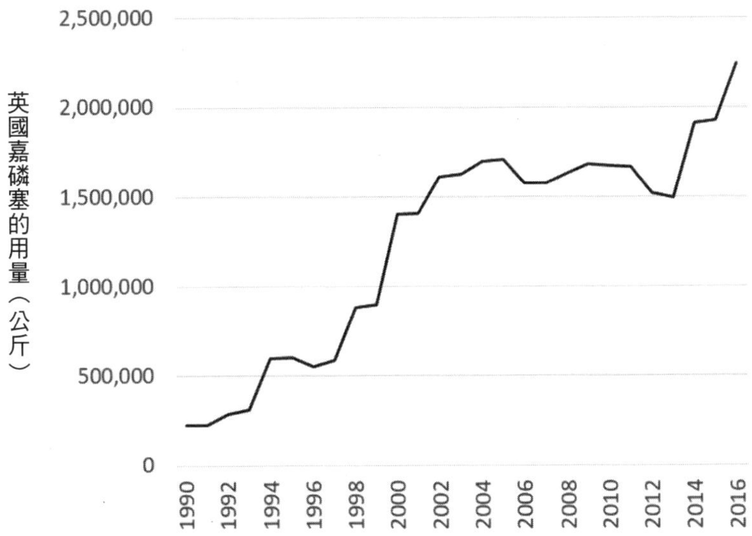

圖十三　英國農民使用除草劑嘉磷塞的重量：嘉磷塞是農達這類除草劑的常見配方，也是目前全球最受歡迎的單一除草農藥，使用量逐年增加。統計的數字不包括家庭或是地方當局使用量。數據來自英國環境、食品暨農村事務部農藥用量統計（PUSSTAIS）。

用鑷子鑷除裂縫中冒出的雜草所花費的龐大時間，但你很快就會發現為什麼我不再用藥的原因。

英國每一年使用兩千噸除草劑的數據聽起來或許嚇人，但按照國際標準，這個用量簡直微不足道。在歐洲以外，許多嘉磷塞與「抗農達」（Roundup Ready）基因改造作物結合使用，這些作物透過從細菌中取得的額外基因，而對除草劑免疫。在引入此類作物之前，農民只能在一年中沒有作物生長的時期使用嘉磷塞，例如在播種前除草（或有時為了收穫而殺死作物）。種植「抗農達」的基因改造作物，由於已對嘉磷塞免疫，而可以全年噴藥，因此在整個作物生長週期內能夠保持田地完全沒有雜草。自一九九六年引入這些基因改造作物以來，全球嘉磷塞的使用量增加了十五倍，二〇一四年達到每年八十二萬五千噸，並且持續增加中。這相當於全球每公頃耕地消耗了半公斤多一點的嘉磷塞。

嘉磷塞等除草劑對昆蟲的主要影響，大概是來自其有效清除農田中的大多數「雜草」。我們應該記住的是，對農民來說，雜草不過是長錯地方的植物。某人眼中的雜草，換做另一個人也許會視之為野花。歐洲和北美多數耕地的農民和園丁都會同意，魁克麥草（*Elymus repens*）是一種麻煩的雜草——但這其實是人類膚淺之見，只因為它不會開出漂亮的花就不重視這種雜草。實際上，魁克麥草是家畜重要的飼用植物，種子很受金翅雀的喜愛，葉子則是無斑豹弄蝶（*Thymelicus lineola*）毛蟲的食物。薊通常被視為雜草，但它們的花很受蜜蜂和蝴蝶的喜愛，種子則是雀類的最愛，幾十種植食昆蟲會吃它的葉子，或在莖裡或是花朵上挖洞，並反過來成為食蟲性鳥類的食物。㉕還有罌粟、矢車菊、南茼蒿（*Chrysanthemum segetum*）、麥仙翁（*Agrostemma githago*）和許多其他我們很多人都喜歡看到的美麗花朵，但它們往往出現在耕地中與作物競爭，因此普遍被認為是雜草。

當然，植物幾乎可以說是每條食物鏈的基礎，然而，人類發展出幾乎完全地根除耕地雜草的農作法，使得作物往往接近單一栽培，導致大部分土地不再適合多數物種生存。例如，有七十三種不同種類的乳草（milkweed）原產於美國，其中三十種是帝王蝶毛蟲的食物（牠們不吃其他植物）。據估計，在一九九九年到二〇一〇年的十一年間，美國中西部地區的乳草數量減少了百分之五十八，這很可能是帝王蝶衰退的主要原因。儘管除草劑中的嘉磷塞是帝王蝶衰退背後的頭號嫌犯，但除草劑汰克草（dicamba）也是嫌犯之一。與嘉磷塞一樣，隨著抗汰克草的棉花和大豆等基改作物被引入，這類除草劑的使用在近年來有增加的趨勢，這使農民可以恣意在生長的作物上噴藥，並消滅所有非作物植物。不幸的是，

㉕我很高興告訴大家，我的花園裡有絲路薊（creeping thistle）、沼澤薊（marsh thistle）、翼薊（spear thistle）和羊毛薊（woolly thistle）。

近來發現汰克草在異常炎熱的天氣中變得不穩定，例如在夏季熱浪中，汰克草化學物質蒸發，然後隨風飄離，經常殺死莊稼作物和下風處幾百公尺範圍外的乳草等野花，而這種情況，在氣候變遷下將變得愈來愈普遍。

當然，昆蟲衰退會對其他生物產生連鎖反應，例如那些以昆蟲為食的生物。當我還是一個在英國什羅普郡（Shropshire）農村長大的男孩時，灰山鶉是農田十分普及的鳥類，但自一九六七年以來，牠已經減少了百分之九十二。在蘇塞克斯進行的長期科學研究，其結果也許頗令人吃驚，除草劑竟是鳥類衰退的主因。但並非除草劑使鳥類中毒，而是它們大大減少了莊稼和農田附近的雜草數量，進而減少了作為灰山鶉雛雞主要食物來源的毛蟲和其他植食昆蟲的數量。同樣的，在同一時期，杜鵑鳥數量減少了百分之七十七，而牠們是大型多毛的毛蟲的專食者，比如全身長著滑稽、蓬鬆長毛模樣的豹燈蛾（*Arctia caja*）毛蟲。三十年前，毛蟲和成蛾都是常見的景象，橙色和黑色的毛蟲在地上快速爬行，尋找蒲公英與其他牠們喜歡吃的葉子，而色彩斑斕、有著巧克力色、奶油色和猩紅色的成蟲，則經常在早晨見到牠們待在戶外的燈光附近。可悲的是，該物種在一九六八年至二〇〇二年間減少了百分之八十九，推測主要是由於除草劑使鄉間不再雜草叢生的緣故。

如同昆蟲的衰退一樣，田野間野花的消失也大多遭到忽視。曾經遍地可見的南茼蒿、麥仙翁和矢車菊，如今已經很少出現在農地裡。罌粟花存活得好一點，可能是因為它們的種子在土壤中的壽命非常長，可長達幾十年。即便如此，紅罌粟田現在很少見，我懷疑自然界的種子庫每年都在進一步枯竭。一項審視來自德國證據的研究計算指出，一九四五年至一九九五年間，在農場發現的雜草種類數量，下降了百分之五十至百分之九十（根據地區不同），總體平均值為百分之六十五。平均而言，每個田間可以找到的雜草種類，從二十四種減少到只剩七種。

自有紀錄以來，全球已有五百七十一種植物滅絕。野外消失的植物種數，是已滅絕鳥類、哺乳動物和兩棲動物總和的兩倍多。大家多半同意真實數字絕對不只如此，因為還有更多物種幾十年來未現蹤跡，只是尚未被宣布滅絕，以防有些物種其實仍然在世界上某個偏遠的角落倖存。與動物相比，植物滅絕引起的關注要少得多，我們往往認為動物滅絕更值得關注，你能說出這五百七十一種已經滅絕植物中的一種嗎？例如，誰聽說過智利檀香（*Santalum fernandezianum*）、阿帕拉契納茜菜（*Narthecium americanum*）和聖赫倫那橄欖（*Nesiota elliptica*），並祝福它們安息？每一個植物物種的喪失，都可能引發一連串進一步滅絕的連鎖反應，因為大多數植物皆與昆蟲或其他動物息息相關。與昆蟲的減少一樣，植物物種的減少，也同樣值得更多關注。

人們也愈來愈擔心除草劑可能對昆蟲，甚至對我們人類有直接的影響。從蜂巢內取樣的蜂蜜和花粉樣本中，曾檢驗出高達二十七種除草劑，顯示這些傳粉昆蟲經常暴露在農藥之下。當然，除草劑理應只對植物有毒，而動植物如此不同，所以除草劑應該不會對我們動物產生危害，但事實似乎不然。

讓我們回過頭來更詳細地了解嘉磷塞。它的作用標的是針對一種只存在於植物和細菌中的酶（enzyme），因此它理應對動物沒有影響。然而，德州大學的埃裡克．莫塔（Erick Motta），他近年針對蜜蜂的研究發現，蜜蜂在飲食中接觸嘉磷塞會改變體內有益的腸道菌相，使牠們更容易罹患疾病（注意，接觸殺真菌劑百菌清，也被懷疑會導致這種情況）。仔細想想，這一點都不令人驚訝，因為我們知道嘉磷塞對許多細菌有毒性，而且蜜蜂和人類一樣，腸道中也含有大量的細菌，這些細菌對蜜蜂的健康和疾病免疫力的影響十分深遠。

嘉磷塞對蜜蜂的影響，似乎不只是擾亂腸道細菌。阿根廷科學家瑪麗亞．巴爾布埃納（Maria Sol Balbuena）使用高科技諧波雷達（harmonic radar）追蹤蜜蜂的歸巢能力，發現與對照組蜜蜂相比，接觸到小劑量嘉磷塞的蜜蜂從陌生的地點釋放後，需要花費更長的時間才能找到回家的路，並且繞飛更多迂迴路線（令人訝異的是，類尼古丁殺蟲劑對蜜蜂也有同樣的效果）。這種影響在牠們接觸嘉磷塞後便會立即發揮作用，因此不可能是由對腸道菌相的任何影響所造成，那要幾天或幾週的時間才能對宿主健康產生影響。其他研究也發現，嘉磷塞會破壞蜜蜂對於花香和蜂蜜之間關聯的學習，而正常的蜜蜂通常很擅長於此，因為若牠們想要有效地收集大量的花粉和花蜜，這點至關重要。導航能力變差以及對於學習能力的影響，可以用記憶的提取受到某種影響來解釋，但我們還不知道這之間的關聯是如何。

最近披露的嘉磷塞對蜜蜂的有害影響，再次凸顯了當前監管體系的缺陷，該體系主要依據實驗室的短期毒性研究。蜜蜂的導航和學習能力差、腸道菌相改變，在實驗室環境中可能會看起來完全正常，因而做出化學物質對蜜蜂無害的錯誤結論。

有鑑於人類也有腸道菌相，此時你也不免會想知道嘉磷塞對我們會有什麼影響。這已成為極具爭議性的議題。毫無疑問，我們每天都會接觸到嘉磷塞，尤其因為嘉磷塞的持效性遠超過我們之前的想像，它在土壤中可以殘留數個月，在池塘沉積物中更長達一年甚至更久。嘉磷塞在作物收穫和加工過程也明顯殘存下來，部分原因是因為我們常在採收前對小麥作物噴灑嘉磷塞，這使得它在麵包、餅乾和早餐穀物等穀類食品中非常普遍。例如，在美國，桂格燕麥（Quakers Oats）、天然谷（Nature Valley）燕麥棒和 Cheerios 麥片等等日常食品中，檢測到的嘉磷塞濃度約為數百十億分率（ppb）。由於這其中許多有較高濃度的產品是針對兒童的食品，美國環境保護署（US Environmental Protection Agency）乃計算出一到兩歲的幼兒接受到的劑量，可能已超過所謂的「無顯著風險」標準。這種讓人搞不清楚的說法，其實就是承認對兒童存在風險。

以嘉磷塞在全球普遍使用的程度來看，我們每個人都可能以某種方式接觸過嘉磷塞。

根據德國最近的一項研究發現，在兩千人的尿液樣本中，超過百分之九十九中可檢測到嘉磷塞，而在兒童所檢出的劑量往往比成人多。這對我們會有什麼影響？此即爭論所在。二○一四年，一項「統合分析」（針對該議題所有相關資料集的統合分析）得出結論，職業性接觸嘉磷塞的人，罹患非何杰金氏淋巴瘤癌症的風險增加。二○一五年三月，世界衛生組織國際癌症研究機構（World Health Organisation's International Agency for Research on Cancer，IARC）得出一項結論，嘉磷塞「可能致癌」。此乃根據嘉磷塞會導致氧化壓力（耗盡身體的抗氧化劑供應），並且具有遺傳毒性（破壞遺傳資訊，以及導致可能致癌的突變）的強力證據所做的評估。

八個月後，二○一五年十一月，歐洲食品標準局發布了一份報告，卻得出嘉磷塞不會致癌的結論，這與世衛組織國際癌症研究機構的結論相悖離。隨後至少有九十四位作者，包括來自世界各地許多著名的毒理學家和流行病學家們，他們共同發表了一篇論文，針對歐洲食品標準局的報告發表了強烈批評。次年，即二○一六年，美國環境保護署發布了一份報告，同意歐洲食品標準局的看法，不贊同世衛組織國際癌症研究機構做出嘉磷塞的結論。美國環境保護署認為，「在人類健康風險評估的相關劑量下，嘉磷塞不太可能對人類致癌」。自二○一六年以來，有更多的科學報告，以及對於證據和方法的評論，各自對世衛組織、美國環境保護署和歐洲食品標準局提出各種批評或支持。

對一般人來說，這根本是一團混沌。即使是像我這樣受過科學訓練的科學家，也很難得出結論。科學家和科學組織皆能夠取得基本相同的數據，何以得出如此矛盾的結論？如果專業的毒理學家不能達成共識，那我們其他人應該相信什麼？

美國農業科學家查爾斯・本布魯克（Charles Benbrook），他發表了一份針對世界衛生組織國際癌症研究機構和美國環境保護署在研究方法上的詳細比較，揭示兩者之間的極大差異。例如，世界衛生組織針對嘉磷塞可能致癌的評估主要基於有經過同儕審查[26]的研究，而美國環境保護署的評估則主要根據孟山都公司（Monsanto）（嘉磷塞製造商）自己進行的研究。因此，世界衛生組織仰賴的是該領域獨立專家檢查的數據，而美國環境保護署則是使用製造商自己提供的研究，這些研究從未經過獨立科學家的同儕審查。

允許企業自行評估該公司的化學品安全性，仍然是全球的標準做法，儘管這會產生明顯的利益衝突。更糟糕的是，此類研究通常從未提供公眾監督。正如查爾斯・本布魯克指

[26] 所有科學研究在發表之前通常都要經過同儕審查過程。該研究的作者將他們的論文提交給期刊，然後期刊編輯會請至少兩名獨立專家審查論文的可信度，通常是匿名為之。這種論文審查系統並不完美，因為錯誤仍然可能會被漏掉，但總的來說，經過同儕審查的論文被認為比起沒有經過此審查過程的報告和研究結果可靠得多。

出的問題，農化企業自己進行的這類監管研究的結果，與同儕審查的科學文獻結果形成了鮮明對比。例如，美國環境保護署的報告中包括了一百零四項關於嘉磷塞是否具有遺傳毒性（破壞DNA、導致突變和癌症）的研究，其中五十二項是由孟山都公司自行進行的檢驗，另外五十二項才是來自公開的同儕審查文獻。孟山都公司的五十二項研究中，只有一項（百分之二）發現了遺傳毒性，而來自公開的科學文獻的五十二項研究中，則有三十五項（百分之六十七）發現了遺傳毒性。就算你不是統計學家也可以看出其中大有問題。其中一種解釋是，不替農化公司工作的科學家不必擔心發表負面結果，而證明會導致癌症的研究結果，也遠比不會致癌的結果更令他們感到興奮。他們還可能發現，這類無害結果的研究報告更難發表，因為期刊編輯喜歡發表有新聞價值的論文（「嘉磷塞致癌」可能成為新聞頭條，但「嘉磷塞似乎無害」則不太引人注目）。同樣的，替農化公司工作的科學家可能會（有意識或無意識地）感到壓力，因為他們必須提出雇主的產品沒有任何有害影響的報告。無論何者，我們可以明顯看出兩個資料集之間存在的巨大落差。

查爾斯・本布魯克發現，世衛組織國際癌症研究機構和美國環境保護署使用的方法之間，還存在其他重要差異。美國環境保護署的評估，主要集中在使用純嘉磷塞的研究上，而世衛組織國際癌症研究機構，對於嘉磷塞與其他各種化合物在「以嘉磷塞為基底的除草劑」中的作用的少數研究，也給予了同等重視。實際上，野生動物和人類所接觸，都是以嘉磷塞為基底的除草劑，因為農民從不使用純嘉磷塞。出售給農民的農藥以品牌名稱出售，例如「農達」，它是由「活性成分」（比如此例中為嘉磷塞）與能促進除草劑效果的其他化學品的配方混合組成。例如，這些當中可能包括潤濕劑（清潔劑），以幫助產品沾黏在植物葉子上，而不會滴落。在現實世界中，農民、蜜蜂和蝴蝶都會接觸到的是「農達」，而不是純嘉磷塞。配方產品除了使除草劑能更好地附著在植物上之外，證據顯示它們對動物也是如此，而且這些額外成分可以促進表皮吸收，進而影響產品在體內的代謝。總體而言，「農達」的毒性比起純嘉磷塞的更大，有時甚至高達數百倍。監管測試把重點放在純嘉磷塞的做法似乎不合邏輯，因為真正的重點是暴露於配方產品下的影響。

嘉磷塞的主要分解產物是氨甲基膦酸（aminomethylphosphonic acid，ＡＭＰＡ），這是一種在人類食品中同樣廣泛存在的有毒化學物質。世衛組織國際癌症研究機構的研究結果，有納入氨甲基膦酸的毒性研究，而美國環境保護署則未納入。

最後，查爾斯·本布魯克指出美國環境保護署對人們可能接觸除草劑的評估，側重於公眾食用受汙染食物的曝險，而較少考量到農民、場地管理員或園丁的職業性接觸。這些群體必然接受到更高的劑量，特別是碰上化學藥品不小心外溢，或是他們使用的背包噴霧器有滲漏的情形。由於全球約有數百萬人定期使用嘉磷塞，因此此類事故在所難免。

本布魯克顯然認為世衛組織國際癌症研究機構的報告，比起美國環境保護署的報告更

圖十四　印度孟加拉一個自耕農正在使用自製的設備噴灑除草劑。注意他身上並沒有任何防護口罩、手套，甚至鞋子。

為可靠，而美國的陪審團似乎也都贊同這個結果。二〇一八年八月，加利福尼亞州陪審團一致裁定四十六歲的校園管理員德韋恩・強生（Dewayne Johnson）勝訴。他在工作中長年使用嘉磷塞之後，罹患了非何杰金氏淋巴瘤。在農藥使用培訓期間，德韋恩被告知嘉磷塞「安全到可以喝」。孟山都公司遭裁罰，必須向他支付高達兩億八千九百萬美元的高額賠償金和懲罰性賠償金。陪審團的裁定中，帶有一點聲明，即孟山都的產品對公眾構成「重大危險」，並稱孟山都乃

「惡意為之」。當然，事情不會因為一個由非專家組成的陪審團的共識就塵埃落定。陪審團可能已經看透了科學真相，或者他們自然會傾向於支持小人物，並對大公司持懷疑態度。

然而，二〇一九年三月，加州有第二個陪審團裁定孟山都公司敗訴，這次是愛德溫．哈德曼（Edwin Hardeman）勝訴，他主張自己在庭院和其所屬的租賃土地上使用嘉磷塞三十年後，感染了非何杰金氏淋巴瘤。他獲得了八千萬美元的賠償，法院裁定：⑴「農達」在配方設計上存在缺陷；⑵孟山都公司沒有對其帶來的癌症風險提出警告；⑶該公司存在著明顯的過失。「哈德曼先生對此判決結果很滿意」，哈德曼的律師艾米．瓦格斯塔夫（Aimee Wagstaff）和珍妮弗．摩爾（Jennifer Moor）在審判後說：

> 陪審團一致認為，孟山都公司必須對他（哈德曼）的非何杰金氏淋巴瘤負起責任。從整個審判過程中可以看出，農達問世的四十多年以來，孟山都拒絕盡責行事。從孟山都的行為中可以清楚地看出，他們並不關心農達是否會致癌，相反的，他們關注的是操縱公眾輿論，並削弱任何對農達提出真實和合理關注的人。

幾乎與判決宣布同時，另一項學術研究也發表了，這次是張羅平（Luoping Zhang）和她來自加州大學伯克萊分校的同事們。她們的新「統合分析」得出的結論是，經常因職業接觸嘉磷塞的人（農民、飼養員等等），罹患非何杰金氏淋巴瘤的風險要高出百分之四十一。

二〇一九年五月，在加州進行的第三個案例宣判中，阿爾瓦（Alva）和阿爾伯塔·皮利奧德（Alberta Pilliod）這對夫妻獲得了二十億美元賠償，他們在使用嘉磷塞多年後，皆罹患了非何杰金氏淋巴瘤，不過這個看似驚人的賠償金額可能會在上訴中下修。據說孟山都公司現在面臨其他一萬三千四百多起由癌症患者提起的訴訟，他們將疾病歸咎於嘉磷塞。二〇一八年，就在德韋恩·強生案的判決宣布之前，拜耳以六百三十億美元收購孟山都。這家德國公司肯定會為此感到後悔，因為拜耳的股價在這之後重挫約四百億歐元。

儘管如此，孟山都仍然繼續高喊無辜。二〇一六年，該公司撥出一千七百萬美元的預算，專門用於捍衛嘉磷塞的安全性，並挑戰世界衛生組織國際癌症研究機構認為嘉磷塞是一種致癌物的結論。

我在這裡似乎離題了，但這麼做是因為這個故事正好說明了，我們每個人在權衡科學證據和決定因果關係時都面臨到的困難，無論我們是陪審員、科學家、或者僅僅是一個外行人，正在決定是要在車道上噴灑嘉磷塞除草，還是跪在地上徒手拔除雜草。當這一切涉及到了企業利益，且企業花費了大量資金試圖推廣一種特定觀點時，這一切都變得尤其困難。這與類尼古丁農藥的爭論，以及煙草是否危害人類健康的長期論戰明顯地相似。

至於我，我的花園小屋裡擺放了一瓶嘉磷塞，大概是在八年前買的，但自從世界衛生組織國際癌症研究機構的研究發表以來，我已經四年沒碰過它了。這也會是我買的最後一瓶農藥。我對它們了解得愈多，就愈懷疑它們的安全。關於嘉磷塞，我尚未能夠釐清真相，但想都不用想，最安全的做法便是離這些東西遠一點。

出於安全考量，歐洲和美國可能最終會禁用嘉磷塞，但可以肯定的是，它將持續在世界的某個角落被濫用。通常，新的農藥會先在已開發國家以較高的價格問世。如果它們最終被證明對環境或人類有害，將可能遭到禁用，但隨後銷售市場會轉移到海外，輸往法規較弱的貧窮國家。例如，老一代的除草劑巴拉刈（paraquat），是由英國的帝國化學工業公司（Imperial Chemical Industries，ＩＣＩ）在其位於倫敦西部伯克郡（Berkshire）的傑洛特山（Jealott's Hill）的實驗室發明。它在一九六〇年代首次進行商業銷售，是嘉磷塞問世之前全球最受歡迎的除草劑。雖然巴拉刈旨在殺死雜草，但對人體的毒性非常大。這類農藥曾經成為自殺的首選，因為只要喝下幾滴就足以致命，但是由於毒性太強，經常導致意外中毒，特別是在發展中國家，農藥瓶有時被回收做為盛水的容器，而農民可能未受過教育，並且經常使用老舊和滲漏的背包噴霧器。除了導致死亡之外，還有大量證據顯示，長期接觸巴拉刈會導致神經系統疾病。例如，一項針對一百零四項研究的統合分析發現，農民罹患帕金森氏症的機率比常人高出一倍，可能與使用巴拉刈有關。基於這些憂慮，歐盟已於二〇〇七年禁止使用巴拉刈。就連中國這個環境法規並不嚴格的國家，也在二〇一二年宣布將逐步淘汰巴拉刈，以「保障人民的生命安全」。毫無疑問，巴拉刈對人類健康構成威脅。儘管如此，它仍然在英格蘭北部的哈德斯菲爾德（Huddersfield）大量生產。生產的工廠之前是帝國化學工業公司的廠房，現在則歸瑞士化學巨頭先正達所有（瑞士在一九八九年禁止巴拉刈的行動遠遠領先於歐盟）。根據英國衛生安全局（Health and Safety Executive）所稱，自二〇一五年以來，這家工廠已出口了十二萬二千八百三十一噸巴拉刈，其記錄顯示銷售到巴西、哥倫比亞、厄瓜多、瓜地馬拉、印度、印尼、日本、墨西哥、巴拿馬、新加坡、南非、臺灣、烏拉圭和委內瑞拉。＊歐盟和英國當局根本是說一套做一套，一方面下令說巴拉刈太危險，不得在本地使用；另一方面卻很樂於生產並銷售巴拉刈到世界各地。聯合國有毒物質專家湯采克（Baskut Tuncak）說，這是雙重標準的範例。

作為一個國家，我們不僅要對自己國家發生的事情負責，是否也得對我們出口的東西負責？

霾灰蝶

許多英文俗名中帶有「藍色」字的蝴蝶屬於灰蝶科（Lycaenidae），與螞蟻有共生關係。毛蟲的背上有腺體，可以分泌出富含糖或蛋白質的液體，深受螞蟻喜愛。螞蟻定期從毛蟲身上收集這些液體，並保護毛蟲免受掠食者和寄生蟲的侵害作為回報。

霾灰蝶是英國體型最大的灰蝶，英文俗名被稱為大藍蝶（Large Blue Butterfly）。由於棲息地的喪失，牠們在一九七九年便已滅絕，但在一九八四年從瑞典成功地重新引進，並存活至今。有趣的是，霾灰蝶顛覆了過去牠被認為與宿主間的互利共生關係。雌性蝴蝶在野生百里香上產卵，孵化後的頭幾天，幼蝶像正常的毛蟲一樣以葉子為食。

＊編輯註：臺灣已於二〇一九年二月一日始，全面禁止使用巴拉刈。

接著，牠們會做些不尋常的事情，從植物落到地面上，耐心地等待路過的螞蟻。他們希望能遇到一種紅螞蟻（*Myrmica sabuleti*）。毛蟲會模仿這種螞蟻幼蟲的氣味，如此，一旦有職蟻發現了牠，便會將牠撿起來帶回自己的巢中，小心地把毛蟲和其他螞蟻幼蟲一起放在育養室裡。忘恩負義的毛蟲隨後開始在蟻窩裡大吃特吃，職蟻完全無法察覺或是阻止在牠們眼皮底下發生的事情，儘管蝴蝶幼蟲很快就長得比任何螞蟻幼蟲大得多。毛蟲就這樣一直待在螞蟻窩裡，直到第二年春天才化蛹。當新羽化的蝴蝶破蛹而出時，它必須迅速從螞蟻窩裡爬出來，接著振翅離去，以重複這個循環。

9 綠色沙漠

植物通過光合作用生長，這是一個看似神奇的過程，它們利用太陽光中的能量將二氧化碳和水轉化為醣。為了生長，它們還需要各種礦物質，主要通過根部從土壤中提取。特別是，它們需要充足的磷、鉀和氮三種元素，以及其他許多微量元素。沒有了這些營養物質，植物生長就會受阻，作物產量就會下降。所有這些都必須是植物可以取得的化學型態，例如空氣主要由氣態氮組成，但這對大多數植物沒有用，因為它們無法取得當中的氮。

農民早就明白在土壤裡施肥的重要性：科學證據顯示，在近八千年前新石器時代的希臘農民，就開始對小麥和豆類這些最需要營養的作物策略性地施以糞肥。在田野灑上火山灰和火山渣也有數千年歷史。在南美洲，至少一千五百年來，當地人一直划船到近海島嶼收集海鳥糞，將鸕鶿（cormorants）、鰹鳥（boobies）和鵜鶘（pelicans）等海鳥積累的排泄物，用於土地上的肥料。鳥糞含有異常豐富的磷酸鹽，印加國王非常珍視鳥糞，因此對未經許可擾亂鳥類的人處以死刑。德國（普魯士）博物學家和探險家亞歷山大．洪堡（Alexander von Humboldt）在一八〇二年於秘魯發現了鳥糞的用途，在接下來近百年的時間裡，西方世界認知到鳥糞的價值，進一步發展成為全球貿易。數以千計的中國勞工被運往秘魯和智利，挖掘深達五十公尺的糞便礦床，這肯定是史上最不愉快的職業之一。當然，如此大規模的挖掘不可能永遠持續下去。十九世紀末，鳥糞差不多已經告罄。最近，秘魯政府試圖開發永續收集新鮮鳥糞的方式，但由於過度漁撈使得鳥類的食物供應不足，導致鳥類數量銳減，該計畫不幸失敗。

從世界的另一頭進口鳥糞價格必然昂貴，因此歐洲的科學家在盡力尋找磷酸鹽的過程中，也探索了其他怪異的來源。例如，在一八四〇年代，約翰．亨斯洛（John Stevens Henslow）牧師，他在蘇塞克斯的費利克斯托（Felixstowe）附近發現了豐富的糞化石（coprolites），*即恐龍的糞便化石。亨斯洛是劍橋大學的植物學教授，現在更為人所知的身分是查爾斯．達爾文年輕時的老師兼導師。糞化石僅在十多年前，即一八二九年，才被威廉．巴克蘭（William Buckland）確認其為何物，而亨斯洛敏銳地猜測到，如果鳥類糞便富含營養，那麼恐龍的糞便化石或許也管用。他開發出一種以硫酸處理糞化石來提取磷酸鹽的技術，這也因此帶動了一八六〇年代劍橋郡鮮為人知的糞化石採礦熱潮，而在當時，加州正上演著更迷人的掏金熱。糞化石被持續開採了三十年左右，但是如同鳥糞礦一樣，供應最終也不可避免地耗盡。就資源來說，它們的可再生性就像恐龍的糞便化石一樣低。

隨著鳥糞和糞化石的供應量減少，英國農民轉向了最不可能的磷酸鹽來源：貓粉（powdered cat）。在古埃及，貓隻為了製成木乃伊而遭到宰殺。這些貓並非是被送到來世陪伴牠們心愛主人的家庭寵物，而是大規模飼養的動物。牠們在大約六個月大的時候被勒死或用棍棒打死，然後用布緊緊捆包，經過風乾，然後賣給那些想要獲取眾神青睞的人。這些貓屍體有可能主要是賣給朝聖者，他們會購買屍體，然後將其存放在適當的寺廟或神社，類似替自己點燃祈福蠟燭。數千年後，在一八八八年，距離開羅約一百英里的貝尼哈桑（Beni Hassan）附近，有一名埃及農民在掘地時，腳下的地面突然塌陷，接著掉進了一個隧道，他驚訝地發現盡頭竟然塞滿了數十萬隻木乃伊貓。有可能是當寺廟裡堆滿了貓的風乾遺骸，祭司或更可能是祭司的奴隸，將牠們埋到地下處理掉。當地農民開始使用壓碎的貓木乃伊作為肥料時，一些生意人突發起想，做起出口這種獨特的埃及產品的生意。裝滿木乃伊貓的船隻開往利物浦，貨物被成噸地拍賣，然後磨成粉末用於在田地裡施肥。[27]

＊審定註：糞化石泛指石化的糞便，並不單指恐龍糞便化石，事實上，巴克蘭在一八二九年首度用coprolite來稱呼糞化石時，尚未發現任何恐龍糞，但已知魚龍這類非恐龍海洋爬蟲類的糞便化石。

據說有一回，某個拍賣師甚至用貓的頭骨作為他的拍賣錘。

除了亨斯洛之外，英國企業家兼科學家約翰・勞斯爵士（Sir John Bennet Lawes），此時也正在試驗用硫酸處理富含磷酸鹽的岩石、糞化石和動物骨骼來製造肥料。一八四二年，他為他所發明的「過磷酸鹽」（superphosphate）肥料申請了專利，在隨後的五十年裡，他在倫敦北部靠近哈彭登的羅薩姆斯特德家族莊園裡，試驗不同肥料對作物生長的影響。[28]時至今日，磷肥仍是從富含磷酸鹽的岩石中所提取，是一種不可再生的資源，最終會耗盡。除非有人發現了更多的木乃伊貓，否則我們將沒有其他的磷酸鹽替代來源。有些人甚至認為，「磷酸鹽峰期」（磷酸鹽產量因為資源減少而開始下滑的日期）最快可能在二〇三〇年便會來到。這一點還有很多爭論，因為其他人估計富含磷酸鹽礦物的儲量可能要比目前估計的大得多。儘管世界上大部分的儲量都在撒哈拉沙漠以西，目前由摩洛哥開採與輸出，而這也意味著一個國家便能操控著全球糧食生產的生殺大權。

植物所需的三種主要營養素中，第二種是鉀（potassium）。富含鉀的肥料通常被稱為鉀鹽（potash），幾千年來，多數農民仰賴的主要來源是木灰（wood ash）。十九世紀，北美東部廣闊的森林被開墾為農田，被砍伐的樹木拿去焚燒，因此提供了大量但暫時的鉀肥供應。衣索比亞早在十四世紀就開始從地底開採富含鉀的礦物，與磷酸鹽一樣，今天仍是鉀的主要來源。幸運的是，鉀鹽礦比磷酸鹽更豐富，且更平均分布在全球各地，所以不太可能很快耗盡。

植物所需的第三種主要營養素是氮（nitrogen），且需要以硝酸鹽的形式被植物吸收，而硝酸鹽在可開採的礦物中非常罕見。因此，幾千年來，農民使用動物和人類的糞便以及堆肥的作物廢料，來為作物提供硝酸鹽，儘管他們當然不知道，究竟是什麼讓他們的作物長得如此好。氮是在一七七二年由蘇格蘭醫生丹尼爾・拉塞福（Daniel Rutherford）所發現，但在將近一百年後，法國化學家尚－巴蒂斯塔・布珊高（Jean-Baptiste Boussingault）才了解到含氮化合物對植物生長的重要性。一九〇九年，德國化學家卡爾・博施（Carl Bosch）和佛列茲・哈伯（Fritz Haber）開發了哈伯法（Haber process），能夠捕獲大氣中的氮並將其轉化為氨，接著再用來製造一系列可供植物利用的含氮化合物。只是哈伯法開發

---

27 這種奇特的貿易曾為考古學界帶來一場空歡喜的插曲，有考古學家在蘇格蘭的一塊田中發現古埃及的箭頭，因而引發一些推測，認為埃及帝國的版圖有可能比我們所認為的更擴及遠處，至少埃及的軍事探險可能滲透到更北方的位置。直到紀錄顯示一八八〇年農地的主人曾購買粉碎的埃及木乃伊貓為土地施肥，這才真相大白。然而，為什麼箭頭會和貓混在一起，一直都沒有得到充分的解釋。

28 勞斯爵士將他的家族莊園變成了一個試驗性農業研究站，如今羅薩姆斯特德是現存最古老的此類研究站。勞斯爵士於一八五六年建立的一項實驗是為了研究肥料對乾草生產的影響，這項實驗仍持續至今，成為有史以來進行時間最長的科學實驗之一。

的時機不對，因為它也開啟了廉價地大規模生產一系列炸藥的大門，例如硝化甘油（nitroglycerin）、硝化纖維素（nitrocellulose）和三硝基纖維素（trinitrocellulose，TNT），並且正好趕上第一次世界大戰，被用來殘殺數十萬條年輕的生命。戰前迅速崛起的龐大軍火工業，在戰後迅速轉向生產化肥。工業化農業是建立在毒氣和炸彈的基礎上。

與農藥一樣，化肥的使用量逐年穩步增加。在過去的五十年中，全球使用的人造肥料的重量增加了二十倍，現今我們每年使用大約一億一千萬噸氮，另外還有九千萬噸鉀肥和四千萬噸磷酸鹽肥料。

但是，你可能會問，為什麼製造和使用化肥是一件壞事？這當然不是從面臨饑荒的人類的角度來看。畢竟，肥料有助於作物生長，這就足夠了吧？然而這些化肥愈來愈容易取得，無疑是促成「綠色革命」的一個主要因素。人類在二十世紀中葉開發了能夠在肥沃的土壤中茁壯成長的全新高產量作物品種，使得全球的作物產量快速增長，此一發展被稱為「綠色革命」。美國農學家諾曼．布勞格（Norman Borlaug）在此時是一位特別的提倡者，有時候也被認為是「綠色革命之父」。他在世界各地推廣了現代工業化耕作方法，主張「人不能夠空著肚子建立和平。」一九七〇年他獲頒諾貝爾和平獎，表彰他拯救了十億人免因飢餓而死的貢獻。

然而，與大多數新技術一樣，我們對其好處的熱情，會使我們在一段時間內對其壞處視而不見。從昆蟲的角度來看，施用化肥可能會產生破壞性的後果。例如，在草地上施用肥料會導致雜草快速生長而壓倒花的數量。因此，一片向來鮮花盛開的草地，不需要犁地或噴灑除草劑就能夠輕易被摧毀，只需施用一次人工化肥就能達到。從經過的火車或是從空中俯瞰，英格蘭西南部的大部分地區皆呈現綠油油一片，通勤者或許會認為這片「綠色而宜人的土地」，套用威廉・布萊克（William Blake）的讚美詩，是充滿了欣欣向榮的野生生命，然而事實並非如此。這些地區大部分稱得上是一片綠色沙漠，一片沒有任何花朵、長滿生長快速的黑麥草（rye grass）的單一作物草地。如果你想為乳牛生產大量（單一栽培）的食物，那很好，但如果你是一隻蜜蜂或是蝴蝶，這片草地根本就一無是處。這種影響同時也帶來了害處，因為肥料滲入田地邊緣和樹籬底部，導致少數喜歡養分的植物，如大葉牛防風、蕁麻、鴨茅（*Dactylis glomerata*）和酸模（*Rumex acetosa*），占據了樹籬植被中的主導地位。這些高大、生長迅速的植物，排擠了灌木叢中本身的花朵，如黃花九輪草，它曾經滿山遍野，甚至於可以一桶一桶地收集花朵來釀酒。

植物多樣性的減少，不可避免地對食用植物的昆蟲和授粉者產生了連鎖反應。例如，英格蘭西南部的路邊樹籬以其野花而聞名，這或許會帶給人一種錯誤的印象，即布滿樹籬的地景中長滿了鮮花。然而，普利茅斯大學（University of Plymouth）的科學家們最近發現，比起面向公路面的樹籬，面向農田這一面的樹籬（其中大部分皆如此）開出的花朵和吸引來的蜜蜂數量都少得多。

四十年前，毛眼蝶（*Lasiommata megera*）被認為是一種日常可見、略顯黯淡的蝴蝶，牠們的翅面上有著斑駁的棕色和橙色，翅底則是有偽裝效果的灰色，幾乎在英國任何陽光充足的棲息地都可以見到牠們的身影。當我在青少年時期，毛眼蝶偶爾會出現在我們位於什羅普郡的花園裡，待在房子的牆壁上曬太陽。但從那以後，毛眼蝶在全英國衰退了百分之八十五，在荷蘭更衰退了近百分之九十九。該物種在英國的分布出現了一個巨大的缺口，現今在中部、東部和東南部的大部分地區，都不再看見牠們的蹤影。毛眼蝶的衰退模式似乎與高度使用肥料（以及農藥），有著地理上的關聯，並且根據證據顯示，高度施肥的土壤使得植被長得太茂密，毛眼蝶毛蟲所喜歡的陽光充足、溫暖的微棲地（microhabitats）也因此被遮蔽而不夠溫暖。

肥料可能對毛蟲有其他隱而未見的微妙影響。最近發現，幾種常見蝴蝶的毛蟲，包括紅灰蝶（*Lycaena phlaeas*）、潘非珍眼蝶（*Coenonympha pamphilus*）和帕眼蝶（*Pararge aegeria*），如果食用了在含氮量高的土壤中生長的食草，死亡的機率將會提高。我們不確定原因，但有一條來自於對煙草植物研究的線索，該研究發現，當煙草植物暴露在過量的二氧化氮（植物可取得另一種的氮源）中時，會生產更多的防禦性化學物質，如尼古丁，從而導致菸草天蛾（*Manduca sexta*）的毛蟲減少進食。如果植物在高度施用化肥的情況下變得更具有毒性，那就可以輕易解釋毛眼蝶衰退，甚至是農田裡的蝴蝶和飛蛾，以及其他植食昆蟲的整體衰退。

那麼，在淡水棲息地，如河流、湖泊和池塘又是如何呢？答案是，從農田引水而來的淡水棲息地同樣受到化肥的污染（通常還有殺蟲劑和來自除蛞蝓藥的聚乙醛）。過多的營養物質使藻類這類微小的植物也大量繁殖，把清澈的溪流和湖泊變成了混濁的綠湯。如此一來便阻擋了陽光的穿透，讓水生植物得不到充足的陽光而死亡和腐爛，進一步增加了水中的營養物質。腐爛的植物還會消耗水中的溶氧，使得水生動物窒息。有時，在溫暖的氣候中，在飽受污染的水中會繁殖「藍綠藻」這類生物體（科學上稱之為藍綠菌〔cyanobacteri〕而不是藻類），它們會釋放毒素到水中，殺死大多數動物，甚至可能對於在湖泊中游泳的人類造成致命的威脅。所有這些都可能對水生生物造成極大的危害，在健康的河流或湖泊中，水生生物包括多種昆蟲，如石蠶蛾、蜉蝣、石蠅和蜻蜓。事實上，昆蟲多樣性與溪流中肥料污染之間的關係相當緊密，所以昆蟲經常被用作水污染的生物指標。預測顯示，氣候變遷使強降雨事件的頻率增加，也可能使氮肥和其他農用化學品隨著逕流進入河流、湖泊和海洋的機率增加。

不出所料，我們的飲用水現在也經常檢測出含有肥料，尤其是在農村地區和開發中國家。水中的硝酸鹽是「藍嬰症候群」（blue baby syndrome）的最常見原因，這是一種潛在的致命疾病，起因於污染物與血紅素（haemoglobin）結合，使血紅素失去在體內攜帶氧氣的功能。

此外，與培養植物和在土壤施用化肥相關的負面後果，其範圍遠遠超出農地和自當中引水的溪流。我們的汽車、飛機或是發電廠燃燒的所有化石燃料也會產生氮氧化物（nitrogen oxides，即一氧化碳和二氧化碳），它們隨著降雨進到土壤中，增加自然保留區和其他「受保護」地區植物的氮供應，這些地區可能離任何農田有幾百公里遠。而製造硝酸鹽肥料本身需要大量的能源，通常是用天然氣等化石燃料，從而產生大量的二氧化碳排放。近來還發現化肥廠會洩漏大量甲烷，這是一種比二氧化碳強三十四倍的溫室氣體。更糟糕的是，施用於田地的硝酸鹽，有多達百分之五十根本無法到達作物，而是被土壤中的細菌分解為一氧化二氮。一氧化二氮俗稱「笑氣」（laughing gas），但這讓人笑不出來，因為這不僅浪費了農民的血汗錢，而且這種氣體做為溫室氣體的效力，是二氧化碳的三百倍，甚至還會破壞臭氧層。自一八五〇年以來，大氣中的一氧化二氮濃度一直在快速增加，其中硝酸鹽肥料是最大的單一人為因素。我們之後會談到，在未來，氣候變遷很可能是昆蟲衰退的最大因素之一。

總之，化肥無疑能夠使農民更加容易提高產能，但它們同樣也對環境造成了很大的危害。它們大量減少了草地和田邊的花卉多樣性，並使剩餘的植物變得對昆蟲而言不再可口，甚至有毒。它們也是水域系統的主要污染物，同時也是導致氣候變遷的重要因素。然而，這些影響目前尚未得到公眾的廣泛認同，實際上也沒有取得眾多農民的支持。

松舟蛾（*Thaumetopoea pityocampa*），
英文俗名為松樹遊行蛾（The Pine Processionary Moth）

在南歐的松樹林中，人們經常可以看到在高高的樹枝上織成的球形、籃球大小的蠶絲巢。

仔細觀察會發現大量的毛蟲糞便和沾黏在絲中的乾燥、褪下的蛻甲，在團塊的中心有一群毛蟲，牠們在受到干擾時會抽動尾巴。觀察的時候要小心，因為這些毛蟲身上的毒毛會引起嚴重的皮疹。英文俗名會稱牠們是遊行（列隊）蛾，是因為毛蟲在夜間會排成一列出發，彼此頭尾相連，爬到樹上覓食新鮮的樹葉，黎明前返回牠們的巢穴。

二〇世紀初，法國昆蟲學家尚－亨利．法布爾（Jean-Henri Fabre）對松丹蛾毛蟲進行了一項著名的實驗，他將毛蟲放置在花盆的邊緣，發現牠們會沿著花盆盲目地爬行，一連七天，一隻接著一隻，不停地轉圈。這項研究常被拿來當作例子，顯示盲目跟隨領導者的愚蠢。但事實證明，這些評價對松舟蛾來說有點苛刻。重複這個研究後發現，毛蟲只有在花盆側面是光滑表面而難以抓取時，才會留在花盆的邊緣。如果在平面上，用玻璃圓柱體罩住毛蟲，雖然會引起牠們繞圈走，但是一移開圓柱體，毛蟲就會立刻停止繞圈而往新的方向去。

10 潘朵拉的盒子

昆蟲天生會遭受各種寄生蟲和疾病的侵襲。其他昆蟲、蟎、線蟲、真菌、原生動物、細菌和病毒都可能會在生命週期的任何階段攻擊牠們。這些生物之中有許多聽起來讓人不舒服——例如，導致毛蟲由內而外溶解的桿狀病毒（baculoviruses），或者生活在蜜蜂氣管（呼吸管）內的蟎——然而，牠們全都是豐富生命的一部分。牠們與昆蟲共同演化了數千年，並且通常不會消滅牠們的寄主（這對寄生蟲來說可說是少見的善舉，因為如果失去寄主，寄生蟲最後也不免面臨死亡）。

馴養蜜蜂的昆蟲寄生蟲和疾病被研究的最多，原因再明顯不過，養蜂人努力保持蜜蜂的健康和生產力，並密切關注影響其健康的任何事情。馴養的蜜蜂是一群不平凡的昆蟲，生活在一個容納多達八萬隻職蜂和蜂后的蜂巢中——這些恰巧是病原傳播的完美條件——比起其他昆蟲，蜜蜂似乎帶有異常多的疾病和寄生蟲。牠們受到多種蟎類、蜂巢奇露尾甲（*Aethina tumida*）、白堊病（chalkbrood）和蜜蜂麴黴病（stonebrood）等真菌、美洲和西洋蜂巢腐病（foulbrood）等細菌性疾病、蠟蛾（*Galleria mellonella*）、錐蟲（Trypanosoma，導致昏睡症的病原體之親屬）、微孢子蟲（Microsporidia，類似真菌的單細胞生物），以及至少二十四種不同病毒的攻擊。幾乎可以肯定的是，還有更多的病原體尚待發現。因此，任何能夠存活下來的蜜蜂可以說都是一個奇蹟。

然而，這些因素都是一種自然現象，不應該特別憂心。這些寄生蟲是自然制衡的一部分，為的是阻止任何一個物種變得太泛濫。不幸的是，我們人類往往在無意中破壞了這些自然間的制衡，意外地將昆蟲寄生蟲和疾病轉移到全球各地。人類養蜂已經有幾千年的歷史：古埃及人除了喜歡把貓做成木乃伊之外，我們知道他們也養蜜蜂，因為他們在四千五百年前的象形文字中就已刻出蜂巢和蜜蜂的形象。來自北非的證據顯示，用陶罐養蜂的做法要早得多，甚至可以追溯到九千年前。我們永遠無法得知人類從什麼時候開始將蜜蜂蜂巢運往他處，但是，鑑於蜂巢非常珍貴，牠們很可能在非洲和歐洲境內被運輸和交易已有幾千年之久。事實上，正因為如此，我們很難確定馴養的西洋蜂（*Apis mellifera*）的天然分布範圍，但分子研究結果顯示，這些西洋蜂起源於熱帶東非，隨後散布到非洲、歐洲和中東地區。這會讓人有些困惑，因為牠們常被稱為「歐洲蜜蜂」。

然而，由於人類的干預，如今在世界各地每個國家都可以發現西洋蜂，只有南極洲除外。牠們肯定是地球上分布最廣的生物之一，而牠們在近代被帶到世界各地的過程也被詳細地記錄下來。例如，第一批蜜蜂群在一六二二年被帶到北美東岸，並在一八五〇年代被帶到加州；牠們也在一八二六年被運往澳洲，於一八三九年被運往紐西蘭；更有趣的是，一九五七年，一種來自非洲特別具有攻擊性的品系在巴西意外逸出，而這些所謂的「殺人蜂」（killer bees），從那時起便擴散到整個南美洲和中美洲，再蔓延到美國南部。

輸送這些蜜蜂的初衷都是出於善意。蜜蜂為我們提供美味的蜂蜜，幾千年來，它是人類唯一可以取得的糖類來源，正因如此，歐洲人將牠們帶往世界各地。近年來，為了促進作物授粉，人們刻意引進其他蜂種幫助授粉。過去澳洲的引入海蟾蜍和兔子引發了生態大災難之後，如今大多數已開發國家或多或少都有嚴格規定，禁止引進外來物種。然而，由於蜜蜂被視為有益的生物，我們愚蠢地對其在全球的重新分布視而不見。特別是美國，似乎對於進口外國蜜蜂貪得無厭。他們故意引進歐洲切葉蜂（*Megachile rotundata*和*Megachile apicalis*）以及各種壁蜂：包括來自西班牙的歐洲壁蜂（*Osmia cornuta*）、來自日本的角額壁蜂（*Osmia cornifrons*）、以及來自歐洲的藍壁蜂（*Osmia coerulescens*）。我們並不清楚選擇輸入這些特定蜜蜂的原因為何，但這似乎是某種投機行為，而非深思熟慮的結果。這些引進的蜜蜂以及其他更多物種，如今在北美各地大量繁殖，以至於一些科學家警告美國的園丁們不要搭建獨居蜂旅館，意即不要為了促進當地物種的發展而在花園裡搭建人工繁殖室，因為這些巢房經常被非本土物種所占據。其他如來自埃及的黑腳石蜂（*Chalicodoma* *nigripes*）和來自印度的綠蘆蜂（*Pithitis smaragdula*），牠們被引入美國後據信可能已經滅絕。

熊蜂也被從牠們的原生地散播到了其他地方。早在一八八五年，英國熊蜂就被運往紐西蘭，其中有四個物種在那裡生存至今。其中一個物種，即荒地熊蜂（*Bombus ruderatus*），後來在一九八二年被運到了智利。但直到一九八〇年代末，隨著用於番茄授粉的歐洲熊蜂逐漸發展出商業化飼養，熊蜂散布的速度才真正加快。番茄的花依靠「振動授粉」（buzz pollination）：振動花的雄蕊部分以釋放花粉。大多數商業種植者是在溫室種植番茄，直到一九八〇年代，種植者僱請一群人手持電動「魔杖」震動每朵花來人工授粉。之後，在一九八五年，一位名叫羅蘭・榮（Roland De Jonghe）的比利時獸醫和熊蜂愛好者發現將熊蜂蜂巢放置於長滿番茄的溫室中，便可提供極為有效的授粉服務。熊蜂善於振動授粉，牠們會用大顎抓住花藥（花的雄蕊部分），然後利用牠們的飛行肌振動花朵。由於歐洲熊蜂也是最容易飼養的歐洲物種，羅蘭開始飼養和銷售蜂巢，並很快成立了一家名為碧奧特（Biobest）的公司。不久後，這家公司便成為產業的巨頭，其他公司也加入競爭的行列，現今，每年有數以百萬的養殖熊蜂蜂巢。最初，蜂巢只在歐洲銷售，但很快就成為全球性的貿易。一九九二年，歐洲熊蜂在塔斯馬尼亞（Tasmania）的荒野出現，牠們於一九九〇年代從日本的溫室中逸出，一九九八年在智利被蓄意野放，接著迅速傳播到南美洲各地。於此同時，在北美，工廠開始飼養原產於美東的美洲東部熊蜂（*Bombus impatiens*），並將牠們運往整個美洲大陸，南至墨西哥。

以後見之明看來，任意移動這些蜜蜂似乎有欠考慮。在世界各地任何地方，一個人如果想栽植作物應該可以想到，必然有許多當地物種可以協助完成這項工作，只需提供一些合適的棲息地，並限制使用農藥，便可達到授粉的目的。例如，北美洲有大約四千種當地蜜蜂，還有無數的食蚜蠅、蝴蝶、飛蛾、甲蟲、胡蜂等，都在忙著替花朵授粉。然而，確實有少數例外是本土授粉者無法為某一特定作物授粉。例如，一八九五年紐西蘭引進了長吻熊蜂（long-tongued bumblebee）物種為紅三葉草授粉，㉙這麼做是因為，沒有本土授粉者能完成這項工作：三葉草花將花蜜藏在花管的末端，任何本土蜜蜂都「舌長莫及」。然而，

㉙紅三葉草本身是從歐洲引進紐西蘭，作為牲畜的飼料作物，也是一種有價值的固氮（nitrogen-fixing）植物，可以提高土壤肥沃度，在廉價的人工肥料出產之前，這點尤其重要。在紐西蘭定居的英國農民最初並不理解為什麼他們的三葉草不結籽，迫使他們不斷從歐洲進口新鮮的種子，所費不貲。一八七〇年，一位剛從英格蘭移民過來，名叫理查·費雷迪（R.W.Fereday）的律師在參觀完他兄弟的農場時，發現了問題所在，因而從英格蘭精心挑選進口了一批的熊蜂。完整的故事可以在我的《熊蜂紀事》（*A Sting in the Tale*）一書中找到。

多數時候，引進外來蜜蜂似乎完全沒有必要，牠們同時也可能造成巨大的破壞。

那麼，非本土蜜蜂可能造成什麼問題呢？首先令人憂心的是，這些引進的物種可能會與本土授粉者相互競爭，占據牠們的巢穴（如同外來蜜蜂占據美國的獨居蜂旅館情形），或是取走大部分的花蜜和花粉，使本土蜜蜂餓肚子。早在一八五九年，達爾文就曾提到，澳洲引進的蜜蜂正在「迅速消滅本土的小型無螫蜂」。儘管達爾文是一位觀察敏銳的生物學家，但這次他到失了準頭：他所說的小型無螫蜂指的應該是銀蜂（*Trigona carbonaria*），至今仍普遍存在。儘管如此，達爾文仍是第一個意識到外來蜜蜂潛在危害的人，我們大概也可以猜測到，其他澳洲的動物群同樣會受到了外來蜜蜂的影響。澳洲現今約有一千五百種本土蜜蜂，但幾乎任何你所到之處，到目前為止在花上最常見的昆蟲都是西洋蜂。當地有超過五十萬個蜂箱，裡面約有二百五十億隻西洋蜂：大自然所要餵養的蜂口多得嚇人。澳洲養蜂人每年大約收穫三萬噸蜂蜜，而在一八二六年之前，這些蜂蜜都是當地昆蟲的食物，想像一下這些蜂蜜能夠餵養多少原生的蜜蜂。

來自世界各地的研究已經證實，外來蜜蜂確實對本土授粉者產生影響，將牠們從自己喜歡的花朵上趕走，在有許多西洋蜂蜂巢的地方，熊蜂生長得更慢更小。我們永遠不會知道將蜜蜂引入北美和澳洲等地所產生的影響有多大，因為當外國蜜蜂來到後，沒有人研究本土授粉者所受到的影響。但我們不排除有一種可能性是，其實曾經有更多的授粉者物種存在，但已死無對證。

另外，還有一個更大的問題與人類對蜜蜂的全球重新分布有關：輸往各地的蜜蜂往往夾帶偷渡者。就像希臘神話中潘朵拉的盒子一樣，馴養蜜蜂的蜂巢裡藏有寄生蟲和疾病，如今也被帶到世界各地。一旦逃脫，就無法再抓回。不過我們也不能責怪早期的養蜂人散播了這些疾病，例如，一六二二年當西洋蜂被帶到美洲時，我們甚至還沒有發現細菌的存在，更不用說是病毒了。可悲的是，儘管我們現今已經意識到了風險，不經意將蜜蜂寄生蟲輸往他方的情況卻仍持續著。瓦蟎（*Varroa destructor*）如今在全球蔓延，便是眾所周知的例子。

瓦蟎原本出現在東方蜜蜂（*Apis cerana*）身上。東方蜜蜂是西洋蜂的親戚，體型較小，且正如其名所示，牠的原生地在亞洲。瓦蟎是鏽紅色的圓盤狀生物，肉眼很容易看到，直徑約為兩毫米，牠們會把自己緊緊附著在蜜蜂身上，吸取蜜蜂的脂肪。雖然對宿主有害，但瓦蟎通常不會對東方蜜蜂蜂群造成嚴重的損害，因為二者已經共同演化了數百萬年。東方蜜蜂已被馴化，但其蜂群通常比西洋蜂小，產蜜量也較少。因此，西洋蜂被引進到亞洲，由養蜂人大量飼養，且通常與東方蜜蜂共同飼育。不幸的是，瓦蟎對外國蜜蜂產生了興趣，並從東方蜜蜂轉到了西洋蜂：一九六三年瓦蟎首度出現在新加坡和香港的西洋蜂身上。在粗心大意的情況下，受感染的蜜蜂和蜂箱在世界各地傳播，導致瓦蟎在一九六〇年代晚期西進到了東歐、一九八二年散播到法國、一九九二年到英國、一九九八年到愛爾蘭。在世界其他地方，一九七〇年瓦蟎出現在巴西；一九七九年在北美的馬里蘭州發現了第一隻瓦蟎。儘管有嚴格的進口規定，這些孜孜不懈的小生物，還是在二〇〇〇年進入了紐西蘭，並在二〇〇七年散播至夏威夷。迄今為止，澳洲是唯一一個國土面積廣闊卻沒有受到瓦蟎入侵的國家。

由於西洋蜂在演化過程中沒有遭遇到瓦蟎的侵襲，因此對瓦蟎幾乎沒有任何的抵抗力。瓦蟎會在幼蟲和成蜂身上取食，在蜜蜂之間傳播疾病，特別是傳播蜜蜂畸翅病毒。隨著瓦蟎和病毒在蜂巢內繁殖，蜜蜂變得虛弱，通常在一、兩年內，蜂群就會崩潰並滅亡。瓦蟎及其相關病毒，無疑是蜜蜂面臨的更大問題之一，也是世界各地養蜂人不斷失去蜂巢的原因。

幸運的是，雖然偶爾會發現瓦蟎附著在熊蜂等昆蟲身上，但牠們似乎無法依賴熊蜂繁殖。不過讓人遺憾的是，大多數其他寄生蟲和疾病並非如此。例如，已發現蜜蜂畸翅病毒會在蟑螂、蠼螋、胡蜂和熊蜂等多種昆蟲，甚至是瓦蟎體內感染和複製。顧名思義，受感染的蜜蜂通常會出現殘缺、扭曲的翅膀，使牠們無法飛行。儘管這種病毒最初是在蜜蜂身上發現的，因此長期以來一直被認為是一種「蜜蜂病毒」，但我們沒有特別的理由認為，這種病毒只與蜜蜂相關，而與其他宿主之間沒有關係——這種病毒似乎可以稱之為泛昆蟲性的病毒（generalist insect virus）。

一九八〇年，日本首度發現蜜蜂畸翅病毒，此後在世界各地都陸續發現它的蹤跡，究竟它是否原本就在全球分布，或者原本是地區性的昆蟲病害，之後因為人為的因素傳播到世界各地？我們已無從得知。但有兩點再清楚不過：馴養蜜蜂的蜂箱如今成了這種疾病的病毒庫，並且它會從蜂箱傳播到如熊蜂等這類野生授粉者身上。蜜蜂畸翅病毒的危害程度尚不清楚。我們並未對野生授粉者的疾病進行監測，因此如果疾病爆發，席捲某一種或多種物種，我們可能也不會注意到。對蜜蜂來說，病毒也可能在蜂群中持續存在而不會造成太大傷害，但一旦與瓦蟎結合，蜂群似乎會開始出現症狀，嚴重感染的蜜蜂會出現畸形和無用的附肢，最重要的是會影響牠們的翅。在某些熊蜂蜂巢中，翅膀畸形的現象十分常見，一些畸形個體經檢測，證實對病毒呈陽性反應，但是究竟有多少野生熊蜂因此受到傷害，我們無從得知。這還只是其中一種傳染疾病，僅僅是在蜜蜂群中發現的最著名病毒。

至少還有另一種馴養蜜蜂的疾病，已經從蜜蜂傳播到野生授粉者身上。東方蜂微粒子蟲（*Nosema ceranae*）是一種微孢子蟲，會感染蜜蜂腸道的單細胞生物。如同瓦蟎一般，它最初被視為一種與東方蜜蜂相關的寄生蟲，二〇〇四年才在臺灣首次被發現並發表為新種。但研究人員一開始著手研究，便發現牠們在整個歐洲和北美的蜜蜂群中都非常普遍。一般認為這種寄生蟲是這些地區的新興疾病（即近年才出現的疾病），但實際上很難確定它究竟起源自何處。根據舊有的蜜蜂標本所做的遺傳研究，分別在一九七五年和一九七九年，在美國和巴西的標本中發現了東方蜂微粒子蟲。因此，如同畸翅病毒一樣，關於它的起源以及它在何時傳播到世界各地都不清楚，雖然科學家們仍在試圖拼湊出到底發生了什麼事，但要扭轉這股破壞肯定為時已晚。

與畸翅病毒一樣，東方蜂微粒子蟲對宿主的影響似乎各有不同，這點或許取決於蜜蜂在其他方面的健康程度。一些研究發現，東方蜂微粒子蟲會在八天內殺死蜜蜂，外勤蜂受到的影響最大，因此蜂群最後往往只剩下一隻蜂后和她的看護蜂（照顧幼蜂的年輕職蜂），很少有經驗豐富的外勤蜂能帶回食物。與畸翅病毒一樣，東方蜂微粒子蟲似乎也經常出現在熊蜂身上，如今已經在中國、南美洲和英國的野生熊蜂發現了這種病原蟲，而且與蜜蜂相比，病原蟲在熊蜂身上似乎具有更高的毒性，經常導致死亡。近年的證據指出，英國大約有四分之一的野生熊蜂感染此病，十分令人憂心。

瓦蟎的傳播，或許還包括東方蜂微粒子蟲的傳播，幾乎可以肯定是由於草率移動蜜蜂的結果所致，但工廠化飼養的熊蜂群交易，則讓情況雪上加霜。近年來，熊蜂飼養工廠的衛生狀況似乎有所改善，但是當這個行業在一九八〇年至一九九〇年代起步時，許多輸往各地的蜂巢中或多或少都含有寄生蟲。來自歐洲的蜜蜂氣管蟎（Acarine Disease），便是潛藏在馴養熊蜂的氣管裡一起運往日本，接著感染日本的原生熊蜂。同樣地，從歐洲引入智利的歐洲熊蜂已經在南美洲擴散開來，牠們似乎攜帶至少三種熊蜂疾病，儘管還沒有確定這些疾病的來源。可以肯定的是，歐洲熊蜂的引進，似乎已對安地斯當地的「金色大熊蜂」造成了毀滅性的影響，這是因為當地的熊蜂對寄生蟲沒有抵抗力（詳見我的《尋蜂記》〔*Bee Quest*〕一書）。

我們不斷發現新的蜜蜂疾病，儘管我們對牠們的自然宿主和地理範圍，以及牠們的生物學基礎只有初步的了解。然而，我們對蜜蜂疾病的了解，遠遠超過我們對其他昆蟲疾病的了解。蜜蜂並不是我們在全球四處輸送的唯一昆蟲。例如，飼養熊蜂的企業也同時飼養各種生物做為生物防治的一環，包括各種小型寄生蜂（tiny parasitoid wasps）、植綏蟎（predatory mites）、食蚜蠅、草蛉和瓢蟲，全都被運送到世界各地卻沒有考慮後果，而我們也不知道牠們攜帶什麼樣的疾病。此外，我們將觀賞植物輸往世界各地的同時，也夾帶了相當大量的昆蟲。其他的昆蟲則藏在條箱裡偷渡：例如，大虎頭蜂（*Vespa mandarinia*）隨著一批來自中國的陶器裝飾品，抵達波爾多（Bordeaux），很快就蔓延到西歐的大部分地區。可以肯定的是，人類的活動，尤其是在過去幾個世紀頻繁的全球貿易，已經深刻地改變了許多昆蟲寄生蟲的分布，但我們可能永遠無法得知它產生了什麼影響。我們輕忽昆蟲疾病及其對宿主的影響，絕非誇大其辭，因為我們對於百分之九十九點九的昆蟲種類仍一無所知。經由人為意外傳播的非本地寄生蟲或是昆蟲疾病很可能早已破壞了昆蟲的群聚，並且可能繼續破壞下去，但卻無人察覺到一絲一毫。

自殺炸彈客白蟻

在法屬圭亞那（French Guiana）一個偏遠、潮濕的森林中，住著一種十分不尋常的昆蟲，叫做自爆白蟻（*Neocapritermes taracua*）。

白蟻是一種迷人的生物，與螞蟻無關卻有著相似的生活方式，有些生活在巨大的地底巢穴，有蟻后和各司其職的職蟻。然而，與螞蟻不同的是，白蟻是嚴格的素食主義者，以各種不同的植物為食，並依靠腸道中的共生微生物來分解難以消化的纖維素。白蟻是許多生物最愛的食物，從大食蟻獸到螞蟻都是。牠們幾千年來演化出許多不同的防禦措施，但沒有比自爆白蟻更激進的方式了。隨著職蟻逐漸變老，牠們的腹部會出現藍色斑點，裡面充滿了富含銅的蛋白質。隨著時間的推移，牠們的大顎會磨損變鈍，對白蟻群的作用有限，但這些職蟻變得更具攻擊性，會對任何入侵者發動攻擊。如果戰鬥過程不順利，老職蟻就會自爆，藍色蛋白質會與死掉白蟻的唾腺中所儲存的對苯二酚發生反應，形成劇毒的苯醌（與從炮步甲尾端噴炸出來的化合物成分相同）。科學家將這種行為描述為自殺性的利他主義，類似於職蜂一但使用帶有倒刺的螫針便會死亡。在這兩個例子中，職蟻或是職蜂皆願意為了維護群體更大的利益而犧牲小我，展現出高尚的情操。

11 山雨欲來

在二十一世紀人類面臨的所有重大環境挑戰中，氣候變遷可能是我們最熟悉，也無疑是最緊迫的挑戰之一。

然而，直到一九九〇年，科學家們才達成共識，即人類活動產生的溫室氣體正在改變我們的氣候。即使在今天仍有人對此加以否認，可悲的是這還包括美國前總統和他的許多追隨者在內。這就像到了今天仍有人主張地球是平的一樣。[30]對於我們這些生活在現實裡的人來說，很明顯我們正在改變氣候，而且它發生得很快。截至目前為止，自一九〇〇年以來，氣候已經上升了大約攝氏一度，儘管聽起來並不多。但這大致相當於你從英格蘭中部的伯明罕，搬家到南岸布萊頓（Brighton）的溫度變化。因為這個改變的發生花了一世紀之久，住在當地的人並不會注意到有任何些微的變化發生，這正是基線偏移的一種範例。反過來說，如果我出生在伯明罕以北，並搬到了布萊頓附近，我便會注意到差異，因為我很快就經歷了變化。

當然，從伯明罕搬到布萊頓，就天氣而言，對於我們這些生活在涼爽、溫帶氣候中的人來說，聽起來不算太糟，而我向來懷疑這是許多住在英國和其他潮濕寒冷國家的人對氣候變遷明顯漠不關心的原因。當然，這將使人們完全忽略氣候變遷威脅的嚴重性。除非我們很快採取行動、大規模減少溫室氣體的排放，否則我們這一代的兒童或許會在他們的有生之年看到平均氣溫上升攝氏三至四度。氣溫上升不會均勻分布：大多數預測指出，大部分海洋的溫度上升幅度將很小，而兩極和大片大陸，尤其是非洲和亞洲，其溫度上升的幅度則遠遠高於平均水準。因此，非洲和亞洲的許多地區或多或少將變得不宜人居，當然對於大多數野生動物來說也是如此，而這些地區正是大多數人類所居住的地方。

30 這個觀點儘管令人覺得莞爾，卻也有其嚴肅的一面。在英國確實有一個地平說學會（Flat Earth Society），在加拿大和義大利也有分支。其成員認為，地球是一個圓盤，北極在中心形成一個洞，南極洲實際上是一個一百五十英尺高，圍繞著圓周的邊緣。他們堅持認為，世界各國政府都在密謀讓我們相信地球是圓的。社群媒體的聊天室似乎鼓勵了這些瘋狂的信念，因此該協會的成員近年來已增加超過五百多人——儘管我猜測並不是所有成員都是認真在看待這件事。儘管如此，許多人竟會選擇相信如此明顯是無稽之談的事情，使得這件事肯定應該受到關注，這不禁令我好奇，一個背後資金充足的陰謀能夠實現到什麼程度，例如操縱選舉或是危害環境的漂綠（greenwashing）行為。

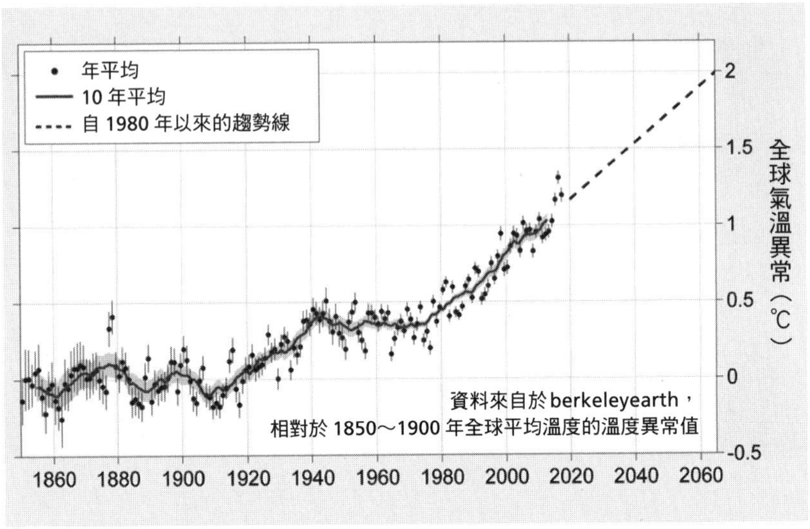

圖十五　一八六〇年至今的全球氣溫，以及對二〇六五年的預測：按照目前的進展速度，到了二〇四〇年，地球長期平均溫度的增長將比一八五〇年至一九〇〇年平均溫度高攝氏 1.5 度，二〇六五年左右將達到攝氏 2 度。資料來自 http://berkeleyearth.org/global-temperatures-2017/。

試圖預測氣候變遷的進展，可能是人類有史以來在科學上最大的挑戰，幾十年來幾乎占據了全球數千名科學家的頭腦。這門科學並不精確，特別是因為氣候受到復雜的「反饋迴圈」（feedback loops）所影響，在數學模型中很難理解或準確反映。正向的反饋迴圈將加速氣候變遷，一些預測甚至指出全球暖化可能成為一個我們根本無法阻止的失控過程，最快可能在二〇三〇年發生。

舉例來說，極地和山區的冰雪，原先可以反射太陽的熱，有助於減緩暖化。當冰雪融化和消退時，反射的熱量會減少，從而導致極地的冰雪更快融化等等，這就是一個正向反饋迴圈。同樣地，北極冰凍苔原的融化，導致數千年來原本困在冰層之下，有機物經由極緩慢的缺氧腐敗過程所產生的甲烷，被釋放出來。甲烷是一種比起二氧化碳更強大的溫室氣體，因此更多的甲烷產生，意味著氣候更加暖化，因而產生更多的甲烷等等；土壤暖化也使得有機物質氧化成二氧化碳的速度加快，不僅影響土壤的健康，同時也增加溫室氣體排放；暖化也使得森林野火更加頻繁，且進一步使樹木藉由燃燒迅速轉成二氧化碳和煙霧釋出。

另一方面，有些負向反饋迴圈或許會減緩氣候變遷，其中最重要的是，隨著地球愈來愈熱，因此有更多的熱能會被輻射到太空。更高的二氧化碳濃度有助於植物生長，同時吸收更多的二氧化碳。類似這樣的迴圈還有更多，有正向也有負向的，有些已經明確確立，有些則只是猜測，但氣候科學家們的強烈共識是，正向反饋迴圈的影響，可能遠遠壓倒負向反饋迴圈的影響。總結而論，氣候將會變暖是毫無疑問的，但確切的速度還不清楚，當然，這在很大程度上取決於我們下一步要怎麼做。

更難預測的是未來氣候發展的其他方面，尤其是降雨的強度和頻率，以及諸如颶風等極端天氣事件。暖化意味著更多的水將從陸地和海洋的表面被蒸發，不可避免地也意味著更多的降雨，特別是更多的傾盆大雨，導致更多的洪水。我們已經看到大西洋颶風的頻率和強度有所增加，其中一些颶風，對美國南部和加勒比海地區造成了破壞性的影響。多數模型指出，到本世紀末，降雨地點將變化很大：儘管總體降雨量增加，但降雨地點將會發生變化，估計某些地方的降雨量會減少，例如撒哈拉沙漠將向北擴展到歐洲南部，向南擴展到赤道非洲的大部分地區；而亞馬遜盆地的部分地區可能會變得更加乾燥，使得剩下的雨林因此消失。

海平面的上升也是很多爭論的主題。毫無疑問，覆蓋兩極附近陸地和偉大山脈的冰層正在慢慢滴入大海。一八五〇年，蒙大拿州的冰川國家公園（Glacier National Park）有一百五十座冰川，如今只剩下二十六個。不久後，它可能要被迫更名。與此同時，海水隨著溫度的升高而增多。大多數估計指出，到了本世紀末，海平面可能會上升約一至兩公尺。兩公尺聽起來可能不算多，但它將可以完全將馬爾地夫（Maldives）、馬紹爾群島（Marshall Islands）、孟加拉的大部分地區（該國人口達一億六千八百萬，是世界上人口最多的國家之一）、佛羅里達州的大部分地區，以及雅加達和上海等許多大城市從地圖上抹去。到了二一〇〇年，光在美國，估計就會有兩百四十萬間房屋被海水淹沒。然而，現實中更加令人擔憂的是，海平面上升的範圍可能會更大。根據研究指出，我們正接近一個臨界點，一旦超過這個臨界點，格陵蘭冰蓋（ice sheet，覆蓋超過五萬平方公里的冰川，又稱大陸冰川）將無可避免地融化，一旦成真，這將使海平面上升六公尺。多數關於氣候變遷

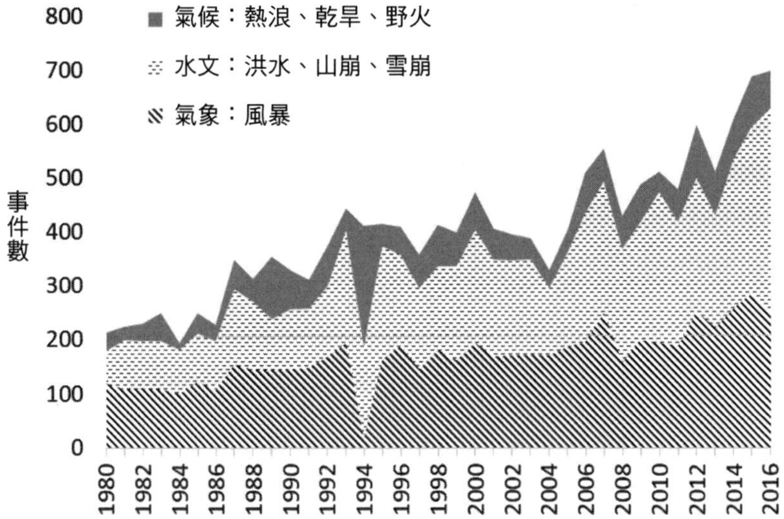

圖十六　一九八〇年至二〇一六年天災發生頻率：自一九八〇年以來，因洪水、暴雨和火災導致的天災損失事件頻率增加了三倍以上。數據是基於保險損失。影響人類的災害也會對昆蟲產生深遠的影響。資料來源：《經濟學人》（*Economist*）。

的預測，都放眼於從現在開始到本世紀末之間的世界會是什麼模樣，但即使溫度穩定下來，海平面也將持續上升數百年，這只是因為大片面積的冰解凍的速度很慢。南極洲有些地方的冰厚達四公里，如果我們燃燒掉我們所有的化石燃料儲備，估計最終將足以融化整個南極的冰，但這整個過程可能需要耗費一千年，才會使得融化的冰全部流入海洋。但以上這些發展，將使海平面上升五十八公尺，只剩下相當少的土地供任何陸地生物生存。

無論如何，洪水事件將變

得愈來愈頻繁，不論是由於大雨導致溪流和河流決堤而引發的山洪暴發，或是由於海平面上升和沿海地區的暴雨增加。

當洪水可能威脅到許多地方的同時，沒有被洪水威脅的地方則是遭到野火侵襲。二〇一九年，加州和幾個地中海國家，例如西班牙等，發生了頻度前所未有的野火事件。如果這些地方因為人工排水或是面臨乾旱而使土壤乾燥，泥炭地也會因此燃燒：例如，在一九九七至一九九八年的聖嬰現象中，由於降雨量異常稀少，導致婆羅洲和蘇門答臘雨林的野火蔓延到泥炭地，持續燃燒了數月，摧毀了六百萬公頃的雨林，並釋放了大約二十億噸的二氧化碳。[31] 二〇〇二年、二〇一三年、二〇一四年和二〇一五年，東南亞分別又發生了更多的泥炭地火災。巴西近年發生的火災則多是人為所致，受到民粹主義總統雅伊爾·波索納洛（Jair Bolsonaro）的鼓勵，他熱衷於向農業和採礦業開放亞馬遜雨林。顯而易見的是，這些火災將會增加全球溫室氣體排放，將儲存在木材、樹葉、土壤和樹懶中的碳，轉化為二氧化碳和污染性煙霧（懸浮微粒污染的主要來源，對人類健康極為有害）。全球熱帶森林的砍伐，導致了每年釋放約四億八千萬噸二氧化碳，相當於所有溫室氣體排放量的百分之八。

聽到溫暖且經常乾燥的地方發生火災，我們可能不會感到驚訝，但二〇一九年，西伯利亞、格陵蘭島和瑞典的大片地區，也發生了令人難以置信的火災，高溫最終導致土壤乾燥並引燃泥炭層，然後在整個夏天悶燒，幾乎難以撲滅。在極區發生的這些火災，通常會導致煙塵落在雪地上，使其變黑而增加吸熱，促使冰層融化得更快。

某些地方可能會發生火災與水災，儘管並非同時間發生。例如，二〇一八年加州的一場大雨落在先前植被遭野火燒毀的山坡地，引發毀滅性的土石流，數千噸泥土和巨石從陡峭的山坡一瀉而下，造成二十三人死亡。

氣候變遷很可能給我們人類帶來龐大的問題已是顯而易見，那麼對昆蟲和其他野生動物的影響呢？直到最近，氣候變遷對昆蟲族群產生重大影響的直接證據還不夠充分。一些昆蟲的活動範圍已經開始隨著氣候變遷而移動，歐洲和北美的熊蜂已經從牠們活動範圍的南端消失，移往更高海拔的山區。另有證據顯示，一些植食性和授粉昆蟲在春季出現的時間，逐漸與其寄主植物出現的時間脫鉤：例如，科羅拉多州一些山區植物，牠們在熊蜂從冬眠中甦醒、找上這些花朵之前，便已開得滿山遍野，之前從未發生這種現象。如果變化發生得很緩慢，蜜蜂或是花朵也許還能夠彼此適應。到目前為止，牠們所經歷的變遷算輕

31 根據以下數據來看，一九九七年全球燃燒化石燃料排放的二氧化碳總量約為二百四十億噸，因此光是這些泥炭地火災又增加了約百分之十的二氧化碳排放量。

微，但隨著氣候變遷在二十一世紀加速發展，預計變化的速度也將快上許多。

大多數昆蟲類群在熱帶地區的種類最為多樣，而熊蜂卻是喜歡相對涼爽氣候的類群：牠們的體型大，身上帶有茸毛，皆為保暖的適應表徵。因此，直覺上看，氣候變遷似乎對牠們特別不利。野生動物現今所處的氣候條件範圍，可以用來預測在氣候變遷下牠們未來可能的分布範圍。從本質上來說，電腦模型可以準確地計算出任何特定物種目前所處的氣候範圍，包括溫度、降雨量等年度模式，然後計算出未來全球哪些地方可能會有這種氣候。一如猜測，幾乎所有物種的分布估計將會從赤道轉往他處。科學家已針對所有歐洲熊蜂（以及許多其他動物）進行分布估算，而且不出所料，預測的結果有贏家也有輸家。例如，中黑熊蜂（*Bombus mesomelas*）是一種十分漂亮的熊蜂，牠的胸部呈灰白色，尾部呈金色，喜歡生活在南歐開滿花朵的山區。從理論上講，未來牠們也可能遷移至英國。另一方面，預計到了二〇八〇年，牧場熊蜂（*Bombus pascuorum*）、草地熊蜂（*Bombus pratorum*）、紅尾熊蜂（*Bombus lapidarius*）和花園熊蜂（*Bombus hortorum*）等人們熟悉的物種，將從英國低地和歐洲大部分地區消失，儘管牠們應該能夠在北歐和蘇格蘭生活。於二〇〇一年才從歐陸抵達英國的樹熊蜂（*Bombus hypnorum*），預計到了本世紀末將再度從英國消失。

那麼其他更為典型、喜熱性的昆蟲類群，如蝴蝶呢？暖化可能會成為牠們的福音，至少在像英國這樣的溫帶國家，是許多物種分布範圍的北界。馬丁．沃倫（Martin Warren）和來自蝴蝶保育公益組織的同事，他們分析了四十六種蝴蝶族群的變化，英國是這些蝴蝶的分布北界，所以我們推測這些蝴蝶喜歡比較溫暖的氣候。結果顯示，一九七〇年至二〇〇〇年間，當中四分之三的物種顯著衰退。但在定著物種（包括二十八種棲地要求非常明確、流動性低的挑剔物種）和廣適型、流動性高的物種（十八種）之間，呈現的模式有所不同。在定著物種中，百分之八十九的物種面臨滅絕，而廣適型物種中，只有一半的物種衰退，但有少數變得興盛。這為我們提供了一個線索，說明為什麼迄今為止氣候暖化並不會使喜歡溫暖氣候的蝴蝶受益。廣適型物種因為流動性高，而能適應暖化，並且更有機會能夠找到適合牠們生存的地方。相較之下，定著物種的流動性往往較差，即使牠們勉強移動，若未能找到合適的棲息地，同樣是死路一條。

這裡值得簡短地回顧一下，地球的氣候原本就處於不斷變化的狀態，而物種分布的變化，則是數百萬年來一直在發生的自然反應。從熊蜂和蝴蝶到橡樹與馴鹿，每個物種或多或少皆隨著冰河時期的到來和消失而遷徙移動。一棵橡樹可以把橡子掉在北方幾公尺遠的地方，或者非常幸運，讓一隻松鴉（jay）把它的橡實帶到幾百公尺遠之外，如此一來，在接下來一萬年間裡，樹林可能會向極地方向延伸一百公里。而這對熊蜂和蝴蝶來說，應該要容易得多，因為牠們有翅能飛。問題是，這次的氣候變遷發生得非常快，而且是在自然棲息地已經嚴重退化、被分隔成破碎區塊的情況下。因此，大多數蝴蝶和熊蜂似乎並未向北方移動。雖然牠們正在從歐洲和北美分布區的南緣消失，但除了極少數物種外，預期牠們的分布北緣會推進這事卻似乎尚未發生。此外，分散能力低的物種，如橡樹、蝸牛或潮蟲，如果要慢慢向北或是向南邊發展，牠們需要或多或少連續的棲息地。在人類出現之前的世界，牠們的確可以辦到。如今，隨著大部分土地被密集的農田所覆蓋，其餘大部分則被道路、高爾夫球場、住宅區或工廠所覆蓋，野生動物的移動就更難了。橡實掉落之處，鮮少有可能長成一棵完整的大樹，並結出自己的橡實。即使是像熊蜂這類會飛行的動物，儘管可以輕易飛越高速公路或耕地，但當牠們抵達另一頭時，同樣需要找到合適的地方生活。現實上，當今許多動物不僅族群大減，而且生活在或多或少被隔離的獨立棲地之中，比如自然保留區等這類地方。牠們能趕在氣候變遷之前成功向北躍進的機率很小，特別是牠們賴以生存的花朵，並無法與牠們一起移動。例如，根據氣候模型預測，英國有大片土地近年已經適合豆灰蝶（*Plebejus argus*）定居，這是一種漂亮但飛行能力較弱的紫藍色小蝴蝶，翅的腹面有華麗的奶油色、橙色和黑色斑點。然而，這種蝴蝶並未歡天喜地向北飛去，而仍蜷縮在英格蘭南部的幾塊石楠荒原，這是牠們最喜歡的棲息地。雖然再往北走，氣候可能更適合牠們生活，但那裡的這類棲地很少，而且牠們幾乎不可能依靠自己的力量到達那裡。同樣，前述的中黑熊蜂，目前生活在義大利和鄰國的丘陵草地。理論上，到本世紀末，英國南部的氣候或許很適合牠們棲息，問題是牠們要如何抵達該地？就算辦到了，是否會有同樣適合牠們生存、如同義大利丘陵的棲息地在等待牠們（機會極為渺茫）？或者牠們能適應牠們找到的任何植物（也許）？在我看來，豆灰蝶和中黑熊蜂，更有可能在牠們的棲息地慢慢變得溫暖之後消失。

預測物種未來可能分布範圍的氣候模型，往往是基於平均值——月平均溫度、平均降雨量等。這類氣候模型，無法解釋極端天氣事件的影響，例如乾旱、熱浪、野火、暴雨和洪水，但這些事件在未來，都可能變得更加頻繁和更加極端。我們幾乎不知道這些將對昆蟲產生什麼影響，但當然不太可能會有很正向的影響。野火顯然會殺死昆蟲，不過在某些生態系統中，火災過後新盛開的花朵會使一些昆蟲受益；夏季的暴雨可能會襲擊蝴蝶等脆弱的成蟲；山洪暴發也可能會摧毀如熊蜂等動物的地下巢穴。乾旱將會導致缺水的植物停止產生花蜜，如此一來肯定會傷害授粉者，而諸如熊蜂等喜歡較為寒冷氣候的昆蟲則會因為氣候過熱，使牠們無法在熱浪中覓食。在長期乾旱的情況下，植物會枯萎，不適合毛蟲取食，例如：在一九七六年英國炎熱的夏天，許多白緣眼灰蝶的毛蟲，因為牠們食用的馬蹄草（*Hippocrepis comosa*）在高溫下枯萎而相繼死亡。結果，到了隔年，成蟲的數目銳減，一些地方族群甚至滅絕。當然，昆蟲在過去也面對過這一切，但當許多昆蟲處於衰退的情況下，極端事件的頻率和強度增加，可能是造成牠們滅絕的最後一根稻草。

然而，儘管氣候變遷對大多數生物來說普遍是個壞消息，但它卻也可能使少數昆蟲受益。依賴人類和牲畜的排泄物，或是在垃圾掩埋場裡的破尿布中繁殖的生物，例如家蠅這種具韌性、移動力與適應性強的昆蟲，將能夠在未來更為溫暖的氣候下繁殖得更快。人類和牲畜數量的不斷增加，也意味著他們有更多的食物，氣候暖化讓害蟲每年能繁殖更多代，因而更快速地演化出對農藥的抗藥性。族群原本會在冬天之前消退，而隨著冬天變得溫和，某些害蟲有可能整年都很興盛。北美的大麥與小麥種植帶，目前或多或少是處於最適合作物生長的氣候（並非巧合），但即便我們不考慮蟲害，科學家仍預測，溫度每升高一度作物產量將隨之下降一成。若考慮到害蟲如蚜蟲和毛蟲等加速繁殖，預計氣候每變暖一度，農作物的產量將再減少百分之十至百分之二十五。此一估計也適用於水稻和玉米等其他全球性主食。

除了農作物害蟲之外，任何能夠適應城市生活的生物，在未來幾年都可能繁殖更快，因為隨著人口走向一百億或更多，城市棲息地的範圍將不可避免地增加。埃及斑蚊（*Aedes aegypti*）似乎很適應城市化生活，在城市中欣欣向榮，並在阻塞的水溝、廢棄的輪胎、木桶、水桶，和任何其他能積水的廢棄物中繁殖。牠們也是多種嚴重傳染疾病的主要病媒之一，包括登革熱、屈公病（chikungunya）、茲卡熱（Zika fever），和黃熱病（yellow fever）。瘧蚊（*Anopheles*）是瘧疾的主要病媒，同樣也受益於人類活動擴大的庇蔭。瘧疾的病例，往往在森林被開墾為農田的地區更加頻繁，因為瘧蚊喜歡在有陽光照射的水坑和溝渠中繁殖，這類棲地在茂密的森林中反而難得一見。氣候預測指出，瘧疾很可能會傳播到熱帶的高海拔地區，例如哥倫比亞、肯亞和衣索比亞，這些地方之所以能夠有密集的人口，部分原因是因為當地大致上沒有瘧疾，但這在近幾年已被打破。到了二〇五〇年，美國南部各州、歐洲東南部、中國部分地區，以及位於巴西的聖保羅和里約熱內盧周圍等人口稠密的地區，都可能會出現瘧疾。預測登革熱也將在整個北美，甚至北至加拿大南部，變得更加普遍。一項估計指出，到本世紀末，受到埃及斑蚊和白線斑蚊（*Aedes albopictus*）傳播的病毒性疾病所威脅的人數，將增加到十億（這還未考量到人口的成長幅度）。唯一的好消息是，一些赤道低地地區可能會因為過度炎熱，不適合瘧疾的傳播，但這些地方也可能因為太過炎熱而不再適合人類生存。

似乎可以肯定的是，氣候變遷將在未來對昆蟲產生深遠的影響，但這能解釋迄今昆蟲衰退的原因嗎？克雷菲爾德昆蟲研究的作者，特別調查氣候變遷是否可能是德國自然保留區昆蟲生物量劇降百分之七十六的原因。日常的天氣模式對捕獲昆蟲的數量有很大的影響——一如猜測，在陽光普照的日子裡昆蟲的捕獲量較高——但在這項研究的二十六年期間，德國的整體氣候並沒有發生太大的變化。該作者得出的結論是氣候變遷不能解釋昆蟲的衰退，科學界也沒有太多異議，而是認為有其他潛在的罪魁禍首。

二〇一七年，也就是德國研究發表的同年，加拿大麥吉爾大學（McGill University）的莎拉．洛博達（Sarah Loboda）發表了關於格陵蘭島家蠅科（Muscidae）十六個種類族變化的數據，顯示這些家蠅能夠適應寒冷、多風的氣候，以及非常短暫的夏季。這篇論文很少受到關注，也許是因為不太有人關心蒼蠅，結果顯示，截至二〇一四年的十九年間，當地家蠅科的總體豐度衰退八成，這比德國論文中所提出的速率還快一些。洛博達將這些家蠅族群的崩潰歸因於氣候變遷，這不僅是因為氣候變遷在兩極地區更為明顯，更是因為在格陵蘭可以忽略不計其他人為影響。接著，在二〇一八年，布拉德福德．李斯特的波多黎各研究發表，氣候變遷再度浮上檯面成為昆蟲衰退的原因。之前提過，李斯特曾在一九七六年和一九七七年對熱帶雨林中的昆蟲進行採樣，並在三十四年後返回相同地點，在二〇一一至二〇一三年間重複完全相同的採樣。他發現，以掃網採集到的樣本，昆蟲生物量下降了百分之八十，而用捕蠅紙陷阱捕獲的昆蟲生物量，則下降了百分之九十八。在過去的三十年裡，這些森林沒有遭到人類砍伐或是以其他方式直接改變，據信森林本身或附近也都沒有施用過農藥（格陵蘭的研究地點也是如此）。表面上看來，除了幾乎所有的昆蟲都消失了之外，森林並沒有任何變化。然而，與德國不同的是，根據森林內的一個氣象站的資料指出，自一九七〇年代末以來，氣候已發生了變化，該地的每日平均最高氣溫上升了攝氏兩度。李斯特初步得出的結論指出，這很可能是波多黎各昆蟲衰退的最可能原因。身為這篇論文其中一位審稿者，在同儕審查過程中，我必須評估論文的好壞，儘管這篇論文並未完全令我信服，但我提不出更好的解釋。因為溫度似乎是唯一發生變化的因子，但卻不意味著，這一定是昆蟲族群崩潰的原因。例如，可能發生了某種未知的昆蟲疾病的毀滅性流行，或是森林被不明污染物污染，或是有一群專吃昆蟲的外星人造訪了森林（好吧，我承認這點不太可能）。我的觀點是，還有許多其他可能的解釋。

李斯特的論文吸引了大量的檢視，結果發現在溫度改變的證據上存在一個缺陷。在李斯特兩次造訪波多黎各之間，記錄設備已經經過更換，溫度是急遽而非漸進上升的過程似乎與設備的更換相吻合。換句話說，氣候在實際上並未真的像紀錄顯示的那樣發生極端變化，至少在一定程度上，可能是因為測量方法的改變導致溫度明顯躍升。之後還有一些批判性的評論陸續發表，指出這篇論文有嚴重缺陷，但是撇開氣候議題，這篇論文的核心無庸置疑，仍是昆蟲大幅衰退的事實。然而，其成因在詮釋上仍存有爭議。

目前，地球未來的氣候仍暫時掌握在我們手中。我們已經深刻地改變了它，若能果斷地採取行動，便可以防止氣候繼續惡化，以免到了本世紀末一切如噩夢般的預測成真。二〇一六年，全球一百九十六個國家的政府在《巴黎氣候協定》（*Paris Agreement*）中，承諾將氣候變遷控制在攝氏兩度以內，更理想的情況，是不高於工業化之前攝氏一點五度的水準。在隨後的幾年，沒有一個主要工業國家履行這些承諾。目前所有面對氣候變遷的相應措施，如發展綠色能源（風能、太陽能、水力等），以及發展節能汽車，房屋隔熱等，對減少二氧化碳排放並無明顯效果，二氧化碳排放量每年仍加速上揚。[32] 我們比以前用掉更多能源，遠遠超過了這些節能新技術帶來的好處。你可能會認為創造綠色能源可以減少對化石燃料的需求，但至少到目前為止現實並非如此。相反的，我們的高耗能經濟幾乎把所有能夠取得到的能源都消耗殆盡，還不斷需索。

與此同時，唐納・川普（Donald Trump）讓美國退出《巴黎氣候協定》（幸運的是，喬・拜登〔Joe Biden〕在他上任第一天便重返《巴黎氣候協定》）。你可以上氣候行動追蹤（Climate Action Tracker）的網站（https://climateactiontracker.org），親自了解各國應對氣候變遷的努力。只有摩洛哥和甘比亞有望兌現他們在《巴黎氣候協定》中的承諾，因為這兩個小國的碳排放量幾乎為零。而包括美國、沙烏地阿拉伯、俄羅斯在內的很多國家，其努力嚴重不足，這將使得全球氣溫朝上飆升攝氏四度或往更高邁進，對地球上所有生命都是場滅頂之災，這三個世界最大的產油國，不積極對抗氣候變遷也許並非巧合，懷疑它們無心於此也屬情有可原。就美國而言，這一點在川普政府執政時期非常明顯。有趣的是，俄羅斯還有其他理由不去理會氣候變遷的危險，因為目前許多俄羅斯的港口在冬季受於海冰無法使用，但很快地，這些港口將迎來近乎全年無冰的狀態。此外，目前過於寒冷的北方大片土地，將變得適合種植穀物，如此俄羅斯就可以填補美國小麥作物開始歉收時的缺口。我們不應指望弗拉迪米爾・普丁（Vladimir Putin）在短期內能夠幫助我們對抗氣候變遷。

《巴黎氣候協定》的根本問題在於它完全沒有效力，全然依賴各國選擇性地削減自己的碳排放量，就算未達標，也不會受到懲罰。我們很容易能讓一個政府做出長期承諾，因為它清楚知道，在算總帳的時候，在上位者早已換人。只要看看一九九二年的《里約生物多樣性公約》（*Rio Convention on Biological Diversity*）就可得知後果如何。它的簽署國幾乎與《巴黎氣候協定》的一百九十六個締約國完全相同。在《里約生物多樣性公約》中，各國政府承諾在二〇二〇年前制止全球生物多樣性的減損。實際上，在一九九二年至二〇二〇年期間，全球生物多樣性的減損程度，卻至少是六千五百萬年以來最慘烈的一次。想依靠各國政府的空洞承諾來拯救我們的地球，無異緣木求魚。

[32] 二〇二〇年十一月撰文時，正值新冠肺炎大流行，全球處於封鎖狀態。這或許會暫時減少溫室氣體排放。

切斷葉脈的帝王蝶幼蟲

北美帝王蝶以其美麗，以及從加拿大飛越到墨西哥越冬地的非凡遷徙而聞名，但牠的毛蟲也有自己非凡之處。牠們以乳草的葉子為食，乳草的葉片受傷時會流出白色的黏性汁液（也稱為乳膠），因而得名。

許多植物都能生產乳膠，有些種類的乳膠被收集用來製成橡膠。乳膠有兩個用途：它乾掉後能並堵住傷口，就像瘡痂一樣；它也會沾黏住或毒死任何試圖啃食植物葉子的植食動物。它成功地阻止了許多昆蟲，但包括帝王蝶幼蟲在內的少數昆蟲，已經成功地找到了破解這種防禦的方法。毛蟲簡單地在葉子的底部咬出一條溝，切斷含有乳膠的導管，讓乳膠流出，這樣它就可以享用剩餘未受保護的葉子。

12 閃閃發光的地球

我們都見過地球在夜間的衛星影像，數十億盞電燈發出的橘黃色光芒鑲在大地上，讓地球看起來如聖誕裝飾球一樣，懸浮在太空之中。北美、歐洲、印度、中國和日本特別亮，彷彿在慶祝節日。每座城市都清晰可見，大城市尤其耀眼，大多數海岸線也都閃爍著人類發展的光輝。陸地上很少有地方是真正的黑暗，除了兩極附近的冰凍荒原、大沙漠，以及亞馬遜和剛果的部分地區。據估計，我們在夜間發出的光量每年增加百分之二至六之間。人類每天增加約二十二萬五千人，這個數量足夠每天建立一座新城市，每晚增加一個從太空清晰可見的新光點。

德國的研究指出，大多數昆蟲所在的自然保留區都相當靠近城市地區。即使從保留區不一定能直接看到明亮的光，但城市上空的光害，也就是天空輝光（sky glow），卻在數百公里外都看得見。一些科學家認為，光污染可能是導致昆蟲大幅衰退的原因之一。但這樣的解釋是否合理？

試想一下光污染可能對昆蟲有哪些危害。超過六成的無脊椎動物在夜間活動，大多數都利用星光或月光當成導航與定位的線索。人造燈光會吸引飛蛾和蒼蠅等昆蟲，牠們顯然迷失了方向，撲向燈光而被燙死或受傷，或是力竭而亡，或死於捕食者之口。我還清楚地記得多年前，在澳洲熱帶地區的一個露營地露營時，那裡的燈柱很矮，照明通往廁所的小徑。到了晚上，每盞燈下面都至少蹲著一隻肥滋滋的海蟾蜍，把那些似乎無窮無盡、被燈光吸引來的昆蟲，一一吞進肚裡。同樣地，在西班牙，我看到飢餓的壁虎圍在燈光下，等著捕食眼睛發直的昆蟲。蜘蛛經常在戶外的燈光上織網，有時蜘蛛網還因沾黏了過多的蒼蠅和其他小昆蟲而變得很厚，蝙蝠也會趁著搞不清楚狀況的昆蟲亂飛成一團之際，衝進去飽餐一頓。即使沒有海蟾蜍、蜘蛛、蝙蝠或壁虎，第二天早上，任何倖存的昆蟲，也經常呆坐燈柱或附近的牆壁上，毫無遮蔽，使食蟲鳥類很輕易便能啄食牠們。任何有概念的蛾類採集者讀到這裡都該知道，他們必須在破曉前清空陷阱，否則鷦鷯（*Troglodytes*）和山雀（Paridae）會很快就學會爬進陷阱大快朵頤，只留下一堆昆蟲的翅。

為什麼昆蟲在夜晚會被燈光吸引，從未被充分解釋過。畢竟，飛蛾可不會朝向月球飛去。關於這些的理論很多，其中最流行和最有說服力的說法是，昆蟲在（夜間）移動時會利用月亮作為導航。一隻打算直線長途飛行的昆蟲，牠可能會藉由與月亮保持固定的角度移動，並利用體內的生理時鐘，隨著夜晚的進展和月亮在夜空中的移動位置，微調飛行的角度。蜜蜂飛到花叢並在其間穿梭，也是利用太陽以類似的方式導航。該理論認為，夜間活動的昆蟲將明亮的燈光誤認為是月亮，但由於燈光離牠們很近，而不是在數千英里之外，如果牠們採直線飛行，與光源的相對角度會變化得非常快，而為了與光源保持固定角度，牠們便改以曲線飛行來代償，結果變成遞減的螺旋路徑，直到撞上燈光。㉝不管解釋如何，毫無疑問，人造光源每年都會導致數十億隻昆蟲提早送命。每盞燈都是一個昆蟲族群的「槽匯」，夜復一夜從棲息地將牠們吸進不歸的深淵。

我們的燈光也可能導致更隱而未見的問題。例如，有些昆蟲可能不會誤入燈光，卻還是可能因此迷失方向。例如，我們知道糞金龜可以偵知天空中朦朧的銀河*，並在滾動糞球時藉此定向，保持直線進行。但我們還不知道，如果糞金龜的行進路線經過人工光源附近，會給牠們帶來怎樣的混亂。更重要的是，大多數昆蟲，包括那些主要在白天活動的昆蟲，把光視為觸發生物時鐘的關鍵線索。例如，許多生物利用白天的長度來調節牠們的生

㉝你可以在我之前的著作《花園叢林》（*The Garden Jungle*）中閱讀更多關於這個理論和其他相關理論的資訊。

*審定註：此乃根據一種夜行性的非洲糞金龜所做的實驗。科學家以LED光源模擬銀河，發現改變光源的某些特徵會使得糞金龜迷航。結論是該種糞金龜是利用整個夜空中亮度的差異，而非銀河複雜的星星排列來導航，但此一機制的存在有很多普遍則尚未可知。

命週期，例如在適當時機從冬眠中甦醒或是產卵。有些昆蟲會把牠們的覓食活動放在或避開一個月裡月亮最明亮的時候，像是蜉蝣會調節羽化時間以配合滿月的晚上。這些週期的時機至關重要：試想，一隻最多只能存活幾小時或幾天的蜉蝣，要是羽化的時機不對，牠將註定含恨終老，未留子嗣便死去。關於光害對這類昆蟲生活史週期的影響，＊目前科學研究尚少，但生活在明亮燈光附近的昆蟲，似乎可能會將路燈誤認為滿月或初升的太陽，錯亂牠們的週期而造成災難性的後果。

對於一些不尋常的昆蟲來說，牠們在尋找配偶時，燈光可能會構成特別的障礙。螢火蟲（fireflies & glow-worms）藉自身的發光來吸引異性。例如，歐洲正螢的蠕蟲狀雌蟲＊會從尾部發出迷人的綠光，這讓雄蟲無法抗拒。數百萬年來，牠們發光的尾部在夜晚的黑暗中必然可以被輕易察覺，但現在牠們必須與明亮得多的燈光競爭。[34]對於一隻雄性螢火蟲來說，發現自己被城市的燈光所吸引將是一場災難。

人造光源所帶來的風險，也取決於所使用的光的類型。蛾類採集者很早就知道，發出大量紫外線的燈光對飛蛾最有吸引力。在歐洲，直到最近，路燈主要還是採用發出大量紫外線的高壓鈉燈或水銀燈。為了節省能源，這些路燈被以發光二極體（LED）取代，而發光二極體通常會發出廣光譜的可見光、白光和少量紫外線。這對昆蟲來說或許是個好消息，但發光二極體發出的光，其不同比例的波長存在很大差異，像是「冷白」類型，＊會產生大量短波長藍光。與舊有的高壓鈉燈相比，這類型的光對昆蟲的吸引力似乎相同，或者更具吸引力。更複雜的是，不同的昆蟲類群似乎也有不同的反應，因此與高壓鈉燈相比，發光二極體往往會吸引更多的飛蛾和蒼蠅，卻少有甲蟲會上門。

毫無疑問，人造光源是造成昆蟲世界死亡和混亂的原因，但在族群層次上，這些光源當真有顯著影響嗎？就像大部分的情況一樣，我們沒有答案。在現實世界中，我們很難設計出令人滿意的大規模實驗，以滿足飛行昆蟲的需要。理想情況下，它要有多個重複的亮光和不亮的樣點，每一塊樣區都要經過一段時間的仔細監測，但這些樣區之間必須相隔很長的距離，以免光線溢出到「不亮」的樣區。除非實驗能在一個非常偏遠的地方進行，比如剛果中部，否則天空輝光也會是個問題。若能申請到經費，這個研究會挺有趣，但我懷

---

* 審定註：臺灣的研究發現，室內飼養的螢火蟲幼蟲在生長過程中，若給予長時間光照，會導致其內分泌和代謝混亂，弱化幼蟲甚至致死。
* 審定註：在許多螢火蟲的類群中，其雌蟲是長得像蠕蟲的幼態型（neotenic），英文常被稱為glowworm，而firfly則通常指雌蟲為正常型的類群，特別是會發出閃爍光的種類。

34 多數螢火蟲會避開燈光，但偶爾會有趨光的雄蟲。

* 審定註：不論冷白或暖白 LED 光源，對昆蟲的吸引力都不大，在都市地區才比較容易看到被其吸引的昆蟲。

疑在短期內會有單位想贊助。＊

洞穴螢光蟲

在紐西蘭的洞穴裡生活著一種不尋常的生物，科學家們稱之為發光角菌蚊（*Arachnocampa luminosa*）的螢光蟲。牠們極具觀光號召力，成千上萬的遊客排隊進到洞穴觀看這些小動物。牠們緊貼在洞穴頂端，發出柔和的藍綠色光芒。站在布滿螢光蟲的洞穴裡，給人帶來一種站在滿布星斗天空下的幻覺。

洞穴螢光蟲不是真的蠕蟲，也不是歐洲正螢或北美和熱帶地區的螢光蟲，後兩者都是甲蟲。相反的，洞穴螢光蟲是屬於被稱為蕈蚋（fungus gnats）＊的小蟲。跟大多數真的是吃真菌的蕈蚋不同，這種全身濕黏的洞穴螢火蟲是捕食性的。牠的幼蟲也可稱之為蛆（蠅蚋之類幼期的通稱），從卵孵化後就開始發光。牠們會在洞頂上織一個絲巢，然後垂下幾十條絲線，每條絲線上都裝飾著黏糊糊的水滴，在幼蟲發出的光線下，這些水滴就像一串珍珠般閃閃發光。光線吸引小飛蟲前來而被黏在水滴上。螢光蟲的幼蟲把絲線一邊吃一邊拉進絲巢中，然後活生生將掙扎的昆蟲吃下肚。

* 審定註：除了人造光源的光汙染，一個更常見、影響可能更大更廣泛，卻常被忽略的光汙染源，是人造的光滑表面，例如汽車烤漆、玻璃、金屬屋頂、農田蓄水池，甚至是路面。它們會造成特定角度的反射偏振光（polarization by reflection），而日行性昆蟲多半也依賴自然的偏振光導航，因此有些昆蟲會受到誤導，而落在錯誤甚至致命的介面上。

* 審定註：過去中文常稱洞穴螢光蟲為發光蕈蚋或螢火蚋，但蕈蚋其實是一群包含數個科昆蟲的通稱。洞穴螢光蟲乃屬於其中的角菌蚊科（Keroplatidae），因此中文名容易混淆。臺灣也有類似的洞穴居物種，習慣相近但不會發光。

13 外來物種

在現代世界中，人類將許多生物從牠們的自然家園帶到地球上其他地區，有時這是蓄意的，但更多時候是意外所造成。例如，褐鼠和黑鼠便是藏身在船上偷渡而擴散到世界各地，甚至到達最偏遠的海洋島嶼。在歷史上，曾有許多起蓄意的引種行為，有的並沒有任何好理由。椋鳥於一八九〇年由英國人尤金・席費林（Eugene Schieffelin）引進北美，現在被認為是有害的入侵外來種（而不幸的是，牠們的數量在英國反而不斷減少）。他還曾試圖引進歐亞鷽（*Pyrrhula pyrrhula*）、歐亞雲雀（*Alauda arvensis*）、蒼頭燕雀（*Fringilla coelebs*）和夜鶯，但都沒有成功。顯然席費林是莎士比亞的忠實粉絲，因為這些鳥類都曾在這位吟遊詩人的作品中提到過。這在現在看來可能有點瘋狂，但在十九世紀，引進非本地物種的做法，相當符合當時的潮流，美國、澳洲和紐西蘭的「馴化協會」（acclimatisation societies），都曾積極推動這種做法。

儘管有一些物種是出於古怪的原因而被引進，但其他物種的引進，目的卻是用來讓人獵殺，以作為食物或是娛樂。兔子被引進澳洲後，牠們展現了天生具有的優秀繁殖力，大量繁殖，對生態和經濟帶來災難性的後果；狐狸也被引進澳洲，讓來自英國的移民有藉口穿上紅色的狩獵夾克，帶著一群獵犬在田野間享受狩獵的樂趣。儘管有獵犬存在，狐狸仍然狸口興旺，這都得益於那些手到擒來的兔子大餐。要是狐狸只吃兔子，那情況也不會太糟，但不出所料，狐狸很快就對本地野生動物產生了興趣，特別是陸棲有袋類動物，例如兔耳袋狸（*Macrotis lagotis*，現在因此瀕臨滅絕），而小兔耳袋狸（*Macrotis leucura*）更早在一九五〇年代便已滅絕。

紐西蘭沒有任何值得殖民者狩獵的東西，因為這裡沒有陸地哺乳動物，而在歐洲人到達這裡時，毛利人已經吃光了所有的南方巨恐鳥（*Dinornis robustus*）。為了作為補償，歐洲移民引進了至少七種不同的鹿：歐洲馬鹿（*Cervus elaphus*）、梅花鹿（*Cervus nippon*）、黇鹿（*Dama dama*）、白尾鹿（*Odocoileus virginianus*）、水鹿（*Rusa unicolor*）、鬣鹿（*Rusa timorensis*）和馬鹿（*Cervus canadensis*），以及來自阿爾卑斯山的臆羚（*Rupicapra rupicapra*）和喜馬拉雅塔爾羊（*Hemitragus jemlahicus*）。來自歐洲的馬鹿大量繁殖，形成龐大的鹿群，四處啃食樹苗，對環境造成了嚴重破壞。

在二十世紀，許多捕食性物種被引進來控制害蟲，但往往人算不如天算。最著名的例子非海蟾蜍莫屬，最初將牠們從南美洲引進澳洲的目的，是希望牠們能夠吃掉有礙甘蔗栽培的害蟲。不幸的是，沒人跟海蟾蜍解釋過牠們的任務，因此牠們自己決定，要把其他的澳洲本土昆蟲也一併吃掉，並且拼命繁殖，讓整個澳洲東部滿是這群四處亂跳的帶疣棕皮大軍。估計澳洲現在有超過兩億隻海蟾蜍。

玫瑰蝸牛（*Euglandina rosea*）的例子則較不為人所知。牠是美國南部一種土生土長、能快速移動的生物（以蝸牛來說），牠會追逐並吃掉其他種類的蛞蝓和蝸牛。一九五〇年代玫瑰蝸牛被引進夏威夷，目的是為了防制以食用目的引入的非洲大蝸牛（*Achatina fulica*）（呃，瞧我們編織了一個多麼複雜的網！）。引入的非洲大蝸牛最終失控，開始吞噬莊稼，而玫瑰蝸牛非但沒有控制住前者，相反地，牠們更喜歡爬到樹上尋找美味的本地樹蝸牛。短短幾年之內，至少有八種本地蝸牛慘遭滅絕之災。

雖然這類蓄意引入動物的行為在許多國家都是非法的，但正如我在第十章中所討論到的，蜜蜂依舊持續被人類移往世界各地。我們似乎也對外來園藝植物的貿易睜一隻眼閉一隻眼，這當中有大量的植物被從一個國家或是大陸遷移到另外一個。園藝植物也可能會成為主要的外來物種：在英國，杜鵑花、虎杖（*Reynoutria japonica*）、大豕草（*Heracleum mantegazzianum*）和鳳仙花（*Impatiens glandulifera*）都是著名的例子。它們的移動也有可能造成植物疾病或是害蟲的意外傳播，如傳到澳洲的桃金孃銹病（myrtle rust），這種南美洲的真菌性疾病會攻擊並經常殺死桉樹（*Eucalyptus*）、瓶刷樹（*Callistemon citrinus*）、茶樹

（*Melaleuca alternifolia*）和許多其他澳洲本土灌木，此病自二〇一〇年抵達澳洲以來，便不斷肆意地破壞自然生態系統。同樣地，來自亞洲的黃楊樹蛾（*Cydalima perspectalis*）是一種不起眼且通常無害的昆蟲，但二〇〇七年被意外引入歐洲後，如今正糟蹋著我們的觀賞性黃楊樹籬和罕見的野生黃楊樹。一旦害蟲或是疾病離開故土，其破壞性往往遠超過在牠們原本演化的生態系統裡（因為牠們原本的宿主已經花了幾千年時間去適應），且通常難以根絕。

即使沒有蓄意運輸動植物，各種商品的全球貿易規模，無可避免地會夾帶非本土物種而造成意外入侵。例如，一些入侵物種藏在集裝條箱裡。一般認為，一九九八年茶翅椿（*Halyomorpha halys*）[35]隨著亞洲運來的一批機械被帶入美洲，並在短短十五年內就傳遍全美國。這種巨大、盾形、顏色斑駁的棕色昆蟲，會吸吮許多不同作物的汁液，尤其是蘋果、杏子和櫻桃，在果實上留下疤痕和凹洞，影響賣相而造成損失。牠是果樹和一些蔬菜

---

[35] 茶翅椿是蚜蟲的遠親，在英國被稱為盾椿（shield bugs，審定註：茶翅椿並非盾椿科〔Scutelleridae〕昆蟲，而是椿科〔Pentatomidae〕昆蟲），因為牠們的形狀類似紋章狀的盾。在美洲，由於牠們在受到騷擾或攻擊時會散發出惡臭的液體，所以不那麼受歡迎。

作物的主要害蟲，每年造成的農損達三千七百萬美元。之前提到的大虎頭蜂，據信是隨著一批來自中國的陶器抵達法國，之後遍布西歐的大部分地區。過分渲染到近乎胡謅的小報頭條說大虎頭蜂會對人類構成威脅，這簡直是無稽之談，但牠的確是大型昆蟲的重要捕食者。不幸的是，對養蜂人來說，大虎頭蜂特別喜歡吃蜜蜂：如果牠們找到一個蜜蜂巢，虎頭蜂的職蜂就會一次又一次地造訪，每次帶一隻被咬成肉球的蜜蜂回巢，如此一來，蜜蜂群的規模就會慢慢縮小。

在全球大量的新鮮農產品貿易中，也有其他害蟲藏身其中而入侵各地。例如，二〇〇八年首次在加州發現來自日本的斑翅果蠅（*Drosophila suzukii*）。這些微小的飛蠅只有三毫米長，會在快要成熟的果實中產卵，因此，當水果成熟時，裡面就會充滿蛆蟲。牠們一年最多可以繁殖十三代，因此有暴增的潛力。斑翅果蠅喜歡櫻桃、漿果、桃子、葡萄和其他軟皮水果，在牠進入美國的第一年，估計就造成水果商五億美元的損失，金額大到令人難以置信。我有一個住在加州戴維斯（Davis）的朋友，他原本每年都可以從自家花園裡的櫻桃樹上摘滿一籃又一籃的美味櫻桃。然而，自從這些果蠅來了之後，他連一顆可食用的櫻桃都沒有了，因為現在每顆櫻桃裡滿是蠕動的蛆。

你或許納悶，這一切與昆蟲衰退有什麼關係？這些昆蟲中有許多過得挺不錯的。當然，外來物種造成的改變，通常會對本土野生動物造成嚴重的不利後果，昆蟲也不例外。

一些入侵物種，如大虎頭蜂和海蟾蜍是昆蟲的捕食者；又如美洲大肚魚（*Gambusia affinis*），牠被引進世界各地以幫助防治蚊子。然而，大肚魚不僅吃孑孓，也會吃掉牠們能找到的其他水生昆蟲；老鼠和其他侵入紐西蘭的齧齒動物，則威脅了當地的巨沙螽（一種巨大的、行動緩慢的、不會飛，像紡織娘又像蟋蟀的昆蟲，現已瀕臨滅絕）；來自亞洲的異色瓢蟲（*Harmonia axyridis*）大大減少了英國本土瓢蟲的數量；意外引進的螞蟻物種，如紅火蟻（*Solenopsis*）和阿根廷蟻（*Linepithema humile*），對本地昆蟲產生深遠的影響，特別是對其他螞蟻。例如，來自南美洲的阿根廷螞蟻[36]已經入侵了歐洲南部、美國、日本、南非和澳洲，還有許多海洋島嶼，甚至復活節島（Easter Island）等如此偏遠的地區。牠所到之處，或多或少地完全滅絕了當地的螞蟻物種，對生態系統產生了連鎖反應，如減少種子

[36] 阿根廷蟻具有形成巨大的「巨型蟻群」的特點，這些蟻群可以延伸數百公里，包含數萬億隻個體。這也許可以解釋為什麼牠們能夠戰勝並排除其他螞蟻物種。在大多數螞蟻中，蟻群的領土意識很強，甚至會自相殘殺，而且經常是殊死戰。從某種意義上說，牠們實際上是自己最大的敵人。相比之下，阿根廷螞蟻缺乏遺傳變異，無法區分蟻穴同伴與鄰近蟻群的成員。結果，各個蟻群結成一個或多或少和諧、具有多隻蟻后的單一族群。在歐洲有一個巨型蟻群沿著大西洋和地中海海岸綿延六千公里，從葡萄牙一路延伸至義大利。

傳播（有些本土螞蟻會攜帶種子）。在南加州，本土螞蟻數量的大量減少，使得稀有的角蜥（*Phrynosoma*）也跟著減少，因為角蜥是專吃螞蟻的捕食者，而不幸的是，牠似乎並不喜歡吃阿根廷螞蟻。[37]

大虎頭蜂等外來競爭者或捕食者的入侵，對其他昆蟲有直接影響，而植物害蟲的入侵，則會對被害植物的相關物種產生間接影響。荷蘭榆樹病（Dutch elm disease）就是眾所周知的例子。榆樹曾經是英國、西北歐和北美大部分地區最常見與最令人印象深刻的樹木之一。英國榆樹可以長到約四十五公尺高，因為在英國風景畫中經常出現，而形成當地的標誌性象徵，例如來自英格蘭西南的著名畫家約翰．康斯特布爾（John Constable），在他的「索爾茲伯里大教堂」（Salisbury Cathedral）畫作中，就能夠清楚見到榆樹矗立其中。一九一〇年，歐洲大陸開始出現榆樹病的跡象，樹冠上開始出現枯枝。一九二一年，一個荷蘭科學家組成的小組確定這種病是由一種源自亞洲的真菌所引起，並將此病命名為荷蘭榆樹病。此種病很可能是藉由木材運輸抵達歐洲，透過當地的小蠹蟲（Scolytinae）在樹木之間傳播。一九二八年，它又再一次透過運送原木，從歐洲傳到了北美。在歐洲，榆樹病早期的疫情還算溫和，很少造成樹木死亡，但在一九六七年，一種源自日本的更致命菌株，則透過用來造船的加拿大原木運到英國。不到十年，僅在英國就有二千五百萬棵樹死亡。我出生於一九六五年，至今我仍清楚記得，小時候放眼望去盡是枯槁、垂死和死亡樹木的景象。英國榆樹以根蘗（樹根長出小菌）矮籬的形式倖存下來，因為這種病不會攻擊小樹苗，而在英國已經少有成熟的榆樹。

榆樹這類重要植物物種的大量喪失，必然會影響相關的昆蟲，在英國就有一百多種昆蟲，其生存與榆樹有關。最著名的兩個物種是烏灑灰蝶（*Satyrium w-album*）和榆蛺蝶（*Nymphalis polychloros*），前者如今是非常稀有的物種，後者則自一九六〇年代以來已無定居繁殖的族群。為了控制這種病的傳播，人們試圖用殺蟲劑來對付傳播真菌的小蠹蟲，這一善意的嘗試，卻可能加劇了與榆樹有關的昆蟲的困境。美國在一九五〇年代和一九六〇年代，每年三次在榆樹上噴灑DDT和替代藥品地特靈，都導致了大量林地鳥類死亡，儘管沒有文獻記載，但幾乎肯定也同時消滅了大量的昆蟲。

如今，榆樹的故事似乎又在光蠟樹（*Fraxinus griffithii*）身上重演。光蠟樹枯梢病（Ash dieback）也是一種來自亞洲的真菌性疾病，它會自然感染當地的光蠟樹，但危害不大。這種真菌直到二〇〇六年才被正式發表，但我們認為它在一九九二年左右便抵達歐洲，因為

37 你不免納悶為什麼像阿根廷蟻這樣的物種，在牠們的原生地似乎能與其他物種相對和諧地生活。答案或許部分原因在於牠們受到捕食者和病原體所控制，也有可能是因為在牠們的原生地，其他物種已經有幾千年的時間來適應牠們的存在，一旦入侵到新地區，便不受天敵和病原的束縛。

當年波蘭首次發現樹木出現枯死症狀。即使這種病已在歐陸被公認是重大威脅，英國卻仍繼續從歐陸進口光蠟樹樹苗，直到二〇一二年才停止。二〇一二年，在種植進口樹苗處附近，記錄到第一批罹病的樹。政府禁止進一步進口並下令銷毀超過十萬棵苗木，但那時真菌早已立足。

幸運的是，其中一小部分，約莫百分之五的光蠟樹，似乎對這種病有抵抗力，所以儘管我們或許失去大部分光蠟樹，但至少可以重新種植具有抗性的後代。不幸的是，這些僅存的抗性後代，卻可能會被另一場源自亞洲且來勢洶洶的災難所消滅，這次是光臘瘦吉丁蟲（*Agrilus planipennis*），一種小而美麗的金屬綠色甲蟲所造成的。自二〇〇二年以來，這種甲蟲已經肆虐北美各地的光蠟樹，殺死了數千萬棵。二〇一三年，這種甲蟲在莫斯科以西約二百五十公里處被發現，以每年約四十公里的速度傳播，因此似乎很有可能會傳播到整個歐洲。我在蘇塞克斯的花園裡種植了兩棵成熟的光蠟樹，但兩棵樹如今都已染上枯梢病，接下來幾年我只能看著它們慢慢死去。與榆樹大量喪失的情形相同，這無疑會對野生動物產生影響。研究發現，有二百三十九種無脊椎動物和五百四十八種地衣＊是依靠光蠟樹生活，其中二十九種無脊椎動物和四種地衣更只生長在光蠟樹上，若光臘樹死亡，牠們將跟著受到重創。例如，毛蟲以光蠟樹為食的條紋黃蛾（*Atethmia centrago*），在英國已經被列為「易危物種」（vulnerable），因為在一九六八年至二〇〇二年間，牠們的數量減少了百分之七十四。

本土昆蟲也會受到外來入侵植物的不利影響，因為外來入侵植物在競爭中壓倒牠們原本賴以生存的寄主植物。美國有超過二百六十萬英畝的國家公園土地被入侵的雜草嚴重肆虐，特別是像狼尾草（*Cenchrus ciliaris*）和虉草（*Phalaris arundinacea*）這一類雜草，還有許多常見的歐洲野花，如蒲公英、矢車菊和法國菊。來自亞洲的葛藤（*Pueraria montana*）現在也覆蓋了美國南部各州的原始森林。同樣的，南美的一種美麗的灌木馬纓丹（*Lantana camara*），在澳洲東部的國家公園裡大量出現。外來植物的影響往往是負面的，但並非總是如此。在回顧入侵植物對節肢動物（昆蟲、蜘蛛、甲殼動物等）影響的研究時，德州農工大學（Texas A&M University）的安德里亞．利特（Andrea Litt）觀察到，有百分之四十八的研究發現在被外來植物嚴重入侵的地區，節肢動物的物種數減少，而有百分之十七的研究則是增加。有時外來植物和外來授粉者甚至可能結成連盟：澳洲的馬纓丹和藍薊主要皆由西洋蜂授粉；而在塔斯馬尼亞，我看到來自加利福尼亞的羽扇豆（*Lupinus arboreus*）和歐洲

＊審定註：地衣是真菌和藻類或藍綠菌的共生複合體，其中的藻類／藍綠菌可以獨立生存，但真菌則是特化的物種，必須依賴前者生存，稱為「地衣化真菌」（lichenized fungi）。故地衣的「種」，指的是地衣化的真菌種類，約占所有真菌近兩成。

沼澤薊（*Cirsium palustre*）由西洋蜂和歐洲熊蜂授粉。外來植物和外來蜜蜂皆成為受益者，卻是以犧牲曾經生活在那裡的本地植物和授粉者為代價。

人類不斷以粗劣的方式將動植物和疾病重新分布，有可能因而使得全球動植物面臨大規模簡化與同質化的風險。搞到最後，每個地方都只剩下那些堅韌、強健的物種，而這正是危險之處。本土植物變得稀少，因為它們被外來病原摧殘、被入侵的雜草擊敗，或被外來害蟲啃食。寄主植物的消失，外來掠食者的捕食、外來病原的感染、外來強大對手的壓制也使得本土昆蟲衰退。在世界某些地方，如夏威夷和紐西蘭，整個原生動植物群聚幾乎已經被收拾殆盡，取而代之的是來自世界各地的物種大雜燴。在現今全球貿易的規模下，植物和動物的意外遷徙將無可避免，但我們可以採取更多措施來降低風險，就像澳洲和紐西蘭一樣，這兩個國家現在都有嚴格的邊境搜查和檢疫規定。

對我來說，旅行的一大樂趣就是看到我從未見過的蝴蝶、鳥類、蜜蜂和花朵，因為無論你走到哪裡，本土野生動物總會向你展現不同的面貌。這種地理上的多樣性，正是我們的地球之所以擁有如此豐富多樣物種的原因。演化往往需要數百萬年的時間，才能在地球的每個區域緩慢地創造出獨特的動植物組合，而人類卻只花上幾百年就能把它們攪亂。雖然過去已難以挽回，但如果小心謹慎，我們可以大大減少未來外來物種入侵的頻率，讓我們四面楚歌的生物多樣性減輕一些壓力。

紅天蛾（*Deilephila elpenor*）

毛蟲向來是許多親鳥餵食飢餓雛鳥的首選食物，毛蟲也因此演化出一系列令人眼花繚亂的偽裝。許多鳳蝶毛蟲看起來非常像混合黑色和白色團塊的鳥糞。還有許多毛蟲長得超像樹枝，而蘋蟻舟蛾（*Stauropus fagi*）的毛蟲小的時候像螞蟻，長大則像一隻蹲坐的蜘蛛（此一偽裝有點怪，因為許多鳥類也吃蜘蛛）。亞利桑那州的青尺蛾（*Hemithea aestivaria*）毛蟲有兩種形態。春天的世代，牠們看起來非常像牠們賴以生存的橡樹的葇荑花（oak catkins），而夏季的世代，因為此時已無葇荑花，青尺蛾的幼蟲會長得像一根樹枝。我最喜歡的是紅天蛾，也許是因為在我小時候餵牠們的毛蟲吃柳葉菜（willowherbs）的美好回憶。牠們長大成熟時，棕色的大毛蟲看起來有點像大象的鼻子（你可能會想，在英國這可稱不上是什麼偽裝），但當牠受到驚嚇時，牠會膨大身體的前端，將一對彷彿帶著瞳孔的眼斑撐大，讓人看起來像是養了一條小蛇。

14 已知與未知的未知數

我清楚地記得，二〇〇二年，（已故的）美國前國防部部長唐納德．倫斯斐（Donald Rumsfeld）在被問及是否有任何證據顯示薩達姆．海珊（Saddam Hussein）擁有大規模殺傷性武器時，他那拐彎抹角又像耍嘴皮的一席話令我哈哈大笑：「我們都知道有些已知的未知數，也就是說，我們知道有些事情我們一無所知。但也有未知的未知數——那些我們根本不知道的未知。」當時我認為他愚蠢至極，但事後看來，我認為他提出了一個合理且可說是重要的觀點。他試圖區分我們不知道是否會發生，但可以合理預期的事情，以及那些可能會發生，但無法根據經驗想到要去預測的事情。我們知道有許多因素會傷害昆蟲（已知的已知數），還有更多我們知道，並且可合理預期會傷害昆蟲的因素，但還缺乏良好的數據支持（已知的未知數）。不可避免地，還有一些我們根本沒想過，或是已超出當前科學知識能夠探究的因素，而我們可能（或者也可能不會）在某一天才會發現（未知的未知數）。

如果以為我跟倫斯斐一樣在耍嘴皮，讓我舉個例子說明。關於昆蟲衰退，已知的未知數可能包括新農藥，或是人類所產生的眾多污染物的其中任何一種，例如採礦和工業過程釋放的汞等重金屬的影響。每年我們生產大約三千萬噸、共十四萬四千種不同的人造化學品，用於各種用途——農藥、藥物、阻燃劑、塑化劑、防汙塗料、防腐劑、染料以及無數更多化學品。其中，許多化學物質已經在全球環境之中相當普及。近年，在馬里亞納海溝（Marianas Trench）底部近七英里處，科學家在伴隨成堆的塑膠袋生活的甲殼類動物（螃蟹、蝦等）中，發現了高濃度的多氯聯苯（polychlorinated biphenyls，ＰＣＢ）和多溴二苯醚（polybrominated diphenyl ethers，ＰＢＤＥ）。科學家尚未對於絕大多數污染物對昆蟲、其他野生動物，或是對人類的影響進行相關的研究。儘管驗出多氯聯苯，但那些深海螃蟹或許仍然沒事，也可能有事，因為牠們並非容易獲得的研究生物。但我有相當的勝算敢說，至少有一些這類化學物質會在某處對有些昆蟲產生影響。由於化學物質種類繁多，科學家們根本沒有足夠的時間做全面的研究，科學研究能量遠遠趕不上新化學物質的生產。這些化學物質至少有一部分是我們已經知道的，只是尚未知曉他們是否有害，它們便是已知的未知數。

另一個已知的未知數，則是交通對昆蟲的影響。在道路邊緣和圓環種植野花已是普遍做法，這些地方不僅看起來美觀，並且提供了大面積花朵豐富的棲息地連接我們的城鄉。另一方面來看，這種策略有兩個明顯的缺點：首先，受到這些花朵吸引的昆蟲可能會被往來的車輛撞上；其次，它們可能會受到污染物的傷害。這些在路邊種植花朵的做法，是否弊大於利？我曾想申請經費從事這方面的研究，可惜未獲通過（我猜主要是因為我所提議使用的方法，未能完全令人信服）。近年來關於授粉昆蟲的科學論文高達數千篇，但很少有人試圖回答這個問題。我們只是不確定這種在路邊種植花朵的實際效果是什麼，答案也可能因道路之間的差異而有所不同。交通碰撞造成的危險取決於車速：我工作的大學離布萊頓不遠，附近有一條通往布萊頓的路易士路（Lewes Road），沿著它的中央分隔帶有一條種植了野花的花廊。該道路限速三十英里，但是這一帶交通通常十分擁塞，車輛幾乎靜止，所以不難想像很少有昆蟲會被車輛撞上。甚至蝸牛也很可能有機會毫髮無傷地到達那條花廊。另一方面，鄰近A27雙程雙線分隔車道附近，也種植了一些漂亮的花圃。但在一天大部分時間裡，汽車以每小時八十英里或更高的車速在道路上呼嘯而過。近年來，汽車擋風玻璃上少有昆蟲的「殘骸」，這常被歸因於昆蟲減少所致，但也可以用汽車空氣動力學的改善和交通量增加來解釋一部份原由：汽車一輛接著一輛快速行駛，會把昆蟲從道路上掃蕩一空。廢氣對昆蟲的影響也不清楚。含鉛汽油對昆蟲有什麼危害？實驗室研究發現，即使是無鉛汽油的廢氣，也會損害蜜蜂學習和記憶尋找花蜜氣味的能力，而柴油廢氣會直接降低花朵的氣味，讓蜜蜂更難嗅出牠們喜歡的花朵。路易士路中央分隔帶的花廊上的蜜蜂，可能不會被超速行駛的汽車撞死，但兩邊幾乎靜止不動的車陣所產生的廢氣籠罩著牠們，或許也會妨礙牠們找到最好的花朵，降低採集花蜜和花粉的效率。說不定牠們收集到的食物還因為污染太過嚴重而導致幼蟲死亡，而以上這些，我們還不知道究竟如何。

與此相關的另外一點是，大氣中的懸浮微粒污染對昆蟲的影響，也還沒有被研究過。懸浮微粒汙染是懸浮在空氣中的微小灰塵顆粒，來自車輛廢氣排放和車輛揚起的灰塵、眾多工業活動（如發電），以及火山爆發和野火（無論是「自然」引發，還是由氣候變遷引起的）。懸浮微粒嚴重影響了人類的健康，僅在二〇一六年就造成了約四百二十萬人提早死亡。吸入空氣中的懸浮微粒會導致中風、心臟病、阻塞性肺病和癌症，並損害智力等病症。昆蟲也需要呼吸，但方式與我們不同。昆蟲沒有來吸氣與排氣的肺，而是在其身體兩側有一系列被稱為氣孔的小洞，氣孔連接著氣管系：一個分支愈來愈細、穿入昆蟲體內組織供氧的網絡系統。昆蟲主要依賴氧氣和二氧化碳的擴散作用達到氣體交換，儘管一些較大的昆蟲，如天蛾和熊蜂，在必要的時候可以泵運身體迫使空氣進出。直覺上，若在氣管中含有微粒（有時是有毒物質），甚至因而阻塞氣管時，必然對昆蟲造成傷害。但令人驚訝的是，似乎尚無相關的科學研究。

大氣中的微粒污染最具爭議的方面之一，乃是用飛機灑布粉塵以凝結雨滴成反射陽光來操縱天氣（一種被稱為「地球工程」的技術）。二〇一五年，我和基爾大學（Keele University）的克里斯．埃克斯利（Chris Exley）一起發表了一項小型研究，發現英國熊蜂體內組織中的含鋁量驚人，有可能足以對牠們構成傷害。在人類社會中，鋁也與包括阿茲海默症在內的多種疾病有關。我們不知道熊蜂體內的鋁來自何處。這篇論文發表後不久，有幾個不同領域的人士與我聯繫，他們相信這篇論文是支持「化學尾跡理論」（chemtrail）的證據，而該理論認為政府和航空業者聯手策畫一場全球陰謀，意圖操控氣候。陰謀論者最初是注意到飛機在高空飛行所造成的凝結尾會自然消散，但大約在一九九五年，這些凝結尾開始持續更長的時間，他們懷疑是因為當中充滿了由大企業或政府引入的化學物質，以操縱人類或其生存的環境。支持者似乎相信，現在大多數或所有商用飛機都配備了化學品槽及排放裝備，能在飛行時一路釋出化學品。他們聲稱，鋁和硫酸等其他化學品隨著降雨到地上，殺死昆蟲、樹木，甚至人類。

有一回到我美國在科羅拉多州的博爾德（Boulder），勉為其難地同意會見一位「化學尾跡理論」陰謀論者。她看起來十分正常和理性，我們坐在一家酒吧外面的花園裡，她友善地請我喝了幾杯啤酒。我仔細端詳她秀給我看的照片，她說照片裡這些看起來很奇怪的人工雲層，正是「化學尾跡」造成的結果。她指著停車場邊上一些看起來很不健康、葉子發黃的樹作為進一步的例證，但因為當時正值九月，樹葉發黃枯萎是很自然的一件事，因此我覺得她的這番話不夠有說服力。儘管如此，我還是很感興趣，並搜索了科學文獻。儘管科學文獻不多，但我找到了兩位美國昆蟲學家馬克・懷特塞德（Mark Whiteside）和馬文・

赫恩登（Marvin Herndon）的一篇論文，他們利用間接證據主張，在北美的「化學尾跡」中使用的粉煤灰（coal fly ash，意即燃煤電廠產生的廢物，含有各種毒素，包括重金屬），是造成昆蟲大量死亡的主因。

「化學尾跡理論」的支持者常被當成瘋子，的確，要相信這背後真有他們宣稱的的陰謀卻沒人出來透漏半點風聲，也未免太荒謬。這就像是提出地球是平坦的說法一樣，不具有說服力。然而，地球工程一事確實存在。它已經進行過小規模的測試，並計畫進行更大規模的實驗。二〇一七年，哈佛大學宣布展開一項耗資二千萬美元的研究，測試在高層大氣中小規模噴灑水、碳酸鈣或氧化鋁，做為因應氣候變遷的一種方式（該實驗計畫在二〇一九年初進行，在撰寫本文時剛剛超過一年，但我還找不到任何相關的報告）*。一些氣候科學家對這項研究是否適切表示懷疑。據報導，聯合國政府間氣候變遷專門委員會（United Nations Intergovernmental Panel on Climate Change）的主要作者之一凱文・特倫伯斯（Kevin

* 審定註：這項計畫的全名為「平流層擾動控制實驗」（The Stratospheric Controlled Perturbation Experiment, SCoPEx）。計畫在距地表二十公里的高層大氣中以高空氣球釋放少量碳酸鈣等粉塵，形成約一公里長、一百公尺寬的擾動氣團，用高空儀器監測其變化，以增進相關的背景知識。原本預計在二〇二一年六月進行首波測試，但在各界疑慮及反對下暫時喊卡。

Trenberth）指出，「地球工程不是答案。減少太陽輻射將會影響天氣和水氣迴圈，進而促進乾旱的發生，使事物不穩定，並可能引發戰爭。副作用很多，我們建立的模型還不夠完善，無法預測結果。」顯而易見，地球工程是個餿主意，但就像許多可能影響到所有人的科技（比如人工智慧的發展）一樣，它很難監管。理論上，只要一個小國就足以改變全球的氣候。當氣候變遷的毀滅性影響開始顯現時，不難想像地球工程被當成最後的孤注一擲來避免滅頂之災，但它也很可能會讓事情變得更糟，而非更好。它對昆蟲可能產生的影響，我們也只能猜測。正如倫斯斐所說，這是一個已知的未知。

還有許多其他的現代科技可能對昆蟲構成威脅，但現階段的證據要麼不確定，要麼完全沒有。我們知道像螞蟻這樣的昆蟲可以探測到電路產生的電磁場。同樣地，我們也發現高壓電纜周圍產生的強力電磁場，會對蜜蜂的認知能力造成損害。蜜蜂（也許還有許多其他昆蟲）利用地球的磁場來幫助導航，而如熊蜂和西洋蜂等社會性蜜蜂，能夠準確地找到回家的路至關重要，不然牠們很快就會客死他鄉。究竟，切割鄉間的高壓電線所產生的電磁場，如何對昆蟲的導航造成影響？這種電場的確很有可能會對牠們的行為造成相當大的干擾，卻未有過相關的研究。

圍繞電氣設備的固定電磁場算是相對局部，但來自行動基地台、Wi-Fi和行動電話的電磁輻射與無線電波，幾乎可以說無處不在，環繞在我們周圍。這些輻射波段的能量很低，比起較高頻的電磁輻射，如伽馬射線和X射線，當然後者對活體組織的傷害較大。另一方面，隨著科技的發展和對頻寬需求的增加，暴露在無線電波下的時間也呈倍數增加。新的5G技術使用在三十到三百GHz之間的更高頻率電磁輻射，跟你家裡的微波爐相同，事實上，此一頻寬在以前從未用於電信。由於這個頻寬的電波傳播距離不遠，5G技術將需要在我們的街道上安裝數十萬個小型發射器，到二〇二五年，預計全球將有一千億台設備彼此相連。任何靠近手機的身體部位，體溫都會受到這種輻射的影響而稍微提高。靠近這類新型5G微波發射器，影響會更強一些。

由於我積極參與關於蜜蜂衰退的公眾討論，在進行演講和接受採訪中，經常會碰到一些怪咖，他們對於關於蜜蜂之所以衰退的原因自有一套理論。與化學尾跡陰謀論者一樣，這些人的說法可能很少或者沒有足以令人信服的證據支持，但儘管如此，他們對於自己的理論倒是堅信不移。當中有些人聲稱，蜜蜂和人類都可能因接觸手機信號而產生各種毛病，包括腦瘤和各種癌症如白血病。事實上，我遇到過這樣的人，他們堅信只要暴露於任何電磁輻射之下，例如手機或是Wi-Fi，都會令他們感到不適——即所謂的「電磁波過敏症」（electromagnetic hypersensitivity syndrome）。儘管他們的處境令人同情，但是支持這類電磁波過敏症狀的科學證據似乎並不充分。許多大規模流行病學研究試圖評估探討使用手機是否會導致癌症，然而大多數得出的結論皆為否定，儘管在其中一些研究中發現了一些微弱的關聯。電磁波的效果不可能太強，不然早就被人們察覺。世界衛生組織旗下的國際癌症研究機構找來相關領域的專家審視既有的證據，結論是使用手機「可能會致癌」，但基本上只是原地打轉。

只有少量的研究試圖了解電信產品的電磁輻射對昆蟲或是其他野生動物的潛在影響。一項有趣的研究發現，電磁輻射強度與西班牙瓦拉多利德市（Valladolid）不同地區的麻雀數量之間，存在非常強烈的負相關關係。作者認為這可能是近年來整個歐洲的城市地區麻雀數量大幅下降的原因。然而，這類的相關性研究並非定論，因為還有其他與電磁輻射強度有關的可能因素，例如，顯而易見的，有更多電子產品的地方八成也有更多人，人群可能才是嚇跑麻雀的原因。其他研究將行動電話放在蜜蜂的蜂巢之中，發現職蜂發出的「號角聲」（蜂巢內有干擾時，職蜂所發出的高頻信號）會增加。但這些研究受到了批評，因為重複數很少，而且在蜂巢內放置行動電話也不符現實的情況。

這整件事情更令人擔憂的是，還沒有什麼研究投入相關領域。我們等於在一個巨大而不可重複的實驗還沒有確定的結果前，就推出了新的全球電信網絡。地球上幾乎所有生命或多或少都將因此暴露在快速增加的電磁波輻射劑量下，卻不知後果。5G將使每個城市的居民長期暴露在高能量的微波之下。我曾在社群媒體上看到一段影片，影片中出現數十隻死掉的蜜蜂躺在5G發射器下的地面上。當然，這不是令人信服的科學證據，甚至可能是偽造的。有些人曾跟我說，他們相信這世上並不存在冠狀病毒大流行，說新冠肺炎乃子虛烏有，它的一切症狀皆肇因於5G。這種說法明顯瘋狂且不可採信，如果當真，可能會陷入危險。這個例子說明了人類的妄想能力，聽上去相當令人不安。然而，儘管這些人的想法的確瘋狂，但並不意味5G對人類或野生動物的健康沒有影響。在我看來，在我們冒險嘗試之前，最好仔細研究一下這個問題才是明智之舉。4G技術已經非常了不起，幾乎讓地球上每個人都能以驚人的速度下載源源不斷的八卦和無意義的閒聊。如果偶爾得多花幾秒鐘來刷新社群媒體，這麼做難道對你而言很困難？在推出5G之前，我們難道不該再多花上幾年時間，針對其安全性進行更多研究？

在我們從已知的未知世界向前邁步之前，我得提到其中最具爭議的問題：基因改造生物（通常縮寫為GMOs），以及其帶來的風險，否則將會是我的疏失。基因改造生物是我們蓄意改變生物體的DNA，例如，從一種生物體取出一個基因，並將其安插到另一種生物體的DNA中。對有些人來說，這些基改生物如同「科學怪人」般，非常危險；而對另一些人來說，則是一種前景看好的技術，我們應該擁抱。通常，反對使用農藥的人或組織，也傾向反對基改作物，認為這些技術既危險又「不自然」。當然也有一些真正的擔憂，比如基改作物可能會與野生的近親雜交，從而使安插的基因逃逸到其他物種中；如果這個基因剛好對於除草劑具有抗性，那麼將會使得這種雜草更難控制。然而，另一方面，基改作物也有潛在的龐大好處，例如：讓某種作物變得更耐旱，或更有營養。如果基改作物的抗蟲性增強，那麼可能就不需要使用殺蟲劑，這對野生動物來說具有潛在的好處。就我個人而言，我認為我們不應該摒棄基因工程技術。然而，截至目前為止，大多數基改作物都是由大公司開發的，他們的主要目標是賺飽荷包，而非造福人類或環境。「抗農達」作物就是一個很好的例子，因為它們是由生產「農達」（一種基於嘉磷塞的除草劑）的孟山都公司所開發。它們的引入也伴隨著「農達」的大量使用，而「農達」顯然有害環境，也可能對人類造成傷害（詳見第八章）。此外，數據證明，基改作物的產量通常不比傳統作物高，甚至可能更低，而農民購買基改種子的成本則高出許多。簡而言之，我認為如果基因改造技術掌握在一個良性組織的手中，它可能有潛力成為一種正向的工具，但遺憾的是，目前並非如此。

其他不確定是否可取的基因技術似乎也正在開發中。近年對生物多樣性未來可能面臨的威脅進行的「地平線掃描」（horizon scan），＊對基於核糖核酸（RNA-based）[38]的「基因靜默」（genesilencing）＊新型農藥之潛在威脅提出示警。這些殺蟲劑被噴灑到農作物上，原本是希望害蟲吸收這些農藥，從而改變牠們的基因表現。害蟲中幾乎所有的基因，都可以透過這種方式被有效地「靜默」（意味這些基因的作用被阻斷）。如果一個對健康或繁殖至關重要的基因被阻斷，害蟲就會死亡或是無法產生後代。理論上，這能發展出大量的各類農藥，每一種農藥，都針對某一特定害蟲的特定基因來生產製造。只要其他昆蟲沒有類似的基因，牠們就不會受到傷害。然而，由於我們只針對一小部分生物做過基因組定序，要知道哪些生物可能具有與害蟲相同的基因，並不是一件簡單的事。我們大概可以確定，農藥不會阻礙我們人類的基因表現，但是對生活在我們體表或體內的有益微生物是否也是如此？

最後，雖然我很想提出一個未知的未知數例子，但當然辦不到。如果我想得到任何一個，它就會立刻變成一個已知的未知。很有可能的是，還有其他的人類活動正在以我們想

---

* 審定註：地平線掃描也稱為前瞻掃描，是一種未來研究（future studies）的方法，系統性地檢視並評估在選定的領域內新興的技術或威脅的趨勢，以提供決策者參考。這些領域包含如醫療、環境、農業、生物安全（防止外來種入侵）等。

38 RNA是核糖核酸（ribonucleic acid）的英文縮寫。它們是去氧核糖核酸（deoxyribonucleic acid，DNA）的表親，用與DNA差不多的方式存儲遺傳資訊。

* 審定註：「基因靜默」農藥主要依賴核糖核酸干預（RNA interference）技術，這個技術的原理在上世紀末被發現，乃是利用雙鏈核醣核酸干擾特定基因的作用過程，使其無法表現。這個技術已經被廣泛運用在生醫研究乃至開發標靶藥物和臨床研究上。兩位對此有重要貢獻的美國科學家，乃在二〇〇六年獲頒諾貝爾生醫獎。

不到的方式影響著昆蟲的健康，因為嶄新技術的開發和部署速度，遠遠超過了科學家所能預測出意外後果的能力。或許也還有許多影響昆蟲的自然因素是我們所不了解的，例如，仍有許多尚未被發現的疾病。如同倫斯斐所說的「未知的未知數」，當然，從定義上來說，這點目前仍是未知。然而，可以肯定的是，這些未知的未知數確實存在，而且正不安地潛伏在我們無知的深淵之中。

利用靜電荷偵測花朵的熊蜂

蜜蜂是昆蟲世界的天才，能夠利用太陽和地球的電磁場作為指南針，進行長距離導航，記住地標的位置，並學會哪些花能提供最多的花蜜以及如何有效地吸取花蜜。

在我自己的研究中，我發現訪花的熊蜂在不經意間留下了臭腳印，牠們會嗅聞偵測花上是否有最近的倒者所留下的微弱氣味，藉此決定是否要停在這朵花上，因為留有新鮮足跡的花朵很可能空無花蜜。最近的研究則揭示蜜蜂的另一項超能力：它們能夠從靜電荷中偵測並取得有用的資訊。熊蜂在飛行時會聚集正電荷，就像我們走過地毯時一樣。花朵往往帶負電荷，所以當蜜蜂靠近時，帶有負電荷的花粉往往會從花朵上跳下來，黏在蜜蜂身上。當熊蜂停在花朵上時，熊蜂身上的正電荷和花朵上負電荷相互抵消。這意味著熊蜂最近造訪過的花朵不僅有牠們足跡的氣味，而且花朵的負電荷也會變得較少。實驗證明，熊蜂能夠偵測花朵的負電荷，顯然是透過靜電場使牠們身上的小毛髮豎起。這為牠們提供了一個額外的線索，即該朵花是空的，不值得停下來找蜜，以免浪費一、兩秒鐘的寶貴時間。

15 千刀萬剮

昆蟲在當今世界所面臨的所有壓力源之中，哪一個才是昆蟲衰退的真正原因？誰是真凶？答案當然是我在前面所提到的到的每一點都是。在小說《東方快車謀殺案》（*Murder on the Orient Express*）中，那位著名的偵探赫丘勒．白羅（Hercule Poirot）最終得出結論，受害者被十二個不同的人共刺了十二刀，因此幾乎小說裡所有的角色都有罪。前述的所有因素：棲息地喪失、外來物種入侵、外來疾病、農藥混合物、氣候變遷、光污染，以及其他我們尚未認識到的可能人為因素，全都是造成昆蟲衰退的原因。沒有單一的罪魁禍首。如同在阿嘉莎．克莉絲蒂的小說中，受害者雷切特（Ratchett）若只被刺一、兩刀，或許還能夠倖存，但被刺了十二刀之後恐怕只得一命嗚呼。人們或許會爭是誰刺了致命的一刀（或哪幾刀），但這麼做只是徒勞。

這個類比的價值有限，與火車上一名極不受歡迎的乘客遭到謀殺的案例相較，昆蟲的消亡已經發生了幾十年。不同的因素組合，可能在不同的時間和不同的地點，影響了不同的昆蟲種類。重要的是，我們現在知道，許多傷害昆蟲的壓力源並非各自獨立發生作用。如之前提過，某些殺真菌劑本身對昆蟲幾乎是無毒的，但是它們可以阻斷昆蟲的解毒機制。如果昆蟲同時接觸殺真菌劑和殺蟲劑，將會使殺蟲劑的毒性高出原本的一千倍。同樣地，小劑量的類尼古丁殺蟲劑小到不能直接殺死一隻蜜蜂，卻能破壞牠們的免疫系統，因此任何存在於蜜蜂體內的病毒，都可以迅速增殖並殺死宿主。這些殺蟲劑似乎也削弱了蜜蜂調節自己和蜂群溫度的能力。健康的蜜蜂會隨著天氣溫度高、低而調降或調升體溫，但是給蜜蜂服用小劑量的殺蟲劑後，牠們就不太能調節體溫了，所以殺蟲劑可能會讓蜜蜂更不容易忍受熱浪。給予熊蜂低劑量的類尼古丁殺蟲劑後，發現牠們在保持巢內溫度穩定的能力變得很差。殺真菌劑和除草劑會改變蜜蜂的腸道菌相，以複雜的方式間接影響牠們的健康和抗病能力。在以上這些例子中，兩種不同壓力源加在一起後，產生了一加一大於二的效果。

到目前為止，我只提到了壓力源之間兩兩的相互作用，主要是因為這幾乎是科學所能應付的情況。比如，要設計一個觀察農藥對蜜蜂影響的好實驗，可能需要將蜜蜂或整個蜂群暴露在不同劑量的環境中。舉個假設的例子，假如我們想研究一種新的化學物 X 對蜂群的影響。我們可以選擇在實驗蜂群的食物中添加十億分之一、十億分之五、十億分之十或是十億分之五十（1, 5, 10, 50ppb）的化學物質 X。我們需要「重複數」（將每種劑量分配於數個蜂群），因為每個蜂群都略有不同，並且會出現不同的反應，如果每個劑量沒有在至少三個蜂群中使用，便不可能對結果進行統計分析。理想情況下，為了檢測出細微的影響，每個劑量可能需要有十個重複數。我們同時也需要「對照組」：給牠們提供不使用任何化學品的健康食物。到目前為止，我們便需要五十個蜂群。如果我們還想研究某種病原的影響，以及它與化學物質X的相互作用，那麼至少要把實驗的規模擴大一倍：將每個農藥劑量分配給二十個蜂群，其中一半接觸病原，另一半不接觸。所以現在我們需要一百個蜂群。若想再添加第三個因素，又會讓實驗規模再增加一倍。到那時，除非科學家有大量預算和助手，不然根本做不來。然而，在現實世界中，昆蟲一直是受到多種壓力源的狂轟濫炸。想像一隻生活在農田裡的食蚜蠅，牠在春天以油菜花為食，結果接觸到農藥的混合物；等到油菜花的花期結束後，牠沒有什麼可吃的，飢餓加上中毒的牠放棄了農場，飛到更遠的地方，穿過電源線的電磁場，飛到鮮花盛開的路邊、一路閃避車輛，並暴露在柴油廢氣中；一直以來，這隻食蚜蠅的免疫系統可能都在試圖抵抗從被污染的花朵上感染的外來疾病，但由於牠接觸的殺真菌劑破壞了腸道菌相，使得抵抗力弱化。（經歷這一切之後）如果牠還能勉強產下任何卵，也可能遭到入侵的異色瓢蟲掠奪，或死於夏季的熱浪之中。我們對所有這些壓力源如何相互作用所知甚少，不管是哪種方式，這隻食蚜蠅最終死於非命或早夭，或又生下少數存活的後代，應該都不讓人訝異。

帝王蝶提供了一個經過充分研究的例證，說明複雜與相互作用的因素如何影響到昆蟲生存。這種美麗而具有魅力的昆蟲，牠們在北美的急劇衰退引來大量的科學研究，試圖查明原因。主嫌之一，是嘉磷塞和汰克草之類的除草劑，搭配對藥劑免疫的玉米和大豆作物的廣泛栽培而被大量施用。種植「一般」作物的農民，不會輕易用除草劑控制雜草，因為有可能同時殺死其他作物。相反地，種植對除草劑有免疫力的基改作物的農民，便可以直接在作物上全面噴灑除草劑，除掉任何雜草且同時不傷害作物。如此一來，農民有可能在幾乎不長雜草的田地種植作物。乳草以前是耕地中常見的雜草，也是帝王蝶幼蟲的食草，但乳草現在已經不那麼常見，這也意味著蝴蝶毛蟲的食物減少了。

然而，史丹佛大學最近的研究指出，原因遠不止於此。乳草植物會透過產生有毒的強心苷（cardenolides），遍布在葉子和汁液中，藉此來保護自己免受植食動物的侵害。帝王蝶毛蟲已經演化出對這些化學物質的耐受性，並將強心苷儲存在自己的體內，讓捕食者對牠們興趣缺缺。帝王蝶毛蟲也用明亮的黃黑相間條紋向捕食者示警（警戒色）。另一方面，毛蟲體內的強心苷還有另一個作用，幫助抑制一種屬於頂複器蟲（Apicomplexa）的單細胞寄生蟲（*Ophryocystis elektroscirrha*）。若不加以控制，這種寄生蟲便會破壞毛蟲的腸道，要麼殺死毛蟲，要麼導致羽化出來的成蟲其中一隻翅膀畸形，生存無望。生態學家萊斯利．德克爾（Leslie Decker）發現，在二氧化碳濃度較高情況下生長的乳草，會產生與舊有不同的強心苷，而這些新物質對寄生蟲的防範效果較差。

這是為什麼保育組織經常建議屋主在他們的花園裡種植乳草來復育帝王蝶。最常見的人工培育的乳草是馬利筋（*Asclepias curassavica*），這是一種原生在墨西哥的乳草，且其強心苷的含量高於帝王蝶常吃的北美乳草。馬利筋的強心苷含量正好處於毛蟲能夠承受的上限。路易斯安那州立大學的馬特・法爾登（Matt Faldyn）在實驗中發現，若乳草在稍高的溫度下生長，會產生更多的強心苷，使帝王蝶無法食用。法爾登在一次採訪中說道：「（對帝王蝶來說）這些毒素有一個『適居帶』，在這個適居帶中，毒素既不會太毒，也不會太弱。但隨著氣候變遷，乳草可能會越過這個臨界點，使毒素超過了適居帶。」

氣候變遷也導致帝王蝶向北遷徙到加拿大，這意味著牠們每年秋季飛回墨西哥的時間會變長。因此，氣候變遷很可能透過改變乳草以及拉長牠們的年度遷徙距離和時間，進而對帝王蝶產生微妙的影響。

即使返回到牠們的冬季棲息地，不代表一切就此盡如人意。在加州，過去五年內，就有二十個帝王蝶的越冬地受到人類活動的破壞，而其他的越冬地則受到住宅區開發所威脅。在墨西哥的馬德雷山脈（Sierra Madre），越冬地點面臨著森林砍伐和採礦的威脅。過去曾是伐木工，後來轉為保育主義者的霍梅羅・岡薩雷斯（Homero Gómez González）是此地的偉大捍衛者之一，但在二〇二〇年一月，他與當地的一名蝴蝶導遊勞爾・羅梅羅（Raúl

Hernández Romero）一同神秘遇害。

正是這些因素的結合，有的明顯、有的隱晦，但都導致了帝王蝶的衰退。研究帝王蝶的生態學家認為，帝王蝶也許已經接近一個臨界點，當其族群下降到一個臨界閾值以下，將不可避免地崩潰滅絕。如同旅鴿一樣，即便是這種曾經常見的鳥類，也可能很快就永遠消失。

人們開始流行用「回復力」來看待一個有機體的健康，不論是一隻食蚜蠅、帝王蝶、蜜蜂、人類，或甚至是一個「超級有機體」的社會性昆蟲群落體。「回復力」的意思是生物在遭受壓力或干擾之後的恢復能力。這些生物體都有保持穩定平衡的機制，以維持現狀。如果人體或蜂巢變得太熱，機制就會啟動，使其恢復到最佳狀態：例如我們會出汗，尋找陰涼處，而蜜蜂則為蜂巢振翅搧風，引入冷空氣；如果我們的身體缺少食物，我們就會覺得飢餓並吃得更多，而食物儲存不足的蜂巢，則會派出更多的職蜂出去覓食。

試想，一個有機體的健康，可以被看成是放在一個湯碗底部的彈珠。一個壓力源將彈珠從碗的中心推開，但它很快又回到中間。如果每施加一次壓力，將使碗逐漸變淺，這樣彈珠就更容易從中間被推開，而返回中心的速度就更慢。最終，彈珠被放置在一個淺碟中，即使是輕微的擾動，也足以讓它滾出邊緣。每次當我們的身體受到壓力，如熱浪、疾病、毒素或身體傷害，身體都會消耗能量來恢復；若這些壓力接踵而至，我們就沒有能力應付進一步的壓力（如湯碗變成淺碟）；如果我們遭到毒害、挨餓並受到感染，一場熱浪將可能是終結我們生命的最後一根稻草。同樣的概念，也可以適用於族群、群聚，甚至是生態系統，它們的回復力同樣有個限度。從海裡捕撈一些魚，魚群仍會回復，但如果你捕撈太多，剩下的倖存者就會很少，以至於魚群無法生存而崩潰。如果海洋被污染或者重要的產卵地被破壞，崩盤就更有可能發生；砍掉雨林中的幾棵樹，雨林會自行恢復，新的樹木會長出來填補空隙。當砍掉所有的樹木，土壤就會被沖走，這樣森林就不能再生，取而代之的是灌木叢生的貧瘠草地；清澈、富含野生動物的湖泊，一旦遭到化肥污染，或多或少會永久地轉為渾濁狀態，而反覆出現有毒藻類大量繁殖，最終使生物多樣性降到最低。

截至目前為止，我們的地球面對暴風雪般的變化應付得還好，但若天真地以為這能一直保持下去，也未免太過愚蠢。到目前為止，真正滅絕的物種比例相對尚小，但幾乎所有的野生物種，現在的數量都大不如前，因為牠們生存在退化和破碎的棲息地，並受到一堆不斷變化的人為問題所影響。想預測我們這個枯竭的生態系還剩多少回復力，或距離無法挽回的臨界點還剩多遠，以我們目前的了解都還辦不到。借用保羅．埃利希「飛機上的鉚釘」的比喻來說明，我們恐怕已經接近機翼脫落的關鍵點。

謙卑的蓑蛾

蓑蛾是一種不太為人所知但分布廣泛的蛾類，在世界各地皆有分布，牠的名字與毛蟲的習性息息相關，牠會吐絲把葉子或樹枝織在一起當作牠的家及保護殼。喜歡在池塘捕撈東西的人想必對石蠶蛾不陌生，牠們也有類似的行為。每一種蓑蛾使用不同的材料構築牠們的房子，所以也可以從巢殼的材料來識別牠們。

其中最獨特的是歐洲蝸牛蓑蛾（*Apterona helicoidella*），牠用泥土和自己的排泄物構築一個美麗的螺旋殼，看上去像極了蝸牛殼。蓑蛾會把頭伸出殼外覓食，吃葉子或地衣。當幼蟲完全成長之後，會在巢殼裡化蛹。成蟲沒有取食用的口器，只能存活幾天。雄蛾有翅，會飛去尋找雌蛾，而缺乏移動能力的雌蛾，要麼從巢殼裡短暫地爬出來交配，要麼待在巢殼裡讓雄性把腹部伸進巢殼與牠交配。雌蛾會將卵粒產在牠的巢殼裡，不久便死去，結束可稱之為乏味的一生。由於雌蛾的移動距離僅止於幾公分，大家或許會認為蓑蛾擴散的速度緩慢，但是蓑蛾實際上有兩種不尋常的擴散方式。首先，如果交配完、滿懷卵粒的雌蛾巢殼被鳥兒吃下肚，那麼堅硬的卵粒就會像黑莓等植物的種子一樣，毫髮無損地通過鳥兒的消化系統排出，堆積在糞便中，此時距離雌蛾被吃掉的地方甚至可以達幾英里遠。其次，許多蓑蛾會仿效蜘蛛，在一齡幼蟲階段吐出一根絲線，讓風吹起絲線，帶著小幼蟲上到空中漂浮移動。

PART 4

何去何從

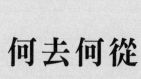

我有三個孩子，我非常擔心他們將會繼承凋敝而破敗的地球。自工業革命以來，為人父母者總能期待並確信他們的孩子會比他們過得更好。我擔心情況可能不再如此。未來充滿了不確定，因為許多跡象明顯指出我們的文明正在開始瓦解。

當然，二十一世紀文明與之前崩潰的歷史文明，例如美索不達米亞或是羅馬文明，有著深刻的不同。從推特到核武，從地球工程到基因工程，我們擁有這些文明無法想像的科技。也許我們可以使用這些科技來拯救自己，然而這些科技也可能加速我們的滅亡。羅馬人當時也認為他們所向無敵，無法想像他們的文明會有終結的一日，但它確實滅亡了。我認為黑暗時期也許即將到來，而在這場迫在眉睫的災難中，核心正是生活在我們周遭的小生物：昆蟲，與牠們的命運。

在本書第五部，我將展示我的願景，我們如何改變方向，走向一個更美好、更綠化、更加乾淨無汙染，生意盎然的世界。但首先，請允許我往下探究，如果我們繼續不顧後果地剝削我們有限的地球，我們的孩子可能繼承的會是怎樣的世界……

16 前途未卜

我疲憊不堪，掙扎地不闔上眼。此時已經是淩晨三點，卻仍然有點熱。悶熱、寂靜的夜晚已成為近年來的常態。沒有蟋蟀鳴唱，也沒有貓頭鷹在頭頂上咕咕叫。我坐在一把舊木椅上，膝蓋上擺放著一把步槍。我本可以從屋裡帶一個靠枕出來，但我怕如果太舒服，或許會睡著。

藉著半月的光線，我可以辨認出苗圃上的蔬菜：一排排韭菜、歐洲防風草、胡蘿蔔、甜菜根，還有高達兩公尺高的菊芋（*Helianthus tuberosus*），以及從苗圃蔓延生長的櫛瓜和南瓜。他們已經結出碩果，幾乎可以收穫了。苗圃後面是我們的小果園，蘋果、梨子、桃子和油桃在樹枝上纍纍垂下。我們在四月和五月一連工作了幾個星期，為花朵手工授粉，我的三個孫子像猴子一樣爬上樹去，為高處的蘋果花和梨花授粉，還要留心不要折斷樹枝或碰掉花蕾。與某些樹不同，栽培的蘋果只有在花朵接受來自不同蘋果品種的花粉時才會結果，因此我們必須從每棵樹的花朵上仔細收集花粉，將其從花藥刷入果醬罐中，然後用畫筆將花粉塗抹在不同品種花朵的雌蕊中。那是我父親的舊畫筆，珍貴的紫貂毛畫筆，他曾在年輕時用來畫水彩風景畫。

幾年來，我們對每一種作物都採用相同的做法，仔細地對南瓜、櫛瓜和紅花菜豆進行人工授粉。櫛瓜很容易授粉，因為只有少數雌花可以授粉，但紅花菜豆要繁瑣得多。每年冬天，我們都會在地裡留下一些根莖類蔬菜（像是胡蘿蔔、韭菜、歐洲防風草），隔年開花時進行手工授粉，以收獲種子，曬乾之後用於來年春天播種。我們必須有組織和效率，因為這攸關到豐收或是飢餓。我們主要種植水果和蔬菜，可以儲存在冬天和早春吃，因為這個時節食物相對匱乏。南瓜在一月底開始容易發黴，但我們會持續食用，直到它們變得軟糊。我們把蘋果儲存在閣樓裡以防小偷，通常能夠保存到二月底，但是冬天似乎一年比一年暖和，保存也愈來愈不易。不管怎麼說，近幾年蘋果很少有好收成，因為英國南部的氣候對它們來說已經太熱了。橄欖、杏仁、無花果和油桃，在新的氣候環境下生長得更好，只不過數量並不多。我們真該提早準備，在三十年前多種一些，以應付氣候變遷。

三月和四月是最艱難的月份，因為前一年的收穫已經吃完，而春季的作物大部分還沒開始生產。紫球花椰菜正好在這個時候開花，我們用其他野生植物來補充蔬菜的不足，像是蕁麻芽（nettle shoots）、蒲公英根（dandelion roots）、牛筋草（goose grass）、繁縷（chickweed），以及商店裡剩下的任何殘根爛葉的蔬菜。樺樹（birch）和椴樹（lime tree）

的嫩葉是沙拉的主料。孩子們抱怨，但他們比大多數人要好。

我已經年紀大了，不適合這樣的守夜工作。我在千禧年後不久出生，明年就八十歲了。即使是在溫暖的天氣，我這把老骨頭也會疼痛，而在冬天情況更加嚴重。我聽見蚊子經過我耳朵時的嗡嗡聲，於是揮手拍打這隻看不見的昆蟲。蚊子的數量比以前多很多，是少數興旺的昆蟲之一。這裡沒有以牠們為食的蝙蝠（我已經幾十年沒見過蝙蝠），夏季的大雨為蚊子提供了繁殖的積水坑，而溫暖的氣候又讓牠們快速繁殖。近年，村子裡出現了瘧疾病例，瘧疾向北蔓延到整個歐洲，並在二〇六〇年左右重返英格蘭。被蚊子叮上一口都可能致命，因為我們沒有藥物可以預防它。

我父親曾經說過，多數有益、美麗的生物都消失了，而害蟲卻生生不息，這真是諷刺。每年夏天，沒有了燕子或是毛腳燕（*Delichon urbicum*）來吃家蠅，家蠅便釀成災禍。蛞蝓也比以往任何時候都更常見，因為牠們過去的天敵，如蛇蜥、刺蝟和步行蟲，皆已經消失殆盡。夏天時，蚜蟲成群出現在蔬菜和果樹上，有時甚至讓豆類作物沒有任何收成，或未熟的果實落果。在我年輕的時候，這些害蟲會被瓢蟲、食蚜蠅、菊虎和蠼螋吃掉。食物鏈上層的生物總是先消失，因為牠們的數目較少，繁殖的速度也較慢。老虎、北極熊和角鵰（*Harpia harpyja*）早在牠們的獵物如鹿、海豹和猴子消失前，就率先滅絕了。蚜蟲、粉蝨、蛞蝓、蚊子和家蠅等害蟲繁殖迅速，也加快了演化的速度，牠們對農藥產生抗性，也適應了不斷變化的氣候。不幸的是，蜜蜂和瓢蟲卻跟不上這樣的變化速度。

我再次看了一次手錶。指針似乎沒怎麼移動。我兒子會在淩晨四點接手，時間就快到了。

來說說我見證了怎樣的變化。當我還是個十幾歲的小伙子時，我看過的東西不計其數。我們都曾擁有豐富的物產，至少在西方世界是這樣。我記得超市里堆滿了食物：外國水果，比如百香果、鳳梨、芒果和酪梨，甚至金橘和荔枝，從世界各地空運過來，一年十二個月裡在貨架上販售。現在看來很瘋狂。我們原本將此視為理所當然：食物價廉物美，我們買的比需要的還多，把很多食物丟在冰箱裡放到發霉後丟棄。塑膠垃圾袋從垃圾箱裡滿了出來，然後被帶走扔進地上挖的大洞裡，跟著成堆的髒尿布和壞掉的塑膠玩具，在那裡千年不爛。我最想念的是巴西的鳳梨，那金黃熟透、切開時鮮甜欲滴的鳳梨。當然還有巧克力，唉，我多麼懷念巧克力的味道。我試著向孫子們解釋它的味道，但這當然無法想像。人們吃了太多的油膩食物，導致肥胖的流行，也在世界各地引發一波第二型糖尿病。＊而現在，已經沒多少胖子了。

我需要小解，於是渾身硬梆梆地從椅子上站起來，一拐一拐地走到堆肥箱前，我的膝蓋嘎吱作響。我把步槍靠在垃圾箱的邊上，這是一個用粗鋸木板製成的大箱子，裡面裝滿了耙起來的樹葉、廚房垃圾、雜草和我們能接觸到的任何其他有機材料，包括廁所裡的糞便、雞籠裡收集的雞糞。菜園裡大約有十幾堆這樣的東西。在上頭撒泡尿能增加營養，特別是寶貴的磷酸鹽，還能加速堆肥過程。在二〇四〇年代石化工業終於崩潰之後，就再也沒有廉價的人造肥料了。我們被迫回頭用古老的施肥法，小心翼翼地管理所有的有機物質、將其分解，並將營養物質送回土壤中。對過去許多因耗盡地力而完全依賴化學肥料的農民來說，種植莊稼變得不再可能，田地只能荒廢。十月時，我們走到附近的樹林裡，或說是僅存的森林，收集一袋袋落葉。本土的橡樹從上一個冰河時期結束之後的數千年裡一直是英國最常見的樹，現在卻不再能夠應付不斷變化和不可預測的氣候。二〇四二年的乾旱死了許多樹，現在則幾乎已經死光了。它們乾枯的樹幹成了當地景觀的特殊風貌。幸運的是，離我們小屋僅幾碼遠距離的最近樹林裡，還有不少甜栗樹（*Castanea sativa*），它們對多變的氣候適應得比較好。它們的果實是我們喜愛的補充食品。我們收集樹葉並製成堆肥，進一步補充菜園土壤的地力，繼續完成父親在將近七十年前購買小屋和花園時，就開始進行的工作。他深知健康土壤的價值，因此開始養地，建立土壤的有機含量，所以我們

＊審定註：此處原文為「自致性糖尿病」（self-inflicted diabetes），意思是自身生活習慣導致的糖尿病。但這個見解並不正確，因為糖尿病的成因很複雜，不宜簡化成生活習慣不良所致，所以這邊改譯為第二型糖尿病。

菜圃的土壤厚而肥沃，顏色呈黑色。要是不時他當時的遠見，我們現在將無法養活依賴這片兩英畝土地生活的十二個人。

當我準備再次坐下時，樹籬裡傳來的沙沙聲響打破了寂靜。我多麼希望是一隻兔子。當我父親還在世時，晚上菜園裡到處都是兔子，但現在牠們已是稀有動物，因為被人們捕獵來當作珍饌。松鼠和老鼠也大多被吃掉了。我舉起步槍，目光沿著槍管下望，但我的視力已經大不如前，看不出來噪音是誰發出來的。我可不能失手，因為只剩下幾十發子彈，而且不太可能獲得更多子彈。我三十多歲時買了一把點二二口徑步槍，因為當時商店裡的肉變得更貴了，這把槍是用來獵食物的，主要是鴿子和兔子，以補充我們的飲食。我小心翼翼地保管著這把槍，因為它是我最珍貴的財產之一，不過子彈一旦用完，這把槍也就沒用了，也許用來嚇唬人還行。最重要的是，我希望爬過樹籬的不是人類。菜園被茂密的山楂樹籬圍繞著，我父親又再架了一層鐵絲圍欄，上面還有帶刺的鐵絲網，但這並不能阻止小偷有時在黑暗中挖開一條路，來偷我們家種的農作。

這裡曾經是一個富饒的國家，但現在人們卻甘願冒著生命危險去偷幾個馬鈴薯。這些事情很早以前就有，但到了二〇四〇年代，開始變得一發不可收拾。沒有人知道究竟出了什麼問題，任誰也無法相信擁有如此知識和精良科技的全球文明正土崩瓦解。也許這還沒那麼讓人驚訝，因為在過去文明也曾崩潰過。事實上，所有存在過的文明都已經崩潰。對於生活在帝國鼎盛時期的羅馬人來說，他們巨大而高效率的文明竟會被來自北方的野蠻部落所征服，他們強大的城市竟會淪為一片廢墟和混亂，這個未來在當時也難以想像。歷史不正也指出偉大的文明總是來來去去：漢朝、孔雀王朝（Mauryan）、笈多王朝（Gupta）和美索不達米亞帝國，這些在當時都是複雜、先進和非常成熟的文明，但最後皆分崩離析，甚至多數人都不知道它們曾經存在。

甚至早在我出生之前，約莫在一九六〇年至一九七〇年代，科學家們就開始警告我們改變氣候造成了危險，我們正在污染我們的土壤、河流和海洋，並砍伐曾經孕育豐富生命的美麗熱帶森林。一九九二年，來自世界各地的一千七百名科學家發出了「對人類的警告」。他們提出人類正在通往災難的路上：賴以保命的土壤受到侵蝕和退化；臭氧層不斷被消耗、空氣受到汙染；雨林被砍伐、海洋被過度漁撈、製造酸雨、汙染海洋，形成空無一物的死區（dead zones），逼迫物種以前所未有的速度滅絕；人類也耗盡了重要的地下水資源，還有，明顯地改變氣候。當時科學家直言不諱地提出警告，「如果要避免人類遭受巨大的苦難，我們必須徹底改變管理地球及居住其上的生命的方式。」他們敦促我們必須減少溫室氣體排放，並逐步淘汰化石燃料，減少森林砍伐，扭轉生物多樣性崩潰的趨勢。

政府當局對此漠不關心，大多數人也是。一九九二年的二十五年後，也就是二〇一七年，科學家們再次發出警告，指出人類在人口不斷增加的狀況下，依然未改善我們對地球的危害。這一次，包括我父親在內的兩萬多名科學家簽署了警告，那份報告的複本還在書架上的某處。科學家們指出雖然臭氧和酸雨問題得到了部分解決，但其他方面的問題變得更加惡化，新的問題又接踵而至。在這份新提出的報告中，詳細記錄了不斷惡化的危機的規模。在第一次報告發表之後的二十五年裡，平均每人享有的淡水資源下降了百分之二十五；海洋「死區」的數量增加了百分之六十；野生脊椎動物的數量又減少了百分之三十；二氧化碳排放量從每年約兩百二十億噸上升到三百六十億噸，增加了約百分之六十；氣候暖化大約上升了攝氏半度；排放甲烷的反芻牲畜數量，從大約三十二億頭增加到三十九億頭；人口從大約五十五億增加到七十五億。他們警告氣候變遷正面臨失控的危險，我們已經引發了地球上的第六次大規模滅絕事件，就在導致恐龍滅絕的第五次大規模滅絕事件的六千五百萬年之後。他們寫道，「再過不久，要改變我們步向災難的時機就太遲了，時間所剩不多。」無論是在每個人的日常生活，或是在我們的治理機構中，我們必須意識到地球及其所有生命是我們唯一的家園。」可惜言者諄諄，聽者藐藐。

同年，一群德國昆蟲學家，在我父親的些微幫助下，發表了一組數據，指出在德國自然保留區的昆蟲生物量（昆蟲的重量），在截至二〇一六年的二十六年間衰退了百分之七十六。這項研究的作者們警告說，如果昆蟲繼續衰退，那麼生態系統將開始瓦解，因為昆蟲扮演著無數重要的角色。科學家的警告可能沒什麼被注意到，但媒體報導了這項研究，並在全球引起了注意。當時我還是個十幾歲的少年，我還記得父親不斷接受電臺和報紙記者的電話採訪，耐心地解釋為什麼昆蟲的衰退將會對所有人類造成災難性的影響。然而，儘管引發一陣熱議，卻沒有政治家或任何其他人採取有意義的行動。

為什麼我們沒有採取行動？我們人類似乎不善於著眼大局。儘管我們知道有氣候變遷、物種滅絕、污染、土壤侵蝕、砍伐森林等等問題，卻無法理解這些問題合在一起時所帶來的毀滅性影響。即使是那些撰寫了兩份警示人類報告書的科學家也沒有完全理解這一點。科學家們傾向於各自為政，專注於自己的專業。研究氣候變遷的科學家警告氣候破壞的影響，生物學家談論生物多樣性喪失的後果，漁業科學家警告魚類資源枯竭，生態毒理學家研究重金屬中毒或是塑膠污染，等等。他們當中沒有人能完全預見所有這些過程都是相互關聯，而產生的合併作用，也是任何人都無法預測。

我們未能避免危機的原因，可能是因為我們的政治制度，迫使我們的政客們專注於下一次選舉，而非制定長期計畫。許多人將其歸咎於貪婪的資本主義制度，使得大型跨國公司獲得的權力遠遠超過政客，甚至超過整個國家。它們形塑整個世界以獲取最大的利潤，而這完全不顧人類和環境的成本。他們也受到「經濟無限成長論」這一普遍信仰的拉拔，而這個主張的其中一個假設，是經濟發展與人類福祉互相關聯，只要經濟一直發展，日子就會愈來愈好過。我猜很多人也同樣相信科技會解決我們的問題，未來我們註定會像科幻電影中所演的那樣，在銀河系中飛行。如果我們用光了地球上的資源，我們說不定會去火星上殖民。然而，自一九六〇年代人類登上月球以來，我們都還未能在月球上殖民。這應該可以點醒他們的春秋大夢，因為在這方面根本沒什麼進展。

儘管大多數科學家對此提出了警告，但還是有一些人試圖透過地球工程來解決我們糟糕的氣候問題。他們將化學物質撒入大氣層，反射陽光以促進雲朵形成。事實證明，氣候的變化太過複雜，難以用這種方法來控制，最後只是增加更多的污染，讓天氣變得更加不可預測。人們發明了從空氣中截取二氧化碳的機器，但是溫室氣體問題的規模如此龐大，能夠截取到的二氧化碳量是杯水車薪。然而，大規模植樹和照料土壤以補捉碳這種明顯低科技選項卻被人類忽略，而在氣候變遷和森林火災頻率增加的情況之下，蓄意砍伐森林的行為卻仍飛快地發展。我的父親告訴我，早在二〇二〇年代，科學家們甚至試圖以小型無人機替代正在消失中的蜜蜂來為農作物授粉。但它們與蜜蜂相比既昂貴又笨拙，最終不被採行。他們還試圖對蜜蜂進行基因改造，使牠們能夠抵抗農藥，但卻產出意想不到的的副作用：這些「超級蜜蜂」太容易生病，最終沒有存活太久。

二〇二〇年代初，二〇一九年新冠肺炎大流行導致了經濟蕭條，並造成許多人死亡，這其實是肇因於食用和藥用的野生動物貿易，使得人類與新疾病產生了密切接觸的後果。又過了十年，曾經預測過卻被忽略的大規模氣候變遷席捲而來。颶風反覆肆虐美國東部和加勒比海，而野火蹂躪了大部分澳洲、加州和地中海。即使是斯堪地納維亞半島上的森林也開始燃燒，泥炭層在亞北極帶（sub-Arctic）悶燒，將更多溫室氣體帶入大氣中。每年數百萬人死於這些火災和工廠與車輛排放的污染所產生的霧霾。氣候難民被迫湧入擁擠的臨時住所，為爆發疾病提供了理想的溫床。

到了二〇三〇年代，可以說為時已晚。在大雨和風暴潮的加持下，上升的海平面開始不斷地破壞堤防。毀滅性的洪水重創了世界上許多主要城市：倫敦、雅加達、上海、孟買、紐約、大阪、里約熱內盧和邁阿密，城市被洪水淹沒。由於疾病大流行，經濟發展被削弱，各項成本不斷增加，貴到我們付不起而無法重建新的堤防，更別提堤防主要是由混凝土製成，而製造混凝土同時也釋放更多的二氧化碳。保險公司因龐大的災害規模而破產，財產保險成為歷史。有的地區整個被大水淹沒，像是孟加拉的大片土地、馬爾地夫、佛羅里達的大部分地區和英格蘭的沼澤，都消失在水面下。

氣候變遷變得銳不可當，不管我們人類怎麼做，都將陷入科學家們稱之為「正向反饋迴圈」。極地覆冰的減少，降低了太陽能量的反射，加劇暖化、更多的冰層融化等等。北極永久凍土的融化，釋放出大量被困在地下的甲烷，而甲烷是一種比二氧化碳更強效的溫室氣體。不斷變化的天氣模式減少了亞馬遜地區的降雨量，僅存的雨林跟著枯萎死亡，最終摧毀了一個擁有五千五百萬年歷史、地球上最豐富的生態系統。千萬年來雨林好不容易保存的淺薄土壤也跟著化成塵土，還釋放出更多溫室氣體。

對我們來說最重要的是，這個世界養活人類的能力開始下降。二〇四〇年代，北美小麥種植帶的連續夏季乾旱，大大減少了這種主要糧食的供應。而在非洲，撒哈拉沙漠持續向南推進，由於莊稼歉收，無數農民被迫離開自己的土地。他們幾乎沒有地方可去，因為當時赤道非洲的溫度太高，已沒法住人。於此同時，隨著全球昆蟲授粉者的數量大幅銳減，昆蟲授粉作物的產量也開始下降，從杏仁、番茄、覆盆子，到咖啡和巧克力等等皆如此。農作物的害蟲大爆發愈來愈普遍，這是因為幾十年下來，害蟲對於大量施用的農藥的抗藥性愈來愈強，外加上氣溫升高使牠們更快速地繁殖所致。害蟲的天敵，一些捕食性昆蟲如瓢蟲、食蚜蠅、草蛉和步行蟲，早已自田野環境滅絕。牧場上，隨著糞金龜和蒼蠅數量的減少，動物的糞便開始堆積並覆蓋了整個牧場。這是因為人類往牲畜體內注入的藥物和殺蟲劑最終進到了糞便中，使得糞金龜和蒼蠅難以招架。沒了昆蟲處理糞便，牧草的供應少了，腸道寄生蟲感染則變得更嚴重。

如果這一切還不夠糟糕，許多農民將發現經過百年來的集約化耕作，他們耕種的土地，土壤已變得稀薄而貧瘠，大部分的土壤已經遭到沖刷或是氧化。剩餘的土壤則長期受到污染，能幫助土壤保持健康的蚯蚓和其他小生物數量也跟著減少。世界上較為溫暖和乾燥的地區，例如加州的中央谷地（Central Valley），幾十年來一直用於灌溉農作的地下水井逐漸乾涸，而其他地方的主要河流，則由於取水過度，夏天也不再有流水。

在熱帶海域，珊瑚礁對溫度升高特別敏感，暖化導致珊瑚白化和死亡。在我出生之前，我的父母在澳洲北邊的大堡礁學會水肺潛水，他們曾經描述過所見到的繽紛世界是多麼令人驚艷。然而僅僅一年，在二〇一六年，在我十五歲的時候，大堡礁的珊瑚死了一半。到了二〇三五年，世界上幾乎所有的珊瑚礁都已消亡，許多食用魚類的產卵和育苗區也因此消失。在較冰冷的水域，大規模工業拖網漁船船隊無視政府的漁獲規定，不斷大量捕撈剩下的魚群，因而摧毀了世界上僅存的大量魚類資源。到了二〇五〇年，海裡幾乎不再有漁獲，只剩下一堆不可食用的水母，它們在沒有魚類捕食壓力下大量繁殖。

如果各國政府肯聽取證據並攜手努力，也許到二〇三五年之前，我們的文明都還有救。可悲的是，就在人類真正需要結合資源和專業知識來克服它所面臨的最大挑戰時，卻選擇背棄理性。食品價格上漲、生活水準下降、失業率上升，以及愈來愈多的難民湧入已開發國家，導致街頭暴動、抗議和極端主義政客的當選。國際間的結盟被廢棄解散，孤立主義和民族主義盛行。各國都將自身的利益置於人類利益和地球利益之上。漁業配額和應對氣候變遷的協議被撕毀，國際援助也被撤回。科學家們被嘲笑和懷疑，他們提出的證據遭到駁回。真相被那些喊得最大聲或是付得起的人所定義。有人說我們進入了「後真相」的世界，不管它所指為何，這個詞大行其道，二〇一六年牛津英語詞典甚至將其收錄為

「年度代表字」。

環境崩潰的影響，在開發中國家更是來得又快又急。洪水、野火和饑荒令超過十億人顛沛流離，陷入絕望。數百萬人死於空前的大饑荒，而倖存者逃離家園，大規模遷移到較冷的北方和南方。內戰和國際衝突爆發，多半都拿種族和宗教的新仇舊恨當理由，好歸咎自己苦難的來源，並採取愈來愈極端和仇外的教義。

在人口較多的已開發國家，長期以來仰賴進口糧食來養活人民。二〇一八年，英國的糧食自給率大約一半。二〇四〇年時，隨著人口增加到近八千萬，農地持續開發為住宅區，加上剩餘土地的作物產量下降，糧食自給率僅剩四成。即使在饑荒開始摧毀許多開發中國家之後，我們仍繼續進口他們的食物，因為我們很富有，能夠負擔得起，而當地人們卻買不起。再過幾年，全球糧食產量下滑，我們就算有錢也很難買到食物。超市貨架開始空了，家家戶戶盡可能地囤積食物。英格蘭多佛外圍的大型難民營，以及幾乎所有地中海沿岸港口城市的難民營，成為許多人不滿的源頭。人們不禁要問，當我們自己都在挨餓時，為什麼還要養這些人？

二十一世紀初，極端不平等是生活中的特徵之一，也激起了巨大的怨恨，因為當窮人開始挨餓、無家可歸的人在街上愈來愈多時，富人仍然能夠生活得非常舒適。只是到頭來，他們財富的來源也被掏空。隨著海平面的上升和蜜蜂的消失，股票價格下跌，對沖基金和銀行接連倒閉。惡性通貨膨脹最終使錢變得幾乎一文不值，所有人都變得貧窮潦倒。我們忽視了一個事實，即我們文明的基礎，以及讓政治家無暇他顧的經濟成長，是奠基在一個健康的環境上。沒有了蜜蜂、土壤、糞金龜、蠕蟲、乾淨的飲水和空氣，人們就無法種植食物，而沒有食物，經濟就什麼都不是。

我們的文明並非突然崩解。更像是歷經數十年的緩慢解體。我們有很長一段時間沒有真正理解這件事正在發生，且認為文明很快就會恢復進展。英國人的預期壽命從一八五〇年的不到四十歲，經過一百六十年，穩定上升到二〇一一年的八十多歲，但此後便停滯不前。這是有紀錄以來的第一次，預期壽命開始緩慢下降，且首先發生在社會中較貧困的階層，但當時很少有人關注。此後的幾十年裡，隨著生活水準的降低和醫療服務的悄然崩潰，平均預期壽命也跟著緩慢下降。二〇二〇年代，人口高齡化帶來的負擔、肥胖以及糖尿病等相關慢性病的流行，以及二〇三〇年代抗生素抗藥性細菌的反覆爆發，使醫院陷入癱瘓。到了二〇四〇年代，學校、醫院和道路開始年久失修，員警、護士和教師經常拿不到薪水，即使收到，薪資也不足以養活家人。城市化在經過千年的擴張之後，人們突然開始放棄城市，要麼是因為洪水的緣故，要麼是因為沒有足夠的食物來支持他們繼續在城市生活。法律和社會秩序崩壞瓦解，人們開始搶劫，搜刮或偷走他們可以得到的東西。饑腸轆轆的難民們從他們的難民營裡出走，加劇了混亂。最終，電力供應開始出現問題，斷電先是持續幾個小時，然後是幾天，直到最後再也沒有恢復。那是艱難的一年，我們不再有放滿食物的冰箱可用。

自來水的供應持續稍久，但也不是很長。抽水站沒有電力，供水停止只是遲早的事。最近的小溪離我們的住處有半英里遠，而且遭到了嚴重污染，所以我和兄弟們合力挖了一口井以尋找乾淨的水源。我們挖了五公尺深的厚厚黏土層，才遇上含水的砂岩。這是一項費力而危險的工作，因為我們完全不懂這行，而且也沒有磚頭可以支撐井壁。在漫長的夏季乾旱中，替蔬菜澆水是一件無休止的任務，我經常回憶給孫子們聽，說過去可以用水管把水澆灌到花園裡，或是直接打開灑水器，讓它神奇地完成澆水的任務。

回憶完往事之後，我的思緒回到現在，此時此刻正凝視著黑暗，希望不必威脅要向某人開槍。我們做得還不算太差。我們算是幸運的，住在一個相當安靜的地區，而且還有一小塊可以種植食物的土地，一個小到足以防禦，大到剛好足夠養活我們擠在小屋裡的三代人的土地。最近這幾年，事情開始變得容易些。二〇五〇年時，大約有一百億人生活在地球上，但來到二〇八〇年，人口肯定要少得多，儘管沒有人統計過。數十億人死去，主要是因為飢餓，再加上霍亂和傷寒的爆發、抗藥性細菌的傳播、瘧疾和種族滅絕戰爭等等因素。現在很難知道世界其他地方正在發生什麼事，但在過去幾年裡，這裡的入侵者減少了。那些曾經在鄉間遊蕩、絕望、飢餓，靠拾荒維生的人們，現在多半都不見了，或許全都已經死了。

當眼前出現些微動靜時，我的老心臟顫動了一下，但隨後意識到這個東西身影太小，不可能是人類時，這才放下心來。但那究竟是什麼東西？一個又小又黑的身影，從樹籬裡蹒跚地走到草地上。不，這不可能吧？

我簡直不敢相信我的眼睛——是一隻刺蝟！我在黑暗中傻傻地笑著。打從我十幾歲以來，就再沒有見過刺蝟。我以為牠們早就滅絕了！但眼前這裡卻有一隻，奇蹟般地在灌木叢中尋找蛞蝓的蹤影。也許這是世界正在緩慢復甦的跡象。我注意到溪流最近似乎乾淨了些。土地和環境中不再有農藥和化肥，不再有工廠冒出陣陣白煙。今年，我給我的孫女看了她的第一隻孔雀蛺蝶，而我已經好幾年沒見過蝴蝶了。老虎、犀牛、熊貓、大猩猩和大象都早已消失，我的孫女將永遠見不到這些彷彿是神話或童話故事裡的生物，但，也許假以時日她能活著看到蜜蜂回來吧？

週期蟬

是蚜蟲的近親，體型巨大，長相醜陋。牠們有著一雙遠隔的球狀眼睛和巨大的膜狀翅膀，通常棲息在溫暖氣候區的樹幹上。牠們的身體厚實，大約一英寸長，某些熱帶物種可以大到超過兩倍，體內有一個中空的共振腔，讓雄性能發出昆蟲界最大的聲響：一種重複的震顫聲或是嘎嘎聲響，可高達一百一十分貝，一公里或更遠的地方都聽得到，這是為了吸引配偶。蟬的種類很多，但在北美東部有少數種類，被稱為週期蟬（*Magicicada*），牠們的生命週期非常長，成蟲每十三或十七年才出現一次，取決於牠們的種類。牠們的後代生活在地底，毫不起眼的棕色幼蟲吮吸樹根的汁液，生長極其緩慢。在完全漆黑的地底，牠們以某種方式記錄著時間，並且會在幾天之內同步羽化出現。光是一公頃的土地就能出現一百多萬隻蟬，有時在郊區的花園中，會製造出十分驚人的噪音，經常導致居民撤離該地區。成蟲只能活上幾個星期，因這一波蟬潮很快就會結束，進入下一個十三年或十七年循環。科學家們認為，牠們延長的幼蟲期和同步羽化出現的生命週期，是一種逃避捕食者的特別方式——以量取勝。以昆蟲為食的鳥類確實吃了不少蟬，但蟬的數量實在太多，大多數都存活了下來。食蟬鳥的數量不會因此增加，因為牠們得再經過十三年或十七年，才會有下一次的盛宴。

PART 5

下一步該怎麼做？

現在還不算太晚。到目前為止，僅有一小部分昆蟲和其他類別的動物已經滅絕。毫無疑問，將會有更多的物種消失，因為每天都有物種滅絕。如果我們齊心投入，也許花個幾十年的時間，有望擋住氣候變遷這隻怪獸，我們也就可能將擋住、甚至逆轉生物多樣性的喪失。大多數與我們一起生活在這個星球上、令人驚歎的野生動物都可以被拯救，這不僅是為了牠們本身，也是為了我們的後代。特別是昆蟲，牠們的繁殖速度比老虎或犀牛快很多，如果我們提供牠們一個安身立命的地方，並減輕一些施加在牠們身上的眾多壓力，牠們便能夠迅速恢復。由於昆蟲靠近大多數食物鏈的底部，昆蟲數目的恢復是鳥類、蝙蝠、爬行動物、兩棲動物等族群恢復的先決條件。一個我們與大大小小各式各樣生物共存、充滿活力、綠色、永續的未來將指日可待。

實現這樣一個未來的第一步，也是最困難的一步，便是接觸公眾：以各種方式說服人們昆蟲很重要，牠們需要我們的幫助。除非人們關心昆蟲的命運，否則他們不會採取任何行動來幫助昆蟲。一旦我們讓每個人都參與進來，其他的就容易多了……

17 提高意識

阻止並扭轉昆蟲衰退，或在實際上要解決我們面臨的任何主要環境威脅，都需要多方採取行動，從一般大眾到農民、食品零售商和其他企業、地方當局和政府的決策者一塊參與——換句話說，每個人都要採取行動。因為這是我們所有人的不良行為一起造成的共業，也需要大家齊心協力才能擺脫困境。要這麼做非常具有挑戰性，因為目前我的印象是，絕大部分人對環境問題的參與度並不高。近年來在英國的選舉和脫歐辯論中，很少有人認真討論環境的問題，[39]儘管令人信服的證據指出，人類在二十一世紀面臨的許多重大挑戰，都與我們以不符合永續的方式過度開發地球的有限資源有關。水資源短缺、土壤侵

[39] 二〇一九年十二月的英國大選確實在政黨間引發了一場競爭，看哪個政黨能夠承諾種植最多的樹。這當然值得歡迎，但似乎沒有針的仔細想過怎麼做，只是表面文章，極不可能真的好好落實。

蝕、污染，和生物多樣性危機的問題迫在眉睫，但這本應成為全世界討論的熱門話題，因為這些將對經濟和我們的健康產生巨大影響，但它們硬是被大多數人忽視。我們像鴕鳥一樣都把腦袋埋進沙子裡。

到目前為止，我們還沒有充分意識到自然界面臨的嚴峻困境，例如獵殺動物取樂仍被當成一種可被接受的嗜好。單單英國，每年就有三千五百萬隻雉雞被飼養和野放，用來滿足少數人享受獵殺這些天真、半馴服動物的樂趣。[40] 但我們有太多人（而且很快就會有更多人）無法認同繼續這種獵殺取樂的行為。我們需要以某種方式說服每個人尊重我們的環境，教育成長中的孩子，亂扔垃圾、殺戮、污染，是不被社會所接受的。如果過去那些獵殺雉雞跟松雞的偉大傳統淪為只是週末的娛樂，那我們如何要大家尊重環境呢？

當然，我並不是唯一感到沮喪的人。二〇一七年，來自一百八十四個不同國家、超過兩萬名憂心忡忡的科學家（包括我自己），簽署了一份「全球科學家對人類發出的警告：第二次通知」（World Scientists' Warning to Humanity: A Second Notice）。這份警告相當直接了當。報告指出，「尤其令人不安的是，當前的氣候變遷的趨勢將走向災難性的發展。我們已經引發了一場大滅絕事件」。它接著提到，「這是大約五億四千萬年以來的第六次大滅絕，到本世紀末，許多現存的生命型態將會滅絕，或至少瀕臨滅絕。」大多數科學家都很保守，但是這次有兩萬名科學家願意具名發表共同聲明，是明確向世界宣告這是個全人類必須全力關注的問題。但大多數人卻從沒聽說過這個警告，更少人對此加以重視。另一方面，像全球性的環保運動，「反抗滅絕」（Extinction Rebellion）是個明確的徵兆，說明有許多人，尤其是年輕人，逐漸覺知他們的未來正在被偷走。他們感到沮喪而憤怒，因為他們知道時間正一點一滴流逝，如果我們等到格蕾塔．桑伯格（Greta Thunberg）長大成人，坐上具有政治影響力的位置時，一切未免太遲。因為有愈來愈多人擔心環境危機而產生困擾，心理學上出現「生態焦慮」（eco-anxiety）的新名詞來指稱這類的身心失調症狀。正如格蕾塔．桑伯格在近期提到的：「成年人一直在說，我們應該給年輕人希望，但我不希望你們給予我們希望，我不希望大家懷抱希望，我希望你們感到恐慌。」

然而與此同時，世界上絕大多數人口卻對此漠不關心，照常過著他們的太平日子。我猜，全世界超過九成的人口，在日常生活中根本不會考慮環境問題。我們擔心要支付的帳單、孩子的教育、如何照顧年邁的父母，或者我們最喜歡的球隊在本季的賽季是否晉級。

---

40 飼養鳥禽以供打獵不僅沒有效率也對環境有害。估計有六成的飼養雉雞，大約二千一百萬隻沒有被獵殺而是死於疾病、飢餓、路殺，或被狐狸等動物吃掉。這會讓捕食者不自然地過度增長，引發生態系的連鎖反應。

這些都不難理解，也是要立刻注意的擔憂，比起南極冰蓋裂縫造成了看似模糊而遙遠的威脅，或是全球作物產量（由於營養循環失靈、土壤侵蝕、氣候變遷和授粉者數量減少）可能開始下降，這些生活上的困擾顯得切實得多。即使是我們這些深具環境意識的人，在原本可以騎自行車的情況下仍然經常開車，或者忍不住帶著家人搭飛機去度假，享受冬日的陽光。我們大多數人都知道不該太常坐飛機或是開車，但在冬天感受陽光的誘惑，以及開車上班或去商店的便利，實在是令人難以抗拒。購物時，理智上我們應該以每公斤十六英鎊的價格購買有機、自由放養的雞肉，但是便宜、工廠飼養、三件十英鎊的雞肉實在太超值，使得我們只在意價格，卻對環境和動物福利成本視而不見。如果任由我們自己決定，我們人類大多是懶惰、以自我為中心的動物。許多人在開車時仍會隨意朝車外扔垃圾，所以繁忙道路的邊上到處都是塑膠製品，只因為他們懶得在旅途結束時把垃圾扔進垃圾箱裡。就算這些我很想大加撻伐的人，我猜他們也應該聽說過一些環境議題，只是他們大概不在意自己的孩子是否有一天可能生活在一個塑膠垃圾深及膝蓋的世界裡。

這樣的人或許已經無可救藥，其中更有少數人仍積極否認氣候變遷是人為所造成。但絕大多數人（我希望）都還不差，只是對於情況的嚴峻不甚了解。他們可能覺知到要做資源回收，或考慮在下次換車時購買油電混合車，但除此之外，他們過得一如往常，並認定這樣的日子可以一直過下去。

關鍵的難題，在於找到能快速觸及到這群普羅大眾的方法。他們可能忙於日常生活而疏於關注環境議題。多年來，我一直在這點上苦思良策，卻一直沒有得出任何完全令人滿意的結論。在我身為科學家的職業生涯中，寫過許多關於蜜蜂及其衰退原因的科學論文，但我很久以前就明白，單憑這一點收效甚微，因為科學論文的讀者通常只限於少數學者。因此，我開始撰寫一些關於蜜蜂以及昆蟲的科普書籍，以吸引更廣泛的讀者，最好有一些是不相信昆蟲衰退的人。這個做法的效果讓我感到非常滿意，但也不免有點沮喪，因為我發現大多數購買這些書的人，也是早已關注這類議題的人。或許，一個對蜜蜂完全不感興趣的人會偶然翻開這樣的書，而對此感突然興趣，但我想這應該只是極少數。我每年受邀為各種團體舉辦的公開講座約有四十場，包括養蜂人協會、野生動物協會、園藝團體和樂齡大學（University of the Third Age，U3A），以及在各個書展和科學盛會上，但幾乎所有前來講座的人，都是已經對昆蟲或環境有興趣的人。我為雜誌撰寫專欄，在社群媒體平臺上發文，接受廣播，偶爾也上電視採訪等等，但是我經常覺得自己處於同溫層，像是在對信徒說教，無法真正接觸到外界大眾。

我們究竟該如何突破這個同溫層？我之所以說「我們」，那是因為你之所以會買這本書，正代表你至少已經對理解和對抗迫在眉睫的環境危機，產生了一丁點興趣。既然你已經展讀至此，我假設你現在已經是一位信徒。

也許我們應該考慮一下我們的目標人群。誰最有能力做出改變？排在首位的肯定是政治家，因為一個真正的綠色政府，只要有一點想像力，就能夠做出深刻而積極的改變。地方議員和地方政府的權力相對要小得多，但如果他們願意，還是可以有許多建樹。可悲的是，我對於影響當前政客的實踐性存疑。不久前，我受邀在西敏市（Westminster）演講，闡述蜜蜂的重要性。這次的活動是由一個名為三十八度（38 Degrees）的社會運動團體所舉辦，他們向我保證，有八十名英國國會議員承諾出席。想到可能影響到有權有勢的政治人物，不免讓人感到興奮。結果卻令人失望：實際上只有約莫十幾名一般工作人員，和一、兩個國會議員聽完整場演講。其餘的人來了之後，不過是爭相在一張蜜蜂的大海報前排隊拍照後便離開，他們對於前面那個喋喋不休地談論昆蟲的傢伙沒有絲毫的關注。我們究竟該如何說服這群膚淺的人？他們不願意花上二十分鐘的時間來了解更多關於我所談論的主題，環境議題難道不該是他們推動的首要任務？在英國，顯而易見的解決方案是投票給綠黨（Green Party）。然而在我們的簡單多數決的選舉制度中，這似乎看似徒勞，但如果有更多的人投票給綠黨，那麼大黨就會注意到，並採取綠色政策來試圖吸納綠色選票。當然，這種策略只有在有足夠多的綠色選民時才會奏效，而現在綠色選民還不夠多，所以目前還行不通。

請願已經被證明是試圖影響政策的常見做法。在英國，政府有自己的請願網站，並承諾對任何達到一萬人連署的請願作出書面回應，連署數量達到十萬人的請願，會在議會對此議題進行辯論。社群媒體上充斥著要求簽署請願的呼聲，這些呼聲在推特、Instagram和臉書的討論中，引發了廣大的迴響。我欣然承認多年來我在這些社群媒體中做過不少宣傳，不過最近我罹患了「請願疲勞症」。我懷疑這樣的做法究竟能夠收到多大的成效。政府在獲得一萬人連署的請願書之後，所做的書面回應通常是無聊的陳腔濫調，並未採取任何有意義的行動。如果請願書達到十萬名，請願者會認為他們取得了巨大的勝利，但隨後所謂的「辯論」，通常是十來個資訊不全的國會議員，聚在議事廳後的小房間裡七嘴八舌鬼扯幾個小時，然後累了去喝杯調酒，正如我曾經看過一場關於類尼古丁物質帶來的環境風險的辯論（如果哪天你失眠，可以打開議會頻道觀看這類辯論）。這是一次不愉快的經歷，因為打從一開始就非常清楚，參與辯論的人沒有一個對這個問題有基本的了解，因為議題複雜且充滿技術性層面，而這樣的辯論對政策的決策也沒有實質效力。我並不是說請願是在浪費時間，事實上請願也沒花什麼時間，但別指望這能取得多大成果。而且這還有個危險，就是人們會覺得工作已經完成，只因為他們的請願達到了一定的連署人數。不管我們簽署了多少請願書，地球絕不會因為簽名而獲救，請願充其量不過是無關宏旨的活動（displacement activity）。*

如果你在這一點上感到有些沮喪，讓我提供一個鼓舞人心的例子給你。的確是有請願導致真正行動的案例。二〇一九年一月和二月之間，在克雷菲爾德的研究指出德國昆蟲大幅衰退的刺激下，德國巴伐利亞（Bavaria）的民眾發起大規模請願。請願書長達四頁，呼籲對該州的自然保護法進行詳細修訂，以從根本上改變該地區的耕作方式，並建立一個對昆蟲友善的棲息地網絡。這些提議相當激進，要求該地至少要有百分之三十的有機耕作，將該州百分之十三的土地留給自然，在溪流周圍設置五公尺寬的緩衝帶，對所有樹籬和樹木等進行適當的法律保護。在英國，人們可以舒舒服服地坐在扶手椅上，在線上連署請願書，而德國的請願書則需要親自簽名，人們在寒冷的冬天排隊，有時要排上幾個小時。還有些人甚至打扮成蜜蜂的樣子，這也許有助於保暖。將近兩百萬人在請願書上簽名，遠遠超過了向州議會提交請願書的門檻（該州註冊選民的一成）。

巴伐利亞州的執政黨是基督教社會聯盟（Christian Social Union，CSU），這是一個右翼、傳統的保守政黨，在環境問題上缺乏資歷。在農業遊說團體的支持下，政治人物試圖淡化該提案，但民眾的草根運動繼續施加壓力，四月三日，該提案獲得通過。基督教社會聯盟的黨領袖馬庫斯．索德（Markus Söder）顯然意識到最佳的策略是擁抱這個提案的想法，乃自豪地宣布說這是「整個歐洲最全面的自然保護法」。他進一步宣布，政府正在創造一百個新的工作機會以實施新法，並投入五千萬至七千五百萬歐元的資金。有趣的是，基督教社會聯盟內一位環境意識更強的政治家約瑟夫．格佩爾（Josef Göppel）說：「我們應該重新發現，保護生命的多樣性是身為保守派的意義之所在。」我希望其他地方的保守派政治家也能接受這種觀點。

巴伐利亞州的發展促使德國聯邦政府採取行動。環境部長斯文婭・舒爾茲（Svenja Schulze）在二〇一九年二月宣布，每年將提撥一億歐元的資金用於昆蟲保護，其中四分之一將用於研究昆蟲衰退的原因。她的計畫還包括在全國禁用嘉磷塞（第八章中提過的一種惡名昭彰的除草劑，與蜜蜂健康狀況變差和人類罹患癌症的風險增加有關）。於此同時，德國的另外三個州，布蘭登堡（Brandenburg）、巴登－符騰堡（Baden-Württemberg）和北萊茵－威斯法倫（North Rhine-Westphalia），正在計畫就支持生物多樣性的新措施舉行公投。德國政治家們現在正在推動，將《共同農業政策》（*Common Agricultural Policy*）的大量農業補貼中的大部分用於自然保育。至少在德國，我們有理由相信他們的政治家最終會投入這樣的議題，並對此懷抱希望。

回到英國。看來我們要趕上德國還有很長的路要走，因為我們的請願制度不具有德國

＊審定註：無關宏旨的活動（displacement activity）是指動物和人類在面臨不確定性或衝突時，突然表現出看起來不相干的行為反應，或是從某種行為模式跳至另一種模式，而後者並非針對該刺激的正常反應。

那樣的法律效力，而且本地的草根運動也跟巴伐利亞沒得比，我們沒有強大到可以動員那麼多的連署簽名。同樣的，《寂靜的春天》誕生之地的美國，環境運動也無力阻止川普政府撤銷環境立法，或削減環境保護署的預算。

我們可以考慮的另一種影響政治的方式是自己成為政治家，但我必須承認，我還沒有嘗試過這種極端的方法。可悲的是，接受過環境保護相關訓練的人，似乎很少會進入政界。據我所知，目前英國六百五十名議員中，只有二十六名議員擁有科學、工程、科技或是醫學學位。沒有人擁有生物學、生態學或是環境科學學位。因此議會幾乎沒有關於環境問題的政治辯論，即使有類似的政治辯論，也很少有對此議題擁有全面了解的人，這一點都不足為奇。如果你對此類議題擁有熱情，並具有這方面相關的生態知識，不妨考慮從政。

要說服政治家加入我們可能很棘手，但我建議不妨從下一個優先人口，兒童，開始著手，挑戰會少一些，但前提是我們得讓他們在年輕時接觸這樣的議題。當我在鄉鎮議事堂或是當地戲院發表關於蜜蜂或野生動物方面的演講時，我經常發現自己望向一片滿頭白髮和童山濯濯的聽眾群。我猜想我的典型聽眾，九成都是退休人員。我無意對老年人不敬（我很快也會成為其中的一員），但不久後我們都會受到上天的召喚。[41] 如果我們真想改變未來，就必須接觸孩子，以各種方式鼓勵他們保有孩童時對昆蟲常有的天真熱情。這群孩子此生將面臨連串的決定，他們還有機會拯救世界，或者至少拯救剩餘的世界。

面對十幾歲的孩子，這件事就困難多了（從很多方面來說）。在極少數情況下，我會勉為其難地向中學生發表關於蜜蜂的演講，但他們通常沒在聽，很多人在滑手機，或者竊竊私語，或互相扔紙團。我最精彩的笑話和最有趣的演說內容，如同風滾草一般，悄無聲息地飄過。在大學裡情況也好不到哪裡去。在學校，每年我會擔任大學新生的導師，他們通常都是十八歲剛自高中畢業的學生。我帶他們在大學裡進行一趟校園巡禮。校園裡綠樹成蔭，景色宜人，有林地、有花草地，還有幾個池塘。我邊走邊考他們，向他們揮揮樹葉、指著常見的鳥類，問他們能說出哪些，藉此了解他們的背景知識。令我感到不安的是，他們通常對這些日常生活中的生物一無所知。約莫百分之五十的人，在猶豫了一會兒之後能認出常見的英國鳥類，比如知更鳥或畫眉，但多數學生把寒鴉或椋鳥錯認成畫眉，而很少有人能認出並正確說出藍山雀（*Cyanistes caeruleus*）或鷦鷯。幾乎沒有人能辨認出如懸鈴木（*Platanus*）或光蠟樹這類普通的樹。最令人擔憂的是，這些都是在大學裡選擇學習生態學

---

41 在這裡不得不說，老年人在保護我們生活的地球中扮演著非常重要的角色，他們是公益保護機構的主要成員，有時間去從事志工活動與紀錄等工作。

的學生。我真不敢想像，一個十八歲的普通青年，他們在自然史方面的知識是多麼貧乏。

你或許要問為什麼知道動物和植物的名字很重要。正如羅伯特．麥克法蘭（Robert Macfarlane）在《失語》（*The Lost Words*）一書中所言，名字不僅僅是一個單詞：從某種意義上說，這是一個咒語，能喚起它所指稱的生物的靈性。如果你叫不出鉤粉蝶的名字，那麼當牠飛過時，你可能也不會注意到牠。牠對你來說並不存在，因為牠沒有名字，你不會注意或關心牠是否存在這個世上。頗具爭議的是，在二〇〇七年和二〇一二年，《牛津少兒詞典》（*Oxford Junior Dictionary*）選擇剔除了許多與自然有關的詞彙：橡實、蕨類植物、水獺、翠鳥、苔蘚、黑莓、藍鈴花（*Hyacinthoides non-scripta*）、七葉樹果（conkers）、喜鵲和三葉草等等，這些字典中原先存在的字被剔除，因為被認為與現代世界的孩子們無關。甚至連「花椰菜」也被剔除，它當然仍是一種日常食物，但似乎被認為是孩子們不再需要知道的字詞。我擔心的是，整整一世代的人，他們的成長過程中彷彿自然並不存在，這肯定是我們必須不惜一切代價改變的事情。

小學肯定是我們開始著手的地方，造訪小學比起大多數中學更有趣。正如我之前觀察到的，年幼的孩子通常會自然而然地被大自然所吸引，尤其是在他們進入青春期之前。他們還沒有開始擔心自己看上去不夠酷、仍然對我們出生時便存在的自然世界帶著天生的好奇心，但隨著年齡增長，我們大多數人都忘了這一點。帶一群小學生到運動場上，甚至到長滿長草、灌木和樹木的野地，給他們一些捕蟲網和盆罐，他們就可以蹦蹦跳跳好幾個鐘頭，帶著興奮和喜悅的尖叫，試圖捕捉蛞蝓、蜈蚣、蠼螋和甲蟲。可悲的是，大多數孩子從未有過這樣的機會接觸自然。

在英國，孩子們通常從十一歲開始上中學，在目前的生物課中，他們會學習一些與生態和環境相關的內容，但這方面的知識並不太受重視，而且在教學上似乎也缺乏創意。「學校裡是否有教授或能學習到充足的生態學知識，似乎令人懷疑」，皇家督學布斯（P.R. Booth）在一九七九年，就在研究報告中針對英國的生態教學做出上述結論。「大多數十六歲的孩子，很少或根本沒有學過生態方面的相關知識，而十八歲的孩子，即使他們修讀過生物學相關的預備課程，也有一大部分只學過皮毛。」四十年過去了，如果有什麼不同的話，便是隨著年代演進，情況反而每況愈下。在預備課程中，進階生物學裡頭生態學的占比從一九五七年的百分之十二，降至二〇一七年的百分之九點五，而同時期野外課程的比例也從百分之十二降至百分之一。在比例這麼低的野外實習課中，學生卻常被安排做一些無甚意義的操作，例如辨認在固定面積方框裡的植物。我的兩個兒子在英國會考課程（GCSE）中選修過生物學的進階課程（A-level），但令我沮喪的是，他們都對生態學這部分課程感到厭煩。

這當中出了什麼問題？缺乏實地的野外教學似乎是這個問題的主因之一。在教室裡學習諸如演替（succession）、競爭或是營養級（trophic levels）等生態學概念其實相當枯燥，但如果是由懂這方面的人在野外實地教學的話，課程就會生動有趣。或許，更重要的原因是有些教師自己對生物學的知識不足，包括無法辨識許多常見的生物，導致了無知的惡性循環。由於缺乏相關知識，授課教師可能不願意在野外上課。外加上，許多學校位處城市中，也無法隨時造訪有趣的大自然。

生態課教學遭遇到的一個更普遍的問題，則是主題複雜混亂。我花了一輩子時間研究昆蟲和植物之間的相互作用，很明顯，我們還有很多不明白的地方，簡單的實驗往往不能得出明確的結論，由此延伸出的問題也比被回答的還多。這可以被視為是樂趣的一部分，但不可避免地，這也使主題在教學上變得不簡單。

我們要怎麼做才能改善這種狀況，讓孩子們在懂得欣賞自然的美麗、奇蹟和重要性的環境中成長，並對主要的環境問題有基本的了解？

在我的理想中，學習大自然應該是所有孩子從五歲開始上學到十五歲的學校課程中不可或缺的一部分。從小就讓孩子們學習蚯蚓的重要性，每一年做關於蚯蚓的調查，不怕一身泥濘地去挖土，看能發現幾種蚯蚓；他們也要學習土壤、堆肥和養分循環的知識；在顯微鏡下尋找水熊蟲（tardigrades）和輪蟲（rotifers）；跑到池塘撈東西，捕捉蠑螈；學習常見的蝴蝶和鳥類的名字，學習拓印葉片，了解我們當地的樹木。教室裡會有蟻巢（蟻屋）、飼蟲箱、一到兩種食蟲植物，也許還會有一個魚缸，裡面有當地的池塘生物，像是蘋果螺（ramshorn snails）、水生甲蟲和水蠆。每個學校都有一個戶外的綠地，孩子們可以在那裡種植植物，或許還可以學習如何種植蔬菜，並觀察蜜蜂和蝴蝶如何授粉。像是學校這樣的空間，應該要有一部分是用於自然保護。如果學校操場上沒有這樣的空間，當地政府應該負責在每一所學校附近短暫步行可及的距離內，找到一塊合適的土地並指定作此用途。新學校如果沒有留給大自然的空間，就不允許成立。

在我的這個夢想世界裡，每所學校應該搭配一塊對環境友善的農地，政府撥出一小部分農地補貼來資助願意加入此一計畫的農民，並讓他們定期造訪學校。這樣孩子們便能夠了解，超市裡的食物來自何處的基本知識。他們將會了解到我們所擁有的一切，從我們呼吸的氧氣到我們所吃的食物，都仰賴大自然提供，而我們是大自然的一部分。

我主張應該在中學開設自然研究指定課程（必修），並在之前的會考課程中開設自然史選修課。綠黨唯一的國會議員卡洛琳·盧卡斯（Caroline Lucas）呼籲這個做法已經有一段時間了。我先前提過，在學校正式教授自然史的最大障礙，那就是教師缺乏足夠的專業知識。如果我們要走這條路，政府就需要為小學教師和中學教師提供更專精的師培課程。我們可以鼓勵主修生態相關領域的畢業生多修習一年的研究所教育學分，取得證書，然後聘為這個領域的中學新教師。這一切都需要資金，但花一點錢鼓勵子孫後代珍惜我們的地球，難道不值得？

除了政客和孩子，我們還需要誰的加入？答案當然是每個人。園丁可以提供大量的幫助，那些負責管理地方政府土地的人也可以，我將在下一章討論這個問題。我稍後還會講到農民和食品工業。每個人在每天的生活中都會做出無數的小決定，並都直接或間接地影響著昆蟲，也更廣泛地影響著我們的環境，不論是正向或負向。我們都需要承擔起拯救地球的責任。但是，我們要如何說服這麼多人去關注這個議題，發起一場行為上的革命？

這似乎是一個令人望而卻步，甚至是不可能達到的目標，但實際上我認為它可能沒有想像的那麼困難。在麥爾坎・葛拉威爾（Malcolm Gladwell）的暢銷書《引爆趨勢》（*The Tipping Point*）中，提到只要有少數人便可以改變群體的行為，當一個想法、信念或行為跨越門檻就會出現引爆點，接著像野火一般燎原。這就像直銷一樣，如果一個人可以說服另外兩個人，而他們每個人又可以說服另外兩個人，依此類推，不出多久，就會有大量的人加入進來，不管那是什麼。「反抗滅絕」活動的出現、素食主義的興起，以及近兩百萬巴伐利亞人願意在寒風中排隊簽署關於昆蟲的請願書，都表明人們的觀點正在發生變化。氣候變遷也助了「一臂之力」，因為在過去的幾個月裡，英國的約克郡遭受了人們記憶中最嚴重的洪災，過去沒淹過水的地方也被淹沒，而澳洲東部則遭受了有史以來最嚴重的叢林大火。這些極端事件的頻繁和猛烈，任人無法否認氣候變遷。大衛・艾登堡（David

Attenborough）近年籌拍的電視劇《藍色星球 2》（*Blue Planet 2*）、《我們的星球》（*Our Planet*）和《七個世界》（*Seven Worlds*）全都拍得精彩絕倫，更比起他之前拍攝的任何一部電視劇更加震撼人心。我必須承認，當我看到信天翁的雛鳥被它們吐出的塑膠袋和橡膠手套包圍時、或者藉由縮時畫面看到珊瑚礁在我眼前逐漸白化時，還是看到海象一隻隻從懸崖上摔落，因為牠們平時棲息的海冰不斷融化，所以被迫爬上懸崖卻不幸摔下……這種種畫面都讓我熱淚盈眶。這不是我們習慣在自然紀錄片中看到的那種迷人、可愛、原始的自然風貌，而是一個飽受摧殘自然世界。我認為，製片願意加入這樣令人痛心的鏡頭，反映出他們意識到，過去我們想要的只是令人驚歎的野生動物美照，如今人們更想看到的是我們正在造成的傷害。

我認為引爆點已經非常接近了。試著說服一個人：你的家人、一個好友，或是一個工作夥伴，不論對方是什麼樣的身分。你可以拿蜜蜂當作起始點來吸引他人，向他們說明人類的食物供應鏈，甚至他們早上喝的咖啡是如何來到餐桌上的。如果我們每個人都能夠說服一個人，而他們每個人再去說服另外一個人，很快地，整個世界都會參與進來。我們之中沒有誰能夠獨自做到這一點，但是如果我們齊心努力就有可能辦到。現在，正是最後衝刺的時刻。

化身博士般的蝗蟲

飛蝗就是大隻的蝗蟲。牠們生活在世界上大部分溫暖的地區，通常過著無害的獨居生活。牠們善於偽裝，通常呈現綠色或棕色的外型，不太亂飛，以各種植物的葉子為食。除非是在尋找伴侶，不然牠們會忽略甚至避開同類。但是如果有一場大雨為植物的生長提供了有利條件，這一切將出現改變，造成蝗蟲的數量增加。如果年輕的蝗蟲經常互相碰撞，如同族群數目開始爬升時發生的那樣，觸覺刺激會引起身體和行為上的顯著轉變。蝗蟲會呈現出明亮的顏色（通常是黑色和黃色），變得更加活躍、聚集，主動尋找同伴並形成群體。儘管獨居的蝗蟲會避開含有毒素的植物，然而群居的蝗蟲則會主動尋找有毒的植物來吃，並將毒素儲存在體內，這樣牠們就會對捕食者產生毒性。牠們長得很快，繁殖得也快。飛蝗群可以迅速增長至多達兩千億隻個體，使天空變得陰霾一片，密度可以達到每平方公里八千萬隻。在這種情況下，任何一片植被都會在幾分鐘內被吃掉，莊稼也會迅速被吃光，而蝗群則繼續往下一個目標邁進。自史前以來，蝗災如瘟疫一般，一直在摧毀著我們的莊稼：古埃及人在他們的象形文字中雕刻著飛蝗的圖像，飛蝗也曾出現在《聖經》和《古蘭經》中。儘管蝗災在二十世紀不再那麼常見，但在二〇二〇年，巨大的蝗災仍席捲了非洲、中東和亞洲的大部分地區。通過這種興衰交替的策略，蝗蟲很可能是一類能夠避開「昆蟲末日」陰影的昆蟲。

18 綠化我們的城市

面對嚴重的全球保育問題，諸如氣候變遷、森林砍伐或是冰雪融化導致北極熊死亡等，我們常常感到無能為力。個人能採取的行動似乎都微不足道、過於分散，無法產生任何明顯的影響。而這些事件往往發生在地球的遠處，我們很難想像會對我們有什麼直接影響。幸好，保育昆蟲是人人都可以直接參與的事，並能感受到他們正在做出切實的改變。與北極熊不同，昆蟲就生活在我們周圍，在花園、城市公園、空地、墓地、路邊、鐵路沿線和圓環中心綠地，這些地方要打造成對昆蟲友善的地方相對容易。光是花園就占了英國約五十萬公頃的土地，面積比我們所有的自然保留區加起來都要大，而且在未來幾年還會隨著建案增加而擴大。城市綠地將我們的花園串連在一起，道路旁的草地、鐵道邊坡和堤岸，則將我們的鄉村城鎮和都市連成一氣。僅英國就有二十五萬英里的道路沿線綠地。我們有機會迅速把我們的城市、鄉鎮、村莊和花園，打造成一個對昆蟲友善的棲息地網絡。[42]

園丁們可以採取的最有效做法，便是種植一些有利於授粉者的花朵。這很容易，而且已有大量的建議可供參考，雖然並不總是全然可信。許多有利於授粉者的植物清單已經公布，例如，英國皇家園藝學會（Royal Horticultural Society）在網站上發布的資訊，便是最詳盡和可靠的其中一份。園藝苗圃通常會給有利於授粉者的植物貼上標籤，通常上頭帶有卡通蜜蜂的標誌。大體上，在北半球的溫帶地區，如果你在花園裡種植傳統英式花園植物和香草藥，如薰衣草、迷迭香、墨角蘭（*Origanum majorana*）、紫草（Symphytum）、貓薄荷、百里香和耐寒天竺葵（*Geranium behemicum*，不要把耐寒天竺葵與天竺葵屬〔*Pelargonium*〕相混淆，天竺葵屬植物對我們本地的昆蟲沒有用處，適合由非洲南部的擬長吻虻〔*Nycterimyia fenestroinornata*〕授粉）。如果花園裡還有空間的話，也可以多種植一些本地的野花；如果在西歐，毛地黃、藍薊或短柄野芝麻（*Lamium album*）都是不錯的選擇，但種類還不只這些。有些本地植物可以開出美麗的花朵，同時也是蝴蝶毛蟲的食物，例如：在英國，百脈根（*Lotus corniculatus*）和草甸碎米薺（*Cardamine pratensis*）分別是普藍眼灰蝶（*Polyommatus icarus*）和紅襟粉蝶（*Anthocharis cardamines*）的寄主。避免一年生的花壇植物，如非洲鳳仙花（*Impatiens walleriana*）、秋海棠、矮牽牛和三色堇，這些植物

㊷ 如何「綠化」我們的花園和綠化我們的城市的更多細節，請參閱我的著作《花園叢林》。

經過人類育種栽培，可以開出大而多彩的花朵，但往往失去了香味或花蜜，或者花的形狀改變太多使得昆蟲無法進入，因此昆蟲多半對這些花朵沒有興趣。此外，還要避免像玫瑰、櫻桃、蜀葵（hollyhocks）和耬鬥菜（aquilegia）等重瓣花，因為這些花是突變體，只產生額外的花瓣而非花粉。

如果你只有一個小花園，也不要絕望，因為即使是一個小陽臺或是屋頂露臺，也可以為蜜蜂和食蚜蠅等授粉者提供食物。我便曾在市中心的十層高樓，看見過熊蜂出現，牠們像鐘錶一樣規律，定時將食物運回牠們隱藏在都市叢林某處的巢穴。你也可以在花盆裡種植一些香草，比如墨角蘭或是蝦夷蔥（*Allium schoenoprasum*），不但可以吸引授粉者前來，還可以在烹飪時加味。

如果你的花園裡有一塊草坪，要打造昆蟲天堂的第二個簡單步驟，就是減少割草的次數，不僅節省汽油和你自己的時間，你可能還會驚訝地發現，草坪上冒出了這麼多花：毛茛（*Ranunculus japonicus*）、雛菊、蒲公英、三葉草、夏枯草（*Prunella vulgaris*）和百脈根，這些植物都很常見，但如果你定期修剪草坪，則不會見到它們開花。放輕鬆幾週不去理會草坪，草坪很快就會結出花蕾，然後開花，吸引一群昆蟲。

當然，對於一些喜歡修剪草坪的園丁來說，這些草坪上開出的花是「雜草」，需要拔除或噴灑除草劑。我一直不明白為什麼有些人會如此想要一塊修剪得整齊劃一、不被漂亮的花朵「玷汙」的綠色草坪。我們對於「雜草」的概念根深蒂固，卻殊不知一個人的雜草，在他人眼中卻是美麗的野花。如果我們能以某種方式改變我們的態度，讓諸如雛菊或三葉草這樣的「雜草」，成為草坪上的點綴，而不是我們要與之奮戰的敵人，我們將為自己節省大量的時間、金錢和壓力，同時還能夠幫助大自然恢復生機。

依此類推，你也可以讓你的花園成為無農藥的地區。花園裡根本不需要農藥，你為什麼要把這些有毒藥劑帶進孩子玩耍的地方？我說說我的經驗，因為我很幸運擁有一個兩英畝的花園，花園裡滿是鮮花蔬果和野生動物，牠們在花園裡和諧共存，絲毫不需要任何人工化學品。如果你發現一些蚜蟲或是粉蝨，別去理會牠們，因為牠們是草蛉、瓢蟲、蠼螋、食蚜蠅和藍山雀的食物。這些小蟲或許很快就會被吃掉，如果沒有，牠們也不太可能造成太大的傷害。如果你有一株植物經常受到害蟲侵擾，那麼這株植物肯定不快樂，所以只要試著在你的花園裡種一些更適合的植物就行了。

如果你不想要在花園裡使用農藥，那麼你應該多提防附近苗圃裡販售的漂亮花朵盆栽。令人遺憾的是，絕大多數苗圃裡販售的植物，包括那些貼上「蜜蜂友善」標籤的植物，都經過殺蟲劑或是其他農藥處理，而且仍有殘留。二〇一七年，我們在實驗室裡發現了這一點，當時我們從英國苗圃中心的植物中抽樣篩選農藥殘留。百分之九十七被標示為對蜜蜂友善的植物，都含有至少一種農藥，百分之七十甚至含有類尼古丁類殺蟲劑。儘管類尼古丁類殺蟲劑現在大多被禁止，但我敢說它們已經被其他殺蟲劑取代。所以，最好到有機苗圃購買（你可以上網找到一些），或者從種子開始種，或是與朋友和鄰居交換植物。這些選擇同時也避免了一些環境成本，例如常用來種植觀賞植物的泥炭堆盆栽上頭用的化肥，以及販售時用的塑膠花盆（通常不會被重複利用）。

與此同時，你也可以寫信給你的地方議會，要求他們停止在當地的公園、路邊和人行道上噴灑農藥。你甚至可以敦促他們徹底淘汰農藥。三十年前，加拿大魁北克省一個人口五千一百三十五人的哈德遜小鎮，便成為地球上第一個禁用農藥的地方。這項禁令的實施，要歸功於當地一位名叫瓊·厄文（June Irwin）醫生的不懈努力，因為她確信她的病人的健康問題，與花園中使用過量的農藥有關。六年裡，她參與了每一次鎮議會的會議，提出這個問題，她的鍥而不捨最終得到了回報，最後鎮議會引入了一項規定，禁止在鄉鎮範圍內使用所有的化學農藥。

在哈德遜小鎮開了先例之後，加拿大有一百七十個城鎮跟進，其中包括多倫多和溫哥華等主要城市在內，加拿大十個省份中，已有八個省份禁止農藥用在任何維持景觀美觀的目的上。多虧厄文醫生的奔走，現在有三千萬加拿大人生活在沒有農藥的地區。從日本到比利時和美國，以及世界其他地方的城鎮也紛紛效法。法國也位列其中，有九百個城鎮宣稱自己是「無農藥村莊」。這促使法國政府從二〇二〇年起，在全國禁止所有非農業的農藥使用。現在，只有經註冊的農民才能購買。

英國跟進此一運動的反應相對較慢。英國一些鄉鎮和市政府已承諾逐步停止使用農藥，其中包括布萊頓、布里斯托（Bristol）、格拉斯頓伯里（Glastonbury）和路易士（Lewes），以及倫敦的漢默史密斯和富勒姆區（Hammersmith & Fulham），但似乎仍未嚴格限制居家使用。如果整個法國都能在城市地區禁止使用農藥，我們是不是也能跟著效仿？在我看來，這樣做幾乎沒什麼壞處，除非你是農藥製造商，或者在大賣場裡販售農藥維生。相反地，這麼做不僅能增加城市的生物多樣性，也讓我們或是我們的孩子在花園和公園玩耍時不會接觸到這些有毒物質，其中有些還疑似是致癌物。

園丁們還可以採行許多其他的方式，使他們的土地上有更多樣的生物。池塘是另一個增加生物豐富度的地點，能吸引到各類昆蟲，如蜻蜓、水黽和豉蟲，如果你幸運的話，還可以見到兩棲動物，如蠑螈、青蛙和蟾蜍。即使是一個小池塘也能夠充滿生機，為鳥類提供飲水和戲水的地方。利用家中的有機廢物回收再利用做成堆肥，你將為無數微小的動物提供一個家，從跳蟲到水熊蟲（Tardigrades），從馬陸到潮蟲，同時也替自己生產一個營養豐富的堆肥，而毋須從苗圃內購買袋裝的堆肥。如果你有足夠的空間，可以在自家的草地上種一片野花，或者種植一棵開花的樹，比如蘋果、櫻桃、柳樹或是萊姆。

最後，你可以嘗試在花園裡為一些昆蟲提供住所。苗圃販售許多沒多大用處的「昆蟲旅館」，例如：這裡經常販售蝴蝶冬眠箱。但是美國賓夕法尼亞州立大學的科學家，他們在田野間設置四十個這類箱子，花了兩年時間追蹤採樣，卻未發現任何蝴蝶住在裡面（有的箱裡甚至藏有蜘蛛）。另一方面，旨在為獨居蜂提供住所的「蜜蜂旅館」，倒是收效不錯。像紅壁蜂（*Osmia bicornis*）和切葉蜂這類蜜蜂，只需要水平的洞來築巢。你可以輕易替蜜蜂打造牠們的蜂巢，只要在木頭上鑽出一個個直徑六到十毫米之間的洞，或者把一捆捆竹子綁在一起即可。有些獨特的蜂巢商品設有窗戶，可以讓你一窺蜂巢內部的動靜，這對大人來說很有吸引力，也是提高孩子興趣的好方法。蜜蜂旅館的入住率有些隨機，取決於附近是否有合適的蜜蜂種類，不過機會還蠻高，像我的蜂巢入住率通常高達百分百。另外，你也可以自己創造一個「食蚜蠅潟湖」（hoverfly lagoon），利用一個空的塑膠牛奶罐或是類似的容器，打造一個小型池塘：把容器裝滿水，再放進和一把草坪修剪下來的草或是樹葉，就可能吸引一些漂亮的食蚜蠅來產卵。

當然，在擁擠與城市化的現代社會，很多人都沒有屬於自己的戶外空間。果真如此的話，你可能會對於我們討論很多的園藝活動感到沮喪，不過你仍然可以參與其中。我舉個例：在蘇格蘭斯特林（Stirling）一個在週末聚會辦活動的保育團體，名為「邊緣」（On the Verge），他們會在週末的時候，翻動任何一塊他們所能及的除過草的草坪，然後在上面種野花——當然，前提是獲得草坪主人的許可。如今在斯特林和鄰近的克拉克曼南郡

（Clackmannanshire）周圍，以及零星分布在公路邊緣、圓環、公園、學校操場上，共計有八十二片野花盛開的草皮，甚至還有一處是在監獄的放風區裡。我請一位熱心的大學生羅娜．布萊克莫爾（Lorna Blackmore）調查這些野花草地，並與鄰近幾塊除過草的草坪比較。羅娜發現這些播種了野花的草地比起後者，花朵數目多出二十五倍、熊蜂數目多出五十倍，食蚜蠅則多出十三倍。如果每個城市和鄉鎮都有類似這樣的計畫，讓我們的都市地區遍地野花，難道不很令人讚嘆？

更廣泛地來說，大多數地方當局管理著大量的土地，這些土地原本可以有豐富的野生動物，但目前尚非如此。如果我們能說服他們加入，就有很大的潛力做出改變。公園有大片草地、可以在花園種有利於授粉者的花朵、設置野生動物生活的池塘、種植開花結果的樹木，放置蜜蜂旅館和食蚜蠅潟湖。每一個圓環都可以成為野生花朵崢嶸的舞臺。如果小心管理，墓地周邊也能夠充滿豐富的野生動物：一些年代久遠的墓地，時常長有多種花卉，足以媲美那些野花叢生的古老野地，而其他的墓地經過人為修剪、刈割和除草，則變得整齊而乏味。[43]地方政府有權規定所有新開發的建案都必須設置綠地，並鼓勵屋頂綠化

[43] 英國公益機構「關愛上帝的土地」（Caring for God's Acre）在照顧教堂庭院和墓地裡的野生生物上是個榜樣。

和植樹，也要保護那些已是野生動物豐富的棕地。我們的都市經常被高爾夫球場所環繞，在英國，這些高爾夫球場覆蓋了約兩千六百公頃的土地，僅僅在薩里郡（Surrey）就有一百四十二公頃。大多數高爾夫球場大約有百分之五十的球道和果嶺，另外百分之五十是粗放草地和林地，後者具有繁殖野生動物的深厚潛力。其中一些草地和林地已具有相當豐富的生物多樣性，但仍有許多地方的生物多樣性還很少，因為這些地區種植的是非本土樹種，並受到大量使用農藥和化肥的影響。在批准修建新球場時，地方政府可以規定球場不得使用農藥，而其他粗放草地區域的經營管理則必須以野生動物為考量，保有野花草地，並根據所在位置設置原生樹木或其他原生植被的灌木林。也許我們也可以將現有的高爾夫球場再野化一番，把它們打造得更像是十六世紀高爾夫剛發明時的古代球場樣貌。

綠化城市地區對昆蟲、野花和許多以昆蟲為食的動物來說，好處顯而易見，但人們可能不太了解這對我們人類有多大的好處。一百多年前，英國國家信託基金（National Trust）的創始人之一奧克塔維亞．希爾（Octavia Hill）曾說：「看到天空和萬物生長是所有人的基本需求。」美國著名生物學家愛德華．威爾森，在他於一九八四出版的書《熱愛生命》（*Biophilia*）一書中提出，人類具有一種天生與自然情感聯繫的本能，如果不能滿足這種本能，將會影響人類的福祉。不久之後，出現一個新的心理學研究領域，加州學者希歐多爾．羅斯扎克（Theodore Roszak）創造了「生態心理學」（ecopsychology），探索當我們與野生大自然的互動日益減少，會對人類的心理發展和福祉產生什麼影響。一種普遍的論點是，如果社會和自然失去了聯結，那麼個人生活的各個方面都會受到負面影響，甚至會導致妄想和精神錯亂。隨後，美國作家理查・洛夫（Richard Louv）在他於二〇〇五年出版的《失去山林的孩子》（*Last Child in the Woods*）一書中主張，許多在灰色城市環境中長大的孩子，罹患了「大自然缺失症」（nature deficit disorder），這是由於太少在戶外和大自然中玩耍所導致的一連串行為問題。他聲稱，這些問題包括注意力不足過動症、焦慮、抑鬱，以及缺乏對環境和其他生命形式的尊重。在英國環保主義者喬治・蒙比爾特（George Monbiot）於二〇一三年出版的《野性》（*Feral*）一書中，也呼應這些觀點，主張人類對野生的大自然有原始的需求。

這一切聽起來十分有趣，也像是保護自然的有力論點，但證據在哪裡呢？如果我們不經常接觸大自然，我們當真會焦慮、沮喪、迷惑和瘋狂嗎？還是這不過只是環保主義者們一廂情願地支持他們說法的理由？換個角度看，人類是否有可能在沒有看到一片草葉或聽到任何鳥鳴的情況下，過著完全幸福、富足的生活？

雖然並不是每一個關於接觸自然有好處的說法都經得起審視，但現在有許多由醫學研究人員、心理學家、社會科學家和生態學家進行的實證研究，證明與自然的接觸毫無疑問地確實帶給我們廣泛的好處。研究發現，與在高度城市化地區走路相比，在大自然中散步十五分鐘，就能提高受試者的注意力和幸福感。即使是觀看大自然的影片也能帶來顯著的好處，儘管不如親身體驗來得多。其他研究發現，居住在綠地附近的蘇格蘭城市居民，他們生活壓力的水準較低；在荷蘭，生活在公園較多的城市地區的居民，他們的焦慮和憂鬱程度也較低；在加州，在排除財富等其他因素後，發現居住在城市樹木覆蓋率較高地區的人們往往脂肪較少，罹患糖尿病和氣喘的風險也較低。居住在綠意盎然社區的準媽媽們，也往往生出較重的新生兒。看得到綠色植物的醫院病患，比看到磚牆的病患康復得更快。家中擁有綠色植物景觀，可以促進兒童的認知功能和成年人的心理健康。與駕車穿越虛擬城市景觀的人相比，模擬駕車穿越鄉村景觀，使人們更能夠應付工作場所帶來的後續壓力。各種研究也發現，與非從事園藝者相比，園丁和親近綠色植物者對生活的滿意度更高，也更懂得尊重自己，擁有較佳的身心健康，較少憂鬱和疲倦。去野外探險或是露營可以增加心理健康和與自然的連結。類似的研究還有很多，但我想我應該舉了夠多的例子，說明接近自然的好處：如果能接觸到或看到綠色植物，我們將會變得更健康。

由於這類證據愈來愈多，紐西蘭、澳洲，以及近年英國的醫生，已經開始給一些病人開立「綠色處方」而非傳統藥物。綠色處方的形式通常是定期到公園或是鄉間散步，或者有時參加植樹計畫或其他戶外活動。當然，運動本身提供了很大一部分益處，但與走進大自然相結合，似乎是最有效的方式，因為比起只是告訴他們去健身房，患者更樂於在大自然中活動。[44]在日本，醫生普遍推薦「森林浴」（只需在森地中消磨時間，連游泳都不需要！），似乎對健康有多重益處，包括增強免疫功能在內。

讀到這兒，你可能已經察覺這個論點的一個缺陷。儘管證據顯示親近綠地與人類的幸福健康有關，但是綠地的品質呢？一片枯燥的修剪草坪和一個萊蘭樹（*Cupressocyparis leylandii*）樹籬就夠了嗎？用人造草皮和塑膠花代替可不可行？只要有了野花、蝴蝶或鳥類，是否就能夠撫慰心靈並降低血壓？很少有研究試圖去檢視，究竟什麼樣的綠色空間品質（以生物多樣性來衡量），對人類的健康產生何種正向的影響，不過那些既有的少數研究，大多發現更為豐富的生物多樣性確實對我們有利。已有研究發現綠色空間的植物和蝴蝶的多樣性，對人類的幸福感和健康有正向關連，但在所有生物多樣性中，鳥類的多樣性

[44] 在過去的五十年裡，歐洲人和北美人的活動量大大減少，平均每天消耗的熱量減少了五百卡路里，原因不外乎是人們更常坐在辦公桌前工作，開車上班而不是走路或騎自行車，乘電梯而不是爬樓梯。根據英國政策研究機構（Policy Studies Institute）的資料，一九七一年，七、八歲的孩童中有八成是步行上學，通常是獨自一人或與朋友一起，而到一九九〇年，只有不到一成，而且幾乎所有孩童都由父母接送。據估計，在英國，由於缺乏運動的生活方式所導致的健康問題和損失的工作天數，在經濟上造成每年約一百億英鎊的損失。

似乎與人類的健康最密切相關，尤其是鳴鳥。有趣的是，一項英國研究發現，如果觀察者能說出花園裡觀察到的鳥類名字，將從中獲得更多樂趣。這點也印證了人們如果能夠認識自然，就更有可能關心和同情自然的論點。

一個有趣的想法是，暴露在生物多樣性的環境中，將使我們擁有更多樣化和更健康的微生物群相（我們體內的微生物的集合）。在小時候接觸有益的微生物，對免疫系統的發展有很大的影響，並且能夠減少慢性發炎症疾病的流行。平均而言，城市居民的微生物群落多樣性較低，因此人類健康與暴露在多樣的微生物環境之間，似乎確實存在合理的關聯。同時也有一些證據顯示，樹木和灌木的高度多樣性能提供更密的樹冠，更有效地過濾空氣中的污染。

總結而論，綠色空間似乎替人們的健康帶來不少裨益，如果該地區的生物多樣性愈高，所帶來的益處將會愈大，人們對於自然的知識能更進一步增加這些益處。邀請大自然進入我們的城市和鄉鎮，看起來是一個簡單的雙贏做法，不但對自然有益，同時也對我們有益。想像一下，如果每個花園都充滿了有利於授粉者的花朵，包括本地的野花、一片小型草地、開花的灌木叢、一個池塘、堆肥堆、蜜蜂旅館和角落裡的一個食蚜蠅潟湖，這些都將因此形成錯落在各地的小型昆蟲自然保留區，如果地方議會也願意加入，便能夠將長滿鮮花的路邊草地和圓環、街道邊的開花行道樹、花草扶疏的鐵道邊坡、都市的自然保留區、校園裡的生態區，以及都市公園等連接起來，在我們這個擁擠的國家，提供一個彼此相連、四通八達的棲地網絡，並擴及全境。所有新的開發建案，從一開始就要將生物多樣性最大化與公眾可及的綠地納入規劃。在我看來，這是在我們能力範圍內很容易可以實現的，因為其中一些做法已經是進行式，議會和地方當局已經開始禁止農藥，並且制定了幫助授粉者的計畫，還有許多園丁已悄悄地將他們的土地變成了小型的自然保留區。

如此，我們的城市很快就會變成不僅適合人類居住，更是人類和自然健康快樂共存的地方：綠葉和花朵隨處可見，孩子們可以在圍繞著熊蜂熟悉的嗡鳴聲中成長，在這裡學習鳥類和蜜蜂的名字，欣賞蝴蝶飛過時翅膀展現的美麗色彩。

行重複寄生的寄生蜂

如果你對昆蟲有一些了解，你可能對擬寄生蟲（parasitoids）很熟悉，各種各樣的蜂和蠅，把卵產在其他昆蟲身上或體內，然後慢慢地、活生生地蠶食牠們，並在接近發育末期時才殺死宿主。

這些擬寄生蟲包括纓小蜂（Mymaridae），是所有昆蟲中體型最小的，身長只有零點一三毫米，牠們靠其他昆蟲的卵，完成整個發育過程。擬寄生蟲看似可以恣意妄為，但牠們之中有很多卻會被自己的擬寄生蟲攻擊。例如，在我的菜園裡，包心菜經常被白粉蝶的毛蟲破壞，我通常得花上幾個小時用手摘除牠們。這些毛蟲經常被一種叫做粉蝶盤絨繭蜂（*Cotesia glomerata*）的小繭蜂寄生，雌蜂會把卵產在白粉蝶的毛蟲體內。每當我看到一批黃色的蜂繭出現在毛蟲的屍體旁時，我總是十分高興，這表示救兵來了。然而，粉蝶盤絨繭蜂自己也會被小折唇姬蜂（*Lysibia nana*）所寄生，這些小折唇姬蜂透過蝴蝶的毛蟲將卵注入小繭蜂的幼蟲體內。盤絨繭蜂是利用宿主植物被毛蟲啃食時釋放的揮發性氣味，找到牠們的宿主毛蟲。值得注意的是，被寄生的毛蟲啃食的植物所釋放的氣味，與健康毛蟲啃食的植物所釋放的氣味，兩者有微妙的不同，小折唇姬蜂能藉此嗅出體內含有盤絨繭蜂的白粉蝶毛蟲。

19 農業的未來

就算把城市變成一個巨大的自然保留區網絡的宏偉計畫能實現，我們也不能太得意忘形。目前全球的都市僅覆蓋百分之三的土地，而農田覆蓋的面積要大得多，約占百分之四十（其餘大部分是極地的凍土）。在英國，百分之七十的土地是農田，儘管其中大部分仍不適合生物生存，英國的野生動物仍不得歇喘生息。我們大多數人似乎已經接受了工業化耕作是我們「養活世界」的唯一途徑，而且我們似乎也或明或暗地接受野生動物的衰退是不可避免的附帶損害。從某種意義上說，這是自然與我們之間的選擇，當然，我們一定是選擇人類這一邊。但我們真的只有這個選項嗎？種植作物和支持自然難道不能並行？我認為我們可以魚與熊掌兩者兼得。我想進一步說明的是，如果我們繼續追求集約化、工業化的農業，專注於最大化產量，我們將不僅毀滅自然，最終也毀滅我們自己，因為我們的生存，正是依賴一個健康的自然環境。

在這一點上，反思我們是如何走到這一步（現代農業系統）或許有點幫助。一百年前的農場規模比起現在要小得多，其中包括許多小型耕地和牲畜混合的牧場和乾草草地。農民使用少量或是不使用農藥和化肥，農田的生物多樣性比現在高出許多，但是食物的生產也相對少得多。然而，自一九二〇年以來，出現了快速而劇烈的變化。舉英國為例，人口穩定成長，從四千三百萬增加到六千六百萬人，增加了約百分之五十，但從事耕作的人口則從大約九十萬下降到今天的不到二十萬人。由於果農發現自己無法應付來自國外的競爭，有百分之八十的果園已經消失。而因為農場合併，田地面積變大，估計有五十萬公里的樹籬也消失了。現在，每年每塊農地上都施用多次各式的合成農藥和化肥，牲畜的數量也增加了，像豬隻便增加了一倍，家禽增加了四倍。不過牠們大多數都是在室內飼養，所以你可能不會經常看到牠們。

沒有任何農民團體（政客或是任何人），坐下來好好針對這些改變想出因應對策。世界各地的農業都在不斷發展，以適應市場壓力、機械化、技術創新、不斷變化的政府補貼與國家和國際政策及法規、愈來愈多可用的化學投入品、具有強大購買力的超市的出現、以及公眾對廉價食品日益增長的需求。一般來說，農民們只會做他們認為必要的事情來維持生計，許多小農場經營不下去，而被周邊較大的農場吞併。這時候把矛頭指向農民是無濟於事，因為我們必須要為農業所發生的一切變化，以及我們今天所面臨的處境負責。

如果從更宏觀的角度來看，現代農業是一個效率極低、殘酷且破壞環境的食品供應系統的一部分。全球所生產的食物熱量，大約是人類所需的三倍，但其中約三分之一被浪費，另外三分之一則餵給了動物（牠們大多數被關在擁擠、不人道的室內環境中）。如果我們把用來放牧的牧場和用來種植供動物食用的可耕地面積結合起來，那麼全世界四分之三的農田都被用來生產肉類和乳製品。剩下的四分之一土地，則被使用於過度生產穀物和油，其中大部分用來生產不健康的碳水化合物和高脂肪加工食品，如義大利麵、披薩、糕點、蛋糕、餅乾等等，使得我們無法生產足夠的水果和蔬菜，讓全世界每個人都擁有健康的飲食，即使他們負擔得起也沒法做到。結果便是肥胖和糖尿病在全球流行。如果有人從頭開始設計一個系統，以永續、對環境友善的方式為世界提供健康的食物，它應該會跟當前的農業系統截然不同。

那麼，一個理想的食物生產系統要滿足那些條件呢？首先，我們需要種植足夠的食物，讓每個人都能夠獲得足夠的營養飲食，確保食物的分配，讓所有人都能取得，並在某種程度上確保每個人都能負擔得起。其次，這樣的系統必須是長久永續的：它不能夠造成氣候變遷，不能導致土壤惡化、汙染河流和小溪，或是導致授粉昆蟲和其他野生動物的衰退。我之前有稍微提出「共享／節約」兩派論點，其中「共享派」提倡，將種植糧食與支持生物多樣性相結合，而「節約派」則主張盡可能將耕種集中在某些地區，以提高產量，進而為自然留下更多的土地。我們目前的系統更接近後者，而不是前者：一個高投入高產出的系統，以一種明顯非永續的運作方式致使全球環境不斷惡化。我們試圖在一小塊「倖免於難」的孤立土地上保護自然（即自然保留區）但自然仍然在迅速衰退。德國自然保留區昆蟲銳減，便足以說明這種方法起不了任何作用，因為倖免的土地也會受到周圍環境破壞的影響。即使是像格陵蘭島和南極洲這樣最偏遠的未開墾土地，也受到了氣候變遷的影響。

我同時也懷疑節約論在哲學上的一個根本謬誤。假設有人發明一種新的小麥品種，它的產量是普通小麥的兩倍。那麼世界上種植小麥的農民，會把他們一半的土地交給大自然嗎？當然不會。但過剩的產量，將使小麥價格暴跌，於是我們接著會找出一些更加浪費的方式來利用剩餘的糧食，例如拿更多去餵養動物或生產生物燃料。最終，農民得比以前更努力耕種以維持生計，而大自然則根本不會受益。

如果我們轉而考慮共享的做法，這個系統又該如何運作？我們如何才能改變我們目前的農業系統方向，使其真正達到永續發展、支持自然的目標，同時又生產充足、健康的食物？其中一種選擇是，提倡和支持農民採用一種稱為「病蟲害整合管理」（或稱「綜合防治」）的技術，簡稱為IPM。病蟲害整合管理實際上是一種哲學，而不是一種明確定義的方法，目標是將農藥當成最後手段以減少其使用。它是對瑞秋．卡森《寂靜的春天》這部書的回應，一九七〇年代在美國發展出來的策略。美國農業部提撥研究經費給幾所「贈地大學」（land-grant universities），要這些大學各自針對不同的作物制定「病蟲害整合管理」策略。透過研究害蟲的生物學、鼓勵天敵繁殖、使用作物輪作和抗性品種，以及其他各種技術，目標是降低害蟲的數量。只有當這一切措施都失效，害蟲超過了一個臨界閾值，且在這個臨界點上，害蟲造成的危害足以使噴灑農藥變得具有成本效益，農民才會訴諸噴灑農藥。任何病蟲害整合管理策略要能奏效的關鍵要素，是「偵察」（scouting）：農民必須定期訪視作物，統計害蟲數量。如此便可避免預防性或是根據「按日」方式的噴灑，確保只有在必要時才使用農藥。當我在一九八〇年代上大學時，病蟲害整合管理被認為是一種黃金準則。二〇一四年，歐盟規定，所有農民都必須使用病蟲害整合管理方式——雖然施行的時間點有點慢，但總比不去做的好——所以理論上應該大家都在使用。那麼，為什麼在過去二十五年裡，我們看到農藥的使用量增加了一倍？問題在於病蟲害整合管理的定義太不明確，所以歐盟的規定難以執行。如果被質疑，農民可以簡單回答說他們的確有在使用病蟲害整合管理，因為他們採行其中一或兩項，比如輪耕種植作物。與此同時，他們被農用化學品公司以及他們銷售的行銷方式洗腦慫恿，鼓勵他們使用更多的農藥。近年來法國對近千個農場的研究發現，大多數農民可以大大減少農藥的使用卻不損及產量，而且幾乎所有的農民都會因為減少農藥的使用而增加了利潤。我們很容易受到市場炒作的影響，看來農民也是，買了太多他們完全沒有需要的農藥，不過到底哪些是需要哪些不是，他們可能也很難搞清楚。在我看來，病蟲害整合管理的一個根本障礙是，最小化農藥的使用與農化公司的期望完全相反，而這些公司擁有巨大的財富和影響力。

另一個我們可以選擇引導農業的方向是，在農地的周邊維持生物多樣性。幾十年來，我們一直在探索這種方法：在歐盟，農民可以申請補貼，用來支持他們實施農業環境計畫，如沿著農田邊緣種植野花帶或鳥食帶，在耕地上留一些小塊的地讓雲雀可以築巢等等（相比之下，在美國，對這種計畫的資助微乎其微）。這種方法可以補足病蟲害整合管理的不足，因為農業環境計畫應該是要保護作物授粉者和作物害蟲的天敵。在英國，每年大約花費五億英鎊用於此類計畫，並在局部地區獲得不小的成效，但以全國和歐洲的尺度來看，這些措施並沒有阻止野生動物的數量不斷衰退的趨勢（儘管沒有這些措施，情況可能會更糟）。部分原因可能是這些計畫還遠遠不夠，但我也懷疑，在重複噴灑農藥和大量施用化肥的作物附近為自然建立區塊的想法，是否存在根本性的缺陷：殺蟲劑仍舊流入了花朵之中，當作種子披衣的殺蟲劑依然污染了土壤。我想說的是，我們需要更深切地改變我們種植食物的方式。

也許一個更有吸引力的選擇是，鼓勵更多的有機耕作，以減少農藥對環境的傷害。有機農業在歐洲農業中的比例相對較小，占總耕地面積的百分之七，奧地利以百分之二十三的比例居首，而英國僅占百分之三，快要敬陪末座。已有明確的證據指出，有機農場通常有更健康的土壤，可以儲存更多的碳，而且比傳統農場支持更多的植物、昆蟲、哺乳動物和鳥類，所以我們為何不多增加一些有機農業呢？一個經常用來反駁的觀點是，有機農業的產量不高，若全球要走向有機耕種，將需要更多的土地用於生產，這會對野生動物產生負面的影響。該論點的第一部分的確不可否認：有機產量通常較低，估計全球有機作物的產量是傳統農業產量的八成到九成。但從另一方面來看，正如前面已經指出的，我們目前種植的食物遠遠超過需求，其中約三分之一是被浪費掉的，這是個驚人的數字。如果我們能夠大大減少食物浪費，全世界就可以不再使用農藥，而我們仍然可以輕鬆地養活所有人。

再想想，已開發國家的人民現在不僅是吃得好，而是吃太多出現反效果。過度的食物消費和不良的飲食習慣帶來了巨大的隱性成本。目前，英國百分之六十三的成年人超重，百分之三十七的人肥胖，而二到十五歲兒童肥胖的比例近三分之一；在美國，數字更糟，百分之七十二的成年人超重，百分之四十的人肥胖。根據英國政府的資料估計，肥胖對社會造成的總體成本（如糖尿病）每年為二百七十億英鎊，預計到二〇五〇年將達到五百億英鎊。美國估算的數字則是，處理肥胖相關問題的醫療成本為每年一千四百七十億美元，另外還有六百六十億美元的其他成本，比如工作日損失和過早死亡。

我們不僅吃得太多，還吃了太多加工食品，許多是全球產量過剩的廉價穀物和油脂。

我們很多人吃了太多肉，對自己的健康和對環境都產生不良影響。以穀物飼養的牛肉來供應人類所需，是一種效率極低的方法，它所需要的土地是直接食用植物所需土地的十倍，產生的溫室氣體是直接食用植物的三十倍。牛隻所食用的植物性蛋白質中，只有百分之三點八轉換成可食用的動物性蛋白質。如果我們能減少食物浪費，減少過度飲食，轉而只吃少量戶外飼養的牲畜肉品[45]（完全不吃穀物飼養的牛肉），則不僅不需要這麼多耕地，也不必施用農藥，並使我們健康得多。

這聽起來很吸引我，但我認為我們應該更進一步。一些有機農場看起來和傳統農場很像：仍嘗試種植大量的單一作物，並非常依賴化石燃料為大型機械提供動力。但是，大規模的單一栽培是害蟲的滋生地，即使在有機農場，大面積種植小麥依然無法提高生物多樣性，因此很少有天敵來控制害蟲和疾病的爆發。我認為種植糧食有更好的方法，可以借鏡平分法（allotments，或稱社區農圃）的一些做法。[46]社區農圃通常會在一小塊土地上混種不同的作物，往往看來雜亂無章。你或許會認為這樣的生產模式沒什麼發展性，但讓我告訴你更多關於這類生產模式的情況。

首先，根據布里斯托大學（University of Bristol）最近的一項研究，基於從英國各地收集的資料，科學家發現在任何城市棲息地中，社區農圃當中的昆蟲多樣性最高，比例高於花園、墓地或城市公園，甚至也高於都市的自然保留區。社區農圃裡充滿了生命，或許正是源自於它那雜亂無序的本質，這裡種了各種各樣的作物和花卉，還有一些休耕地和雜草叢生的區塊、腐朽的棚屋、果樹和醋栗灌叢、堆肥堆，偶爾還有幾處池塘等等。這些榮景，也得益於農藥用量普遍較少的緣故：貝絲・尼可斯參與了我在第七章中描述的蜜蜂食物中農藥含量的研究，近年她調查了布萊頓附近社區農圃的用藥狀況，發現大多數人很少或不使用農藥。當收穫是為了自用或給小孩子吃時，我們大多數人會比任何傳統農場都更傾向不用農藥。

其次，貝絲也持續與社區農圃經營者合作，收集農圃的產量資訊，結果十分令人驚訝。許多農圃換算成每公頃產量，相當於二十噸的糧食（典型的社區農圃地面積是四十分之一公頃），有些甚至產出相當於三十五噸或更多。這比起英國主要的耕地作物小麥和油菜

---

45 雖然有些人提倡素食或純素飲食，然而人們也可以在雜食性飲食中包含少量肉類，這既是出於健康的考慮，也是因為少量的戶外牲畜在永續、低投入的農業系統中具有價值。牲畜產生的糞便，是從事有機農業的農民取得養分的重要來源，放牧牲畜也可以成為促進生物多樣性的重要管理工具。

46 對於那些不熟悉這個術語的人來說，平分法是指配額小塊土地，通常以低廉年租金的方式提供，旨在為那些沒有自有大花園的人，提供種植蔬菜和水果的空間。這種方式在許多歐洲國家十分受歡迎。在北美，類似的方案通常被稱為「社區農圃」（community gardens）。

要厲害得多，小麥和油菜每公頃產量分別約為八噸和三點五噸，而其中大部分用於動物飼料或會使我們變胖的加工食品。另外，農圃地生產的食物，在食物里程上幾乎可以忽略不計，而且零包裝，生產出來的水果和蔬菜營養又健康，而且通常使用最少的化學品投入生產。

第三，研究發現，社區農圃的土壤往往比農田的土壤更健康，土壤裡有更多蚯蚓和更高的有機碳含量，有助於應付氣候變遷。

第四，荷蘭進行的一項研究發現，農圃經營者往往比沒有從事此途的鄰居更健康，特別是在年老時。研究人員無法辨別這是因為常常食用新鮮水果和蔬菜、在耕作時的鍛煉，還是由於取得農圃地使用權而獲得的社會效益。大量的證據指出，待在戶外和綠色空間對我們的身心健康都有好處，這個結果並不令人驚訝。

總而言之，社區農圃似乎能夠生產大量的食物、支持高生物多樣性、保有健康的土壤，並使人們更健康。這似乎是一種三贏的局面。很明顯，在糧食生產和保護自然之間，不一定非得在其中做出取捨。

可惜的是，在英國，估計有九萬人在等待能分得一塊農圃。考慮到前述的那些好處，政府難道不能夠釋出更多土地來容納這些人？也許只要提撥目前三十五億英鎊農業補貼中的一小部分，就能夠用於購買農圃用地？或許能夠藉助一個公共教育計畫，鼓勵更多的人嘗試自己種植食物（不論是在農圃地或是在自家菜園裡），並提供培訓、援助支持和免費的蔬菜種子？一些政治人物主張在不久的將來要實行四天工作制。有了額外的閒暇時間，也許會有更多的人願意自己種植水果和蔬菜。

在英國，我們目前每年消費大約六百九十萬噸水果和蔬菜，其中百分之七十七仰賴進口，耗費九十二億英鎊。考慮到我們的氣候和土壤非常適合種植這些作物，這些統計數字著實令人震驚。舉個例子，我們明明就生活在一塊超適合種蘋果的土地上，但為何我們食用的蘋果卻有三分之二是進口的？[47] 為什麼在每年三月本地種植的韭蔥隨處可見的時候，卻在我家附近的超市裡看到產自七千五百英里之外的智利韭蔥？粗略估計，如果以社區農圃方式經營，我們目前消費的所有水果和蔬菜，都可以在英國用二十萬公頃的土地來種植（相當於目前花園面積的百分之四十，或目前農地面積的百分之二）。

當然，我們不可能種植酪梨、香蕉或現在超市裡常年銷售的許多其他外來產品，而且自產食物也有季節性的限制，但是我們可以比現在更接近自給自足。如果我們都能學會更

---

47 你或許認為，不可能在四月吃到英國產的蘋果，但如果品種合適，並使用現代貯藏技術，想要在一年中十二個月都可以吃到鬆脆的本土蘋果並非難事。

加重視在地、新鮮與季節性的產品，像以前那樣隨著自然的供應週期在一年中改變我們吃的東西，還是能夠更接近自給自足的目標。我們仍需要仰賴一些進口產品，但只要這些產品的保存時間足夠長，可以透過陸運或海運，相關的碳成本就會相對較小。[48]我們可以輸出在本地氣候條件下生長良好的作物，如草莓、馬鈴薯、櫻桃和豌豆等來抵消進口，這樣總體上而言，我們就不會成為水果和蔬菜的淨進口國。

值得研究的是，究竟是什麼原因，使得社區農圃和花園中一小塊菜圃能夠生產出豐富的食物，同時支持一個健康、生物多樣性的環境？這其中有很多因素。小塊的作物或混種不同作物更不容易受到害蟲的影響，因為害蟲不容易在一堆植物中找到牠們喜歡的食物。不同的作物在不同的時間被收割，所以農圃永遠不會光禿禿一片，不像一般耕地收割後的狀況，因此土壤不會暴露而被侵蝕流失，而且有機物可以隨著時間而積累。幾乎每個社區農圃都有一個堆肥堆可以補充土壤的肥力。多年生作物的根部，如水果灌叢、大黃（*Rheum rhabarbarum*）和其他樹木，皆有助於保持土壤的完整性。此地的作物害蟲的天敵，如瓢蟲、步行蟲和食蚜蠅，往往更加豐富，因為植被的多樣性為昆蟲提供了大量的藏身之處，即使害蟲找到了作物，牠們往往也不會猖獗太久。因此，即使在不使用農藥的情況下，依然能種植出大量的水果和蔬菜。授粉昆蟲得益於棲息地的多樣性而為數眾多，因此作物產量不會因授粉昆蟲短缺而受限。在近距離種植幾十種不同的作物，每年可以收穫多次，而不是一次，這也有助於提高全年總產量。不同的作物可以比鄰種植，以一種更接近自然植物群落的方式最大限度地利用空間，而非一個大型單一栽培作物的苗圃。

即使在我最瘋狂的夢想中，我也不會天真到以為每個人明天一覺醒來，就想要承接農圃，或把他的花園分出一半來種菜，因此水果和蔬菜的商業生產有其需求。就像英國主要可耕地作物小麥和油菜一樣，這類商業化的水果和蔬菜大多數也是用大規模單一栽培法種植，但未必非得如此不可。有些商業化的農業系統類似放大的社區農圃農法，例如：永續栽培（permaculture）、農林混作（agroforestry）和生物動力農法（biodynamic farming），都算是此法的變體。它們有時被認為是另類、左派、「嬉皮式」的食品生產方法，但它們的基本原則是有生態學根據的。這三種方法都強調土壤的再生、有機質的積累和增加土壤生物（如蚯蚓）的數量。這些農法都涉及到種植多樣化的作物，包括多年生和一年生者，因此沒有大面積的單一種植。

農林混作是在靠近一年生作物的地方，種植樹木或是其他多年生木本植物，此法在數

48 透過陸地或是海上運輸食品，相對而言不會增加太多與農產品相關的碳成本，但利用飛機運輸食品（例如從南非運來的葡萄）對環境的危害要大得多，這是我們應該努力減少甚至汰除的。

千年來一直以各種形式實行。最簡單的方式，就是在用來放牧動物或放養母雞的牧場上，種植成排的高產果樹。根據所植樹種的不同，而有多種好處，包括：提供可食用的收穫，如水果或堅果；為牲畜或喜歡陰涼的作物提供樹蔭；做為柴火或建築材料；提供嫩葉供動物食用；碎木料做為其他作物的覆蓋物；改善排水，減少洪水和水土保持。也可以種一些其他樹種，因為這些樹種可以固氮，提高土壤肥力。在熱帶地區，咖啡通常以單一作物方式種植，這不僅帶來了土壤流失問題，也因為害蟲壓力大而需要大量使用農藥。其實咖啡是一種天生喜歡在陰涼處生長的灌木，若在雨林下種植，便可藉較高的雨林樹木來提供遮蔭，讓咖啡生產更加永續。這種方法大大增加了生活在種植園中的野生鳥類、哺乳動物和昆蟲的數量，減少了蟲害壓力，抑制了雜草，並為作物提供了更可靠的授粉方式。這種「樹蔭咖啡」（shade-grown coffee），也因其提供的重大環境效益而以頂級商品出售。

永續栽培有點難以解釋，在我看來有點模糊：它更像是一門哲學而不是一門科學，專注於與自然合作而不是與它相抗衡——我當然舉雙手贊成這種方式。它是一九七〇年代由塔斯馬尼亞大學（University of Tasmania）的科學家比爾・莫里森（Bill Mollison）和他的博士生大衛・霍姆格倫（David Holmgren）發明的農法。比爾・莫里森的靈感，來自於觀察有袋動物在蓊鬱的塔斯馬尼亞溫帶雨林中吃草，他的想法是建立一個人類可以生活的環境，使其成為功能複雜、相互關聯、永續生命系統中的一部分。他主張人類必須對任何特定區域的生物的相互作用和功能，進行長期和深思熟慮的觀察，然後再刻意設計出一個模仿自然界所發現的模式和關係的鄉村地景，在其中生產充足的食物、纖維和能量供當地所需。比爾・莫里森的計畫在執行面上，包含混種多種有用的植物，從樹木和灌木到草本植物和真菌，同時鼓勵繁殖野生動物和畜養動物。我無法確定莫里森是一個有遠見的天才，還是一個瘋狂的嬉皮，或者兩者兼而有之，但顯然他的心思用對了地方。

生物動力農業（Biodynamic farming）是奧地利社會改革者魯道夫・史泰納（Rudolf Steiner）在一九二〇年代，針對早期化學農業帶來的負面結果所提出的對策。史泰納擔憂農作物和牲畜健康狀況的明顯惡化，並將其歸因於人工肥料的使用增加。生物動力農業與有機農業有很多共同點：禁止使用農藥，並提倡許多非常明智的做法，包括輪作、留下一成的農地給大自然，以及觀照土地和生產健康的食物。

然而，生物動力農業在某些方面，超出了傳統科學的範圍。生物動力農業的農民創造了他們所謂的「製劑」（preparations），例如，將粉碎的石英石塞入牛角並埋入地下，或在鹿的膀胱中塞入甘菊花。這些「製劑」要麼被加到堆肥中，要麼以極少的劑量（homeopathic quantities）噴灑到土地上。這或許聽起來很古怪，但最近我有幸參觀了西蘇塞克斯（West Sussex）的「普勞哈奇」（Plaw Hatch）生物動力農場，這座農場是由一群志趣相投的社區居民經營，他們當中許多人都住在那裡。在一次祈福食物的共餐午餐

（communal lunch）時間，我向工作人員提出質疑，詢問他們這種做法的科學依據。我有點擔心我可能會因此惹惱他們，儘管之中有一、兩個人帶有戒心，立刻就表示「製劑」確實有效，但更有趣的是，其他幾個人則說他們不確定「製劑」是否奏效，但這無關緊要，因為製作這些製劑已經變成每年一到兩次的集體社交活動，農場的工作人員聚在一起摘花，增進感情和團隊的向心力。沒有科學證據指出這些製劑是有效的，但同樣地，我也找不到證據說這些製劑沒有任何效果。我倒很想做一些實驗來測試製劑的效果，但我想大多數資助機構不會認真看待這項計畫申請。另一方面，就算這些製劑對促進作物生長沒有任何作用，而唯一的作用是促進群體之間的社會凝聚力，我想這肯定已經足夠。畢竟，傳統企業也經常花大錢讓員工參加增加團隊向心力的活動。

普勞哈奇是一個真正的混合型農場，占地約八十公頃，在戶外養殖了雞、羊、豬和牛，還種植一些穀物作物，以及各種各樣的蔬菜、水果和花卉供售。它有自己的乳製品，生產各種乳酪和優格，還有一個農場商店，社區的所有農產品都能夠直接銷售給大眾。他們生產的食物，消費者幾乎都是附近的居民和農場員工。一公頃的菜園每年生產二十多噸水果和蔬菜，當中有相當一部分的土地則是種植供摘採的花卉。

當我跟我的嚮導塔利（Tali）四處遊覽參觀時，我們看到大量的蝴蝶和蜜蜂在四周飛舞，尤其是在水果和蔬菜作物之間。塔利很想知道怎麼做才能有更多的昆蟲，我很樂意地提供了一些建議，但在我看來，他們已經做得很好。

有人可能會說，這種「另類」農業系統的缺點是，它們往往更加勞動密集。普勞哈奇農場雇請了大約二十五個人，這種大小的農場在全國的平均雇用人數則為一點七人。工業化農業因為高度機械化，因此只需要很少的人力（這當然是農村社區消亡的主要原因）。要擴大生物動力或是永續農業的規模，使其在我們的食物供應中提高到有一席之地，就需要讓更多的人回到土地上。然而，這真的是一件壞事嗎？據預測，隨著技術和人工智慧的進步，許多傳統職業將在未來幾年內消失。也許我們可以透過擴張小規模農業來取得一份有收入的工作吧？

如果不是每個國家都支持，我們顯然不可能針對已經支離破碎的全球食物供應系統進行再造，但至少我們可以從局部開始改造。想像一下，如果我們的城市四處分布與環繞著社區農圃，以及小型、有產能、勞力密集的市場農圃（market gardens），或永續栽培、生物動力農業農場，如此，大多數的水果、蔬菜、雞蛋和雞肉，皆是在城市消費者的住家幾英里範圍內所種植或飼養的。在英國，那些土壤肥沃、適合種植農作物的農村地區，例如東盎格利亞（East Anglia）和英格蘭中部的部分地區，穀物和油菜籽可以用有機方法或適當實施「病蟲害整合管理」的措施來種植，全面減少農藥的施用，另外加長輪作年限，並搭配休耕措施（土地不耕種），或種植固氮的苜蓿，以恢復土壤健康。如種植原生樹木將大片農田分隔，以吸收碳並保護土壤。興盛的小農市集和蔬果箱計畫直接把當地農場的農產品帶入城市。在這個想像的世界裡，人們將重新與自然產生連結，並得益於健康、高品質、新鮮、時令的在地農產品。

但是我們應該怎麼做才能夠帶來這樣的改變？長期以來，歐盟面臨的其中一個障礙便是共同農業政策（Common Agricultural Policy，CAP）法案。該法案已在一九六二年首次提出，目的是確保當時六個成員國（法國、德國、義大利和三個低地國家）能有高糧食產量和繁榮的農業。二〇一九年，歐盟成員國已增加到二十八個，所以在過去五十年裡，共同農業政策有效地促成整個歐洲的集約化農業，透過補貼制度讓多數資金轉進規模最大的農場，間接導致小農陷入破產。這種做法專注於產量最大化，而不考慮環境成本，有時甚至導致糧食大規模生產過剩。共同農業政策也對開發中國家的農民產生影響，他們的生產銷售被迫與來自歐洲的廉價、受補貼的農產品競爭。

在動盪和爭議不斷的情況下，英國最近退出了歐盟。無論對脫歐持何種觀點，此舉讓英國不再受共同農業政策束縛，並獲得一個徹底改變農業的黃金機會：在我們的大部分野生動物和土壤消失之前，進行迫切需要的根本性改變。目前每年三十五億英鎊[49]的農業補貼，是花費納稅人的錢，用來支持工業化的農業體系，但這個系統產生了大量的溫室氣體、破壞土壤、過度放牧高地、雇請少數員工、使用的化肥和農藥污染河流、導致野生動物衰退、過度生產不健康的食品，有益健康的食物卻生產不足。我們究竟為什麼要用納稅人的辛苦錢來補貼這一切？然而，這種補貼制度的存在，也意味當中有既存的機制，可以用來引導農業轉向。試想，如果這些資金是被用於小型、真正永續的農業系統，如有機或生物動力農場，旨在生產供應在地消費的食物呢？如此一來，這些小型農場就會有更好的財務可行性，並興盛起來。要做到這點並不難，比如向不使用農藥的農民發放補償，或是給小農相對較高比例的補貼，但設定上限。目前，每座農場每年獲得的補貼平均約為兩萬八千英鎊，但一些較大型的農場每年獲得的補貼超過三十萬英鎊。

當然，如果這樣的改革不僅限於英國，而能在整個歐洲推行，那就更好了。如果英國繼續留在歐盟，我們就可以推動這樣的改革，但要讓二十七個成員國達成共識，調整補貼政策是一項艱鉅的挑戰，除非公共輿論出現重大變化。

另外一個可行的措施，或是當作互補的方案，是各級政府可以考慮徵收農藥稅及化肥稅。農藥和化肥會污染與破壞環境，因此使用它們的農民應該為此付費，這似乎是合理

㊾在英國脫歐前的最後幾年裡，每年約三十五億英鎊的農業補貼一直相對穩定，但隨著英國制定自己的農業政策，未來可能會因此發生變化。

的。例如，從我們的飲用水供應中去除聚乙醛（去除蛞蝓的農藥中所含的化學物質），每年要花費自來水公司數百萬英鎊，這些錢目前是從民眾的水費中支付。挪威和丹麥已經開徵農藥稅，在農藥銷售點隨售徵收，成功地減少了農藥的使用。丹麥的做法，還包含對高毒性和長效性的藥課徵較高的稅率，這麼做似乎非常合理。

如果對農用化學品課稅，這些稅收可以用於支持永續農業體系的研究和開發。目前集約化耕作所取得的作物產量水準，是幾十年來大量投資在研究新作物品種、種植技術、開發新農藥和應用新農藥技術方面的結果。相比之下，對有機或其他替代農業系統研究的投資則相對少得多。英國曾經有許多政府資助的試驗農場，研究如何以更好的方式種植糧食。一九四六年，在大戰剛結束不久，政府成立了「農業發展諮詢服務」部門（Agricultural Development Advisory Service，ADAS），提供農民建議和支持。但在那之後，幾乎所有的試驗農場都被出售了，「農業發展諮詢服務」也不斷走下坡，最終在一九九七年被私有化。如今，農業研發的主要投資者，是大型農藥公司和其他農產品加工業。現在提供農民主要諮詢的是農藥學家，他們大多為農藥公司工作（雖然有些是獨立的，但他們的主要資訊來源仍是農化公司的產品行銷和推廣）。考量到糧食生產對我們的生存至關重要，而且生產糧食的方式也對環境有著深遠的影響，難道我們不需要投入一些公共資金來把這件事做好做對？我們應該要恢復政府資助的試驗農場，研究如何真正改善永續農業，以及如何減少傳統農業中的農藥使用。如果一個園丁或是農圃種植者可以在沒有任何培訓或研發支持的情況下，從一公頃土地上種出三十五噸的食物，則不妨想像一下，要是我們用科學研究來評估，找出最好的做法，將能產生多大的效益。研究人員可以研究作物混種的最佳組合、開發最適合這種形式的農作物品種、測試如何提升有用昆蟲族群，像瓢蟲或蠼螋，並找出怎麼做才能使土壤有機質含量能隨著時間慢慢增加而非下降。他們甚至可以測試生物動力農業製劑是否真的有效，或者生物動力農業實務中根據月相進行播種的做法，是否有任何值得我們借鏡之處（我們應對此保持開放的心態）。

除了對環境的益處之外，朝向可以永續經營的農業系統也具有直接造福人類健康的龐大潛力。前面已經提過，過度消費不健康和重度加工的食品，主要包括穀物、肉類、糖和油，對我們的健康、壽命和社會繁榮會有怎樣的影響。世界各地的醫療體系，莫不承受著因不良飲食直接導致的慢性病之巨大成本。此外，長期接觸食物中所含的各種農藥，造成的影響也備受關注。如果我們能夠說服人們改善他們的飲食，理想情況下，轉向食用更多當季的有機水果和蔬菜，並將肉類當成偶爾的加菜，不僅我們將更健康，我們的經濟將會大幅改善。如此，也會反過來對生產這類產品的農場產生更多的需求。

這類飲食習慣的改變，可以透過由下而上的草根運動來實現，正如我們看到，全世界年輕人中素食主義者的人數正在逐漸增加。消費者或許是最強大的群體，正是他們的購買行為，為整個食物體系提供了資金。如果我們不再購買穀物餵養的室內養殖牛肉或室內大量飼養的雞肉，它便會喪失消費市場。如果我們不再購買從南非或智利空運來的葡萄，超市就會停止銷售。如果我們能夠購買在地、有機的時令水果和蔬菜，那麼有機耕作就會在我們所在的城市間興盛起來。考慮到健康人口帶來的重要經濟利益，政府也應該採取更多行動來促進健康飲食，比如確保兒童從小就被教育健康飲食的好處（例如，學習什麼是花椰菜，儘管這個字已從牛津初級詞典中移除），或許還可以投資在公共衛生方面的宣導活動，一九八〇年代，政府曾宣導警告人們愛滋病的危險。搞不好現在有些人會認為，愛滋病跟不良飲食相比，前者對社會大眾健康構成的威脅相對微不足道。政府也可以考慮對非常不健康的食品徵收更多的稅，比如英國目前針對不含酒精的軟性飲料徵收「含糖飲料稅」。人們可以合理地建議將此一標準擴及到任何營養價值很低的重度加工食品上，但搞不好這些恰恰是你在當地超市裡所購買的大部分食品。

我已經提到補貼和稅收制度改變，可以如何幫助我們走向更永續的糧食生產，以及維持研發和獨立諮詢服務的必要性，以支持農民。如果我們的政府能夠為農民提供免費培訓，讓他們掌握最新的知識和研究，也會很有價值。許多職業都義務性地持續提供專業發展計畫，但對農民來說，這類訓練課程似乎十分匱乏。根據我的經驗，農民更樂於聽取別的農民而非其他人的意見。因此，打造一個示範農場網絡，讓農民們可以參訪，交流彼此的想法，看看不同的實務操作方式，將是彌足珍貴。

當然，任何改變食物種植方式的措施，都需要農民本身的支持。讓他們加入這個計畫顯然至關重要，不過這樣做也可能有些棘手。對於農民來說，務農不僅僅是一份工作，也是一種生活方式，這正是他們與其他職業在身分上很不同之處。可以預見的是，任何關於農業可能對昆蟲衰退、土壤侵蝕或溪流污染負有部分責任的說法，往往會激起農民的防禦反應，讓他們更堅決反對。特別是英國農民聯盟（National Farmers' Union）似乎對此極力否認，反對監管和限制農藥，並對於農田野生動物迅速衰退現況的明顯事證提出辯駁。可惜的是，儘管環境主義者和農民有著共同利益，兩者卻經常不和。全球食品生產系統的效率低落，並危害我們的健康和環境，不能夠怪罪在農民的頭上。我們可以責怪政府的政策和補貼、超市、股票市場交易商、農化產業，甚至是我們在購物時做出的選擇。大家都得承擔其中一分責任。我們皆需仰賴農民和農業，因為沒有他們，我們便會挨餓。確保農民的生活無虞、生產充足的糧食，同時採取保護土壤、減少碳排放和鼓勵健康授粉昆蟲族群的做法，是我們所有人的共同利益。沒有哪個農民想讓他們的下一代承接一個殘破衰敗的農場。我們必需意識到這些問題，一同找出解決問題的辦法，才符合所有人的利益。

善於捕食獵物的螞蟻

在亞馬遜雨林深處住著一種小螞蟻，名為十節異切葉蟻（*Allomerus decemarticulatus*），牠們獵食的方式極為特殊。這種螞蟻是樹棲性，不在地下築巢，而是在某種金殼果科植物（*Hirtella physophora*）的葉囊內築巢，葉囊是捲曲的葉片基部和葉柄間形成的一個空腔。這種樹也為螞蟻提供蜜露（nectar），蜜露是由樹葉底部膨大的小腺體所分泌。就目前所知，這種螞蟻在打造陷阱捕捉昆蟲獵物方面稱得上獨一無二。牠們會從葉子剪下絨毛，然後用專門培育的真菌絲和反芻的沾黏性分泌物，將絨毛編織在一起，形成一個海綿狀的結構，環繞並完全包裹在植物的莖部。這個海綿狀結構布滿了許多微小的洞，讓數百隻螞蟻可以藏身其中，將頭伸出，並張大鋒利的大顎。如果有任何大型昆蟲，如蝗蟲或蝴蝶，不幸落腳或是行經這個結構，牠們的腳或是其末端肢體就會立即被螞蟻咬住，接著被迅速攤壓在地，彷彿上了肢刑架。一旦昆蟲完全不能動彈，螞蟻就會從海綿結構中湧出，小心翼翼地肢解牠們的獵物，然後把碎片帶回牠們的葉囊巢穴。螞蟻的寄主植物也許因為少了植食昆蟲的侵害而受益。

20 自然無處不在

我們英國人自認是一個自然愛好者的國度，無論住在鄉村的茅草屋，還是住在城市的公寓裡，我們皆與「怡人綠景」的土地間有著強烈的情感聯繫。我們對自然的喜好，無論是身為業餘愛好者或是專家，都有著悠久的傳統，可以追溯到十七世紀的詹姆斯・赫頓（James Hutton）、吉伯特・懷特（Gilbert White）和約瑟夫・班克斯（Joseph Banks）。現今，英國的專業生態學家，包括其中一些世界頂尖的佼佼者，還有另外一群熱心的業餘愛好者，他們透過各式各樣的記錄來收集野生動物的資料：例如細數蝴蝶和蜜蜂的數目，調查池塘、繫放鳥類等等。英國廣播公司位於布里斯托的自然史部門，製作了不少深具啟發性且畫面優美的自然紀錄片系列，而大衛・艾登堡在這方面，儼然成為全球的代表性人物，因為他點出自然界面臨的困境，此外，諸如英國皇家鳥類保護協會（The Royal Society for the Protection of Birds，RSPB）擁有超過一百萬名會員，而野生動物信託（Wildlife Trusts）的會員人數也緊追其後，約八十萬名。許多規模較小但蓬勃發展的公益機構，也關注著不同的野生動物類群，從熊蜂到蝴蝶，從哺乳動物到植物都有。

我們對自然的集體熱情，促成無數類型的保護區的設立。英國有二百二十四座國家自然保留區，總面積達九萬四千公頃。我們有受國際法保護的保留區，如「拉姆薩公約登錄濕地」（Ramsar Convention site，受國際條約保護的全球濕地網絡的一部分），以及「自然二○○○保留區」（Natura 2000，受歐盟立法保護的自然保護區）。我們還有「具特殊科學價值地點」（Sites of Special Scientific Interest，ＳＳＳＩ）、特別保育區（Special Areas of Conservation）和許多地方性的自然保留區，有些由英國皇家鳥類保護協會、野生動物信託或是其他公益機構（如「林地信託基金會」〔Woodlands Trust〕）管理。如果這還不夠，我們還有屬於國家公園系統的「傑出自然美景區」（Areas of Outstanding Natural Beauty），以及管理二十五萬公頃土地的國家信託基金（National Trust）。總結而論，英國大約百分之三十五的土地面積，受到某種形式的保護。

單從數字上看來，我們很可能會得出自然目前安全無虞，以及我們已經做得夠多的結論。然而，正如我們所看到的，我們的野生動物正在急劇地減少。近來，由倫敦自然史博物館（Natural History Museum）的安迪．珀維斯（Andy Purvis）教授領導的一項大型國際合作計畫學術研究，分析了全球一萬八千六百個地點的三萬九千種植物和動物的豐度和多樣性的變化模式，並計算每個國家的「生物多樣性完整性指數」。結果顯示，英國在該研究包括的二百一十八個國家中排名第一百八十九，代表我們是世界上自然資源枯竭最嚴重的國家之一。

這其中究竟出了什麼問題？這個問題的主要部分在於，前述的大多數保護措施不過是一種自我催眠的幻覺。我們的國家公園以及國家信託基金所擁有的土地中，大部分是集約化管理的農田，並時常伴隨著大量的農藥，使得這些土地與其他農村地區沒有什麼兩樣。此外，環境、食品暨農村事務部近年來估計，特殊科學價值地點中只有百分之四十三處於「良好狀態」，而且多數地點幾乎沒有人去檢視是否被妥善照顧。而像國家自然保留區這樣最受保護的地方，只要政府認可過，便可以為了一條便道或是建設一條新鐵路而遭到破壞摧毀，比如從倫敦到伯明罕的二號高速鐵路便是一例。就算那些管理良好、未受開發影響的自然保留區，也如同孤立的小島，被惡劣的環境所環伺，同時也受到氣候變遷、入侵物種，以及四處移動、無孔不入的污染所困擾。

類似的問題，也一樣發生在美國六十二個國家公園所保護的二十一萬一千平方公里土地上。這些本該是不受人類活動影響的荒野地區，其中許多卻受到石油和天然氣鑽探或外來入侵物種的影響，也有不少地區甚至允許狩獵，而氣候變遷正影響著有這些土地。例如，大沼澤地國家公園（Everglades National Park）正遭到各種破壞，例如為了灌溉而過度消耗水資源、化肥和農藥汙染，以及至少一千三百九十二種入侵物種（從緬甸蟒到四處蔓生的澳洲茶樹）的危害。

很明顯，為自然保留一些區域作為防止生物多樣性喪失的策略是不夠的，儘管自然保留區無疑有其價值，但我們需要做得更多。我們不是非得繼續走向環境末日，但要擋住這個走勢，我們必須意識到目前的策略根本起不了作用，我們不能再像過去那樣，任由情況繼續惡化下去。拯救地球仍為時未晚，但要拯救地球，我們需要學會與自然共存，去重視和愛惜它、如自己般地尊重所有的生命，尤其是小動物；如果地球上的其他生命要茁壯成長，我們需要邀請牠們在我們的城市和農田中繁衍；我們需要與大自然合作，找到種植具有營養食物的方法，而非將之排除在外，例如利用昆蟲及其同類的力量來控制害蟲、為作物授粉，並保持土壤健康；我們需要減少食物浪費、少吃肉類和加工食品，以減少我們在地球上的碳足跡。諸如此類做法，就可以為大自然騰出更多土地。透過轉向以蔬菜為主的飲食方式，輔以少量可以永續捕撈的魚類和草飼肉類，我們可以大大減少人類用於生產食品的土地面積，並為自然留下更多的空間。

如果能做到這一切，那麼我們確實可以「再野化」（rewild）地球上的大部分地區。早在一九六七年，愛德華．威爾森和他的同事羅伯特．麥克亞瑟（Robert MacArthur）便共同撰寫了《島嶼生物地理學理論》（*The Theory of Island Biogeography*）一書，這本書的書名或許並不吸引人，但在書中首度解釋了，為什麼小型、孤立的棲息地島嶼僅能支持少數物種，而大型、相連的島嶼支持的物種數較多。五十年後，在二〇一六年，愛德華．威爾森在他另外一本更為平易近人的著作《半個地球》（*Half-Earth*）中提出，我們應該將地球表面的一半面積留給大自然。當地球人口朝向一百億或者更多的方向發展，在一個已經擁擠不堪的世界裡，這個主張或許聽起來很荒謬，其實不然，因為我們目前生產的食物可以提供全球人口所需熱量的三倍有餘。我們當然可以將目前用於生產的大量土地收回，即便使用剩餘的土地，仍然可以輕易地養活我們所有人，特別是如果我們把生產率最低的土地收回的話。

舉個簡單的例子，讓我們看看巴西的養牛場。亞馬遜地區百分之八十的森林砍伐，都是牧場主所主導，他們每年向大氣中釋放三億四千萬噸二氧化碳，另外還有相當於兩億五千萬噸二氧化碳當量的甲烷從牲畜身上釋放出來。在旱季用火來清除森林後，當雨季到來時，土壤因為缺乏樹木保護，大部分被沖入河流或被吹走。巴西現在估計約有一億九千萬頭牛，牛肉出口到世界各地，特別是美國、歐洲和不斷增長的亞洲市場。從全球來看，牛肉僅提供我們所攝取的卡路里的百分之二，但全球卻有百分之六十的農業用地用於牛肉生產。這些牧地如果足夠肥沃，可以在放牧一、兩年後賣給大豆種植者，他們種植的豆類主要出口到美國或是亞洲，當作牛隻或豬隻的飼料。其他土地的土壤很薄，幾年後就沒什麼用途，所以牧場主們便繼續砍伐更多森林。這一整個系統對養活世界的貢獻微不足道，卻對全球氣候和生物多樣性產生了龐大的負面影響。我們亟需設法找到制止這種刀耕火種的農業方式，妥善保護亞馬遜剩下的森林，並努力恢復受損的土地。

且說說身邊的地方，英國有許多地區不適合進行生產性耕作，而大自然比我們更能善用這些土地。西蘇塞克斯的聶普計畫（Knepp Project），便是一個最佳的例子。這裡以前是一個占地一千七百公頃的農牧混合的大型農田，儘管有農業補貼，卻仍處於虧損狀態，主要是因為厚重的黏土難以耕作，土壤也不肥沃，因此農作物產量很低。於是農場主決定將這個地方「再野化」，放生一些放牧動物（牛、小馬、鹿和豬），讓大自然接手，順其自然地生長。近二十年過去，這片土地變得生機盎然，一些稀有的鳥類和昆蟲族群繁盛，包括夜鶯、歐斑鳩（*Streptopelia turtur*）、紫閃蛺蝶（*Apatura iris*），更充滿了各種以大型動物排出的無農藥糞便為食的珍奇糞金龜。在英國還有許多其他地區，儘管有補貼，但農民仍難以維持生計，而且糧食產量很少。環保主義者喬治．蒙比爾特，他便建議不妨將英國大部分的高地留給大自然。這些土地目前很大一部分有大量綿羊或鹿在此地放牧，或是藉由輪流燒墾山田的方式鼓勵紅松雞生長的地區。但是因過度放牧，導致生物多樣性較低，也使得土壤緊實，讓雨水變成逕流，導致下游洪水氾濫。動物排放的甲烷也造成了全球暖化問題。

英國西北部的一些高地曾經長著溫帶雨林，林子裡滿是扭曲、被地衣覆蓋的橡樹，但這個棲地現在幾乎已經完全消失。在蘇格蘭高地的峽谷中，有一片壯麗的、長滿青苔的蘇格蘭松林（Caledonian Pine），那裡曾經是松雞（*Tetrao urogallus*）、松貂（*Martes martes*）和野貓的繁盛之地，但現在這些松林也差不多消失殆盡。其他高地地區，數千年來已經在排水不良的不透水岩層上慢慢生成肥沃的黑色泥炭層。雖然大部分泥炭地仍在，但之前一些草率地想要排乾它們的做法，已對其中多數造成破壞。這些棲息地皆支持龐大的生物多樣性、捕捉可觀的碳、減少下游的洪水，並提供觀光旅遊的機會。這些廣泛的社會效益，應該早就超過少量肉類和羊毛的生產。

不幸的是，光是提出這一點就足以引發爭議。世代在高原上牧羊的農民，感到他們正面臨著被趕出土地和失去原有生活方式的威脅。這點並不難理解，但我們不能夠因為過去很長一段時間都這麼做就繼續下去，尤其是這麼做還需要額外的補貼，而且對環境有害的時候。無論如何，這都不是要重演一七〇〇年晚期的高地清洗（Highland Clearances），當年許多蘇格蘭佃農遭到貪婪的地主逐出他們生活的土地。這次並沒有人主張要強迫他人離開他們的土地，而且還有折衝的空間。如同聶普計畫，在自然保留區裡留下少量的植食動物常被當成是經營管理的工具，因為牠們有利於生物多樣性。不過聶普式的再野化和大規模的牲畜養殖之間的區別還有些模糊，因為在聶普，牲畜仍會被宰殺並出售。以歷史觀點來看，由為數不多的牛羊所構成的低密度放牧，正是創造豐富植物相的助力，例如在英國的白堊丘陵、法國南部的石灰性草原和阿爾卑斯山的高海拔草原都是。飼養密度是關鍵所在：在某些地方，保持少量的植食動物，或者偶爾大量放牧搭配休整期，這可算是最理想的狀態，牲口排放甲烷的問題，也與為野生動物和土壤健康帶來的好處抵消。

許多再野化支持者的夢想，是比聶普計畫更進一步，重新引進河狸以及大型獵捕者如大山貓、狼和熊等滅絕已久的動物。河狸可以在創造濕地棲息地和減少下游洪水方面做得很好，而捕食者理論上可以捕殺孱弱的牲畜，而不需要人類干預撲殺。在英國，我們已經習慣了生活在一個沒有大型捕食者的國家，因此，在某些地區，一提到重新引進狼就足以引發眾怒。但這並不是那麼荒謬，畢竟，在歐陸幾乎每個國家，農民和狼都生活在一起，沒有不可克服的問題。狼在近年重回歐洲人口最密集的小國之一荷蘭，而鄰國德國則估計有一百零五個狼群、一千三百頭狼，與八千三百萬人口比鄰而居。

舉例來說，若觀光客有機會在蘇格蘭的一個再野化角落看到荒野之狼，其帶來的觀光收益將遠超過狼危害牲畜所造成的經濟損失，就算有也可以獲得補償。

我有一個願景，在這個國家的花園中，野花、蜜蜂、鳥類、蝴蝶和有機蔬菜隨處可見，城市地區不再使用農藥。我們的圓環、道路邊緣和城市公園都種上了野花和開花的樹木，上頭引來眾多的昆蟲。我們的城市也是先人選擇定居之地，大多有著肥沃的土壤，我們能在城市四周開闢菜圃，以及小型、勞動密集型生物動力和永續栽培農場，生產豐富的新鮮水果和蔬菜，直接進入城市銷售，農作物由蜜蜂、胡蜂和食蚜蠅授粉，瓢蟲大軍、蠼螋、菊虎和草蛉負責把關蟲害。到了農村地區，農場是混合式經營，牲畜數量少、樹木比現在還多，僅使用少量農藥，更專注於永續性和土壤健康而非最大化產量。農民的努力，受到獨立研究、示範農場、持續的專業培訓和獨立顧問群的支持。許多農場已經完全採用有機方式生產，將農藥作為最後的手段。在作物產量低落的貧瘠土壤上，依據聶普經驗所改良的再野化計畫支持了豐富的生物多樣性，並為城市居民提供一個可以參觀和體驗野生自然的場所。那些散布在鄉野間的最特別土地，也就是自然保留區和特殊科學價值地點，被視為不可侵犯的聖地，自然永遠優先於人類對於開闢更多道路、工廠或住宅區的野心。這些地區有足夠的政府資金支持，使它們得到妥善的照顧。我們的河流也恢復了原本的樣貌，不再有運河化的河岸，河流一如過去般地蜿蜒曲折。在夏天的夜晚，成群的蜉蝣在水面上閃閃發光；河狸在溪流中築壩，創造新的濕地，促進生物多樣性並減少下游的洪水。在更偏遠的高地，有大量的荒野出現，原始森林得以再生，大山貓、狼和熊可以自由來去。最重要的是，在我的夢想國度裡，人類並不認為他們自己的需求比其他生命來得優先。

這可能看起來像是痴人說夢，但如果你不能讓你的想像力自由飛翔，夢想又有什麼意義？這一切並非不可能達到，也稱不上困難。我們必須改變。我們必須學會與自然和諧相處，把自己看作是自然的一部分，而不是處處想用鐵腕手段控制自然。我們的生存取決於自然，跟我們共享這個地球的其他繽紛生命也是如此。

螳蛉

即使在昆蟲的世界裡到處都是奇形怪狀的生物，螳蛉這種融合不同生物長相的外表仍然十分特別。

這種生物的前半部分非常像螳螂，有強有力如猛禽般的前足，三角形的頭和大眼睛。這正是科學家們所稱的「趨同演化」（convergent evolution）的絕佳例子，兩個不相關的生物演化出類似的特徵，以解決共同的問題：對螳蛉與螳螂來說，便是有效地捕捉和制伏路過的昆蟲獵物。然而，螳蛉的後半身似乎完全屬於另一種生物，有兩對輕薄透明的翅和一個胖嘟嘟、柔軟的腹部。表面上很像草蛉或是石蠶蛾的尾部，熟悉這種生物的人便清楚我說的特徵。某一些物種的尾部近似胡蜂，有著黃色和黑色條紋。牠們的生命史，跟許多昆蟲一樣引人注目。螳蛉的幼蟲會待在一處等待狼蛛（tarantula），當狼蛛匆匆經過時，幼蟲會緊緊抓住狼蛛，有的抓在外部，有的甚至爬進狼蛛的書肺（book lungs）裡。透過刺吸式的口器吸食寄主的體液以維生。如果蜘蛛正在織卵囊，幼蟲就會趁機爬進去，把裡頭的卵一個個吸乾，然後在卵囊內完成發育。狼蛛將卵囊帶在身上以保護牠們，但似乎察覺不到自己的後代正在被慢慢吃掉。*

令我遺憾的是，這些奇怪的生物沒有在英國出現，但在南歐、整個熱帶地區和北美的大部分地區都能夠找到牠們的蹤影。

* 審定註：原文的描述不甚精確，螳蛉的幼蟲一般有三齡：一齡幼蟲會趁機爬上路過的蜘蛛身上，通常在腹柄（pedicel）或背甲（carapace）靠近足基的地方，很少有種類會鑽進蜘蛛的書肺中，牠們需要依賴雌性蜘蛛的卵囊發育，因此若原本爬上雄性蜘蛛寄主，螳蛉幼蟲會在寄主交配或被雌性蜘蛛吃掉時，轉移到雌蛛身上待機。若雌蛛正在織卵囊，則趁機爬入，在卵囊內大開殺戒。有些種類的螳蛉，其幼蟲會主動搜尋蜘蛛產下的卵囊。還有一些是搜尋其他昆蟲的幼蟲為寄主。此外，原文說，狼蛛會將卵囊背在背上（carry their egg sacs on their back）以保護牠們，其實是將卵囊帶在腹部下方，而非背上，因此翻譯一併修正。

21 行動救家園

毫無疑問，昆蟲正在衰退，有鑑於牠們對於生態系統能否健康運作至關重要，也對我們的食物供給有著關鍵角色，這讓我們有充分理由去深切關注問題的嚴重性。昆蟲的衰退是地球上脆弱的生命網正開始崩解的徵兆。對聖赫勒拿巨型蠼螋和富蘭克林熊蜂來說已經太遲了，但對地球上大部分生命來說還不算太晚。為了拯救牠們，我們需要行動，並即刻展開。光靠一、兩個人想幫忙是不夠的，我們需要一支來自社會各個階層的全民大軍投入。既然各位已經讀到這裡，我希望你們意識到承擔責任的重要性，意識到我們所有人都該共同參與、齊心努力，來改善我們與身邊這些小動物之間的關係。在此，我對於我們每個人皆需要採取的許多行動，提供一些實際的建議：有些非常簡單，有些稍微困難，但都在能力所及範圍，這也是邁向一個更環保、更美好世界的宣言。

以下的建議行動是從英國的角度出發，但大多數行動也都能在世界其他地方適用或參考。

促進環境意識

我們需要建立一個重視自然環境的社會，既考慮到自然界為我們所做的，也考慮到自然界自身的利益。顯而易見的起點，便是從我們的孩子開始。

1 國家政府的行動

- 提供在職培訓，使教師能夠自信地教授自然史。目前，許多教師根本不具備這方面的知識。設立有住宿的師培中心，讓教師可以參加自然研習的密集速成課程，這將非常有用。
- 為每一所學校提供安全可及的綠地，讓孩子們有機會與自然互動。提供諮詢和支持的網絡，使校地對野生動物更加友善。
- 將自然史教育納入小學課程的課綱，每週至少一堂戶外課。如果執行得當，這應該會是一週裡最有趣且是所有孩子引頸期盼的一堂課。
- 中學資格證書中引入自然史的選修學程（如英國的中等教育普通證書〔GCSE〕）。
- 學校與自然友善農場結盟，並提撥參訪經費，讓所有學童每年至少造訪一次農場，了解食物生產的過程，以及農業中涉及的挑戰。

2 所有人的行動

■在地方和全國選舉中，投票給環境政策最強有力、最令人信服的政黨。在英國，我們的簡單多數制可能會讓人覺得投票給綠黨是一種浪費，但如果主流政黨看到更多的票投給綠黨，他們便會納為自己的政策。

■定期寫信給你的國會議員，敦促他們支持綠色倡議。許多議員對環境問題所知甚少，但你可以開始教育他們！

■盡你所能，把消息傳播出去。社群媒體擁有巨大的傳播力量，使用任何你喜歡的平臺分享與昆蟲有關的有趣故事、活動或行動，貼文宣傳你和其他人所從事的活動，以幫助消息的傳播。鼓勵你的朋友和鄰居把家裡的花園變得對昆蟲更友善，並考慮我們在文章中提到的其他行動。

綠化我們的城市

想像一下充滿了樹木、菜園、池塘和野花的綠色城市，簇擁在每一個可利用的空間，而且沒有農藥。我們可以改造我們的城市地區，沒有什麼比現在開始更好的時機，就從我們的花園開始。

1 園丁和土地持有者的行動

- 種植花蜜和花粉特別豐富的花朵，以促進蜜蜂、蝴蝶和食蚜蠅等授粉者的生存。坊間已有許多建議的植物名單，可以參閱我的著作《花園叢林》或是參考網站資訊（例如：shorturl.at/coxP4）。苗圃通常會標示「授粉者友善植物」，但要注意這些植物經常含有殺蟲劑。你可以試試熊蜂保護基金會（Bumblebee Conservation Trust）的「蜜蜂友善」（Bee Kind）線上工具，看看你的花園是否對蜜蜂友善（在網路上很容易找到）。
- 為蝴蝶和飛蛾種植寄主植物，如草甸碎米薺、百脈根、常春藤和蕁麻。
- 減少修剪草坪的頻率，讓你的草坪（或其中一部分）開花。你的草坪上可以開出多少種花可能會讓你感到驚訝。
- 更進一步，創造你自己的微型野花園草坪。除了在每年九月，停止修剪你的草坪，看看會發生什麼事。長草（通常）會夾雜其他的花朵一起出現，你可以藉此在草地上種植更多野花。
- 試著把像蒲公英這樣的「雜草」重新想像成「野花」，讓它們恣意生長，省去大量的時間除草。像蒲公英、艾菊（*Jacobaea vulgaris*）、大豕草和漢紅魚腥草（*Geranium robertianum*）這樣的「雜草」植物，對授粉者來說是很好的開花植物。

- 當木柵欄腐爛和倒塌時（它們只能用幾年，之後必然會朽壞），請改以混合本地植物物種的樹籬來取代。這對刺蝟等野生動物來說可穿越性較佳，並為毛蟲和授粉者提供食物，樹籬生長的過程中還可以捕捉碳，並且永遠不需要替換。
- 購買或是製作一個蜜蜂旅館，讓孩子們可以開心參與其中。你可以在網路上找到很多建議（例如：shorturl.at/hAKLQ）。簡而言之，你所需要做的就是在一塊木頭上鑽一排直徑約八毫米的洞，或者把竹筒捆起來。有些商品有設計窗戶，讓你可以一窺巢裡蜜蜂的動靜。
- 挖一個池塘，看看它多久會被蜻蜓、豉蟲、蠑螈和水黽占領。即使是回收利用舊水槽或其他防水容器製成的迷你池塘，也都能夠維持豐富的生態。不過要確保掉進水裡的動物能夠輕易爬出來。
- 打造一個「食蚜蠅潟湖」，也就是供食蚜蠅繁殖的小型水生棲息地。製作方法請參閱：https://www.hoverflylagoons.co.uk/
- 自己種植健康、零食物里程（zero-food-miles）的水果和蔬菜。你種植的每一種萵苣或是胡蘿蔔不但替你節省開銷，也可以消除送到你餐盤上的外地食物，其背後所有運輸和包裝之類的環境成本。

■種一棵果樹。有適合小型花園的矮小尺寸，小棵的果樹可以種植在天井或是屋頂露臺上的大盆栽裡。果樹可以為授粉者提供花朵，也為你提供新鮮果實。琳琅滿目，令人垂涎的水果有：蘋果、梨子、李子、榲桲（quince）、杏子、桑椹、桃子、無花果等等。

■避免在花園裡使用農藥，因為真的沒有必要。如果不去理會害蟲，通常瓢蟲、食蚜蠅幼蟲或草蛉很快就會過來吃掉牠們。如果你的觀賞植物不斷受到害蟲的侵襲，可能是種植了不對的植物。你可以改種野花，以人工拔除雜草，或是利用舊地毯之類的不可穿透材料罩上去，來消除雜草。

■利用伴生種植以促進鼓勵蔬菜作物的授粉，並吸引農作物害蟲的天敵。例如，法國萬壽菊似乎有助於遏止番茄上的粉蝨，琉璃苣（*Borago officinalis*）則能夠吸引授粉者找到草莓。

■在花園裡為大自然預留一個「野化」的角落，交給上天安排，什麼都不必做，當作是自己的「再野化」小型計畫。

■提供一個碎木堆，讓木材腐爛、滋生真菌，支持無數微小的分解者在此生長。

■建立一個堆肥堆，回收廚房的殘羹剩飯。如此不僅能生產自己的肥料，同時也為蠕蟲、潮蟲、馬陸等提供棲所。

2 國家政府的行動

▪禁止在城市地區使用農藥，依循法國和其他許多大城市如根特、波特蘭、多倫多的前例。法國從二〇一七年開始禁止在綠色公共場所使用農藥，並自二〇二〇年初起禁止販售農藥給農民身分以外的任何人。這意味著將不再有家庭農藥，園藝中心、DIY商店和超市的貨架上，再也看不到堆放成排的殺蟲劑販售。如果全法國都做到，為什麼英國不能？英國農藥行動網路（Pesticide Action Network，PAN）可以為地方當局提供詳細的建議，例如改使用熱泡沫（hot foam）＊來控制人行道路面雜草。不過，我認為應該允許雜草在人行道的裂縫中生長，不必要求環境過度整潔。

▪禁止在寵物除蚤藥和螞蟻餌中使用類尼古丁殺蟲劑或芬普尼（兩者都是高效殺蟲劑）。這兩種化學物質常被用於寵物身上，也因而經常出現在溪流和河流的水質採樣中。寵物身上的跳蚤通常可以透過定期清洗寵物的床墊來控制，因為跳蚤的幼蟲是生活在床墊上。如果這種方法沒有效果，有一種無毒的矽油防治法，主要成分是聚二甲基矽氧烷（或稱矽靈，dimethicone），能有效防治跳蚤。

▪提出新的立法，確保開發案中將豐富自然納入標準，提出確實、可量化的野生動物受益項目，以確保所有新的開發案對自然的恢復做出明確、正面的貢獻。這些開發計畫應包括為野生動物提供棲息地和改善棲息地之間的連結，以及無障礙的綠色空間，包括社區使用的空間（如社區農圃），並考慮到有效的水資源管理、污染和氣候控制。在英國，透過其二十五年的環境計畫，政府已經承諾「將環境淨收益原則，適用於包括住房和基礎設施在內的建案」，並透過國家規劃政策框架（National Planning Policy Framework）確保「生物多樣性的可衡量淨收益」，並在最近研擬機制。不過，除非能落實執法機制，否則這種承諾只是空話。一種選擇是，確保新開發計畫必須申請並致力於取得正式認證，如「自然共築」＊（Building with Nature）（可參考：www.buildingwithnature.org.uk）。

■興建新的平屋頂（flat-roofed）建築，上頭種植有利於授粉者的植物成為綠屋頂。這部分還需要多一些研究，來確定合適的耐旱性高、對昆蟲友善的植物。

＊審定註：「熱泡沫」雜草防治技術是在熱水中加入可生物降解的發泡劑，噴灑在施用區，藉吸收外界熱能轉移至植物上以破壞植物組織，可提高單用熱水的效能，也減少用水。一九九五年被發明之後，已廣泛用於無農藥的有機栽培上。

＊審定註：「自然共築」是英國第一個綠建築標準，分別就設計核心、公眾利益、水循環和野生動物四大面向共十二個要點做評估。英國的商品和服務品質乃由英國核准協會認證，通過者將獲取風箏標誌（kite mark），是全球公認最受尊崇信任的標章之一。

- 制定法律，確保所有新的高爾夫球場都能發揮最大潛能以支持生物多樣性，包括種植開花的本土樹木和打造花朵豐富的草地。
- 透過標榜健康、環保和經濟效益的大眾宣傳，鼓勵在自家花園和社區農圃種植蔬菜。這點可以用免費培訓和提供種子來進一步支持新手，並撥出一小部分的農業補貼予以資助。
- 採取減少光污染的措施。大多數城市在夜晚像聖誕樹一樣明亮，一些辦公大樓和道路徹夜燈火通明，也沒有明確目的。利用感應照明可以確保當沒有人在附近時，室內和室外的燈都是關閉的。路燈或體育場的燈可使用遮罩照亮目標，防止光線擴及其他地方。撥款研究哪些頻率的照明對野生動物的傷害較小也很有用。

3 地方政府的行動

- 禁止在城市地區使用農藥，如果中央政府尚未規範的話（見上文）。
- 在公園裡設置野生動物區域：草地、池塘、種植授粉者友善植物、蜜蜂旅館等等（見「園丁的行動」一節的說明）。
- 在街道和公園種植一些開花的本土樹木，如椴樹、板栗、歐州山梨（*Sorbus aucuparia*）、綿毛莢蒾（*Viburnum lantana*）和山楂。

■在公園等城市綠地中種植果樹，為授粉者提供花朵，為人們提供食物。

■減少在道路邊緣和圓環除草，讓野花盛開，除草後要把除下的草移除（否則會把植物悶死）。可能的話，播種適當的野花混合種子。所有新的道路邊緣應該自動播種野花的混合種子。

■在城市邊緣地區購買或劃出土地設為社區農圃，如果有合適的土地，在城市裡也可如法炮製。最近的證據顯示，在城市中，社區農圃是授粉者多樣性最佳的區域，同時也提供健康、零食物里程、無包裝的水果和蔬菜，並促進農圃耕作者的健康（可謂三贏）。

4 全民行動

■針對在地相關問題寫信給你的地方議會主席，例如：反應在當地的公園和人行道上有使用農藥的情形、要求經營管理道路邊緣的花卉，或提倡在當地的綠地中設立草坪區域。

■參與或建立在地組織，如前面提到的自發性保育組織「邊境」，在城市中任何未被利用或閒置的角落，如道路邊緣和圓環，播撒野花種子，創造有豐富花朵的棲息地。

食物系統的轉型

種植和運送食物讓大家有食物可吃，是人類最基本的活動。做這件事的方式對我們自己的福利和環境有著深遠的影響，因此，投注心力把它做對做好肯定是值得的。目前的系統在很多方面都做不好，亟需徹底改革。我們其實可以擁有充滿活力的農地，雇請更多人、專注於健康食物的永續生產、照顧土壤健康，並支持生物多樣性。

1 國家政府的行動

- 重新分配農業補貼，其中大部分（每年約三十億英鎊）目前是按照面積大小發放，換言之，最大的那些農場拿到大部分補貼。其實我們可以把這些補貼拿來支持生產最具有營養的食物類型（例如水果和蔬菜），而且只提供給那些使用真正永續方法的農場，這些農場則必須留出至少一成的土地用於自然。規模較小的農場也可以獲得更高的單位面積補貼，讓它們更容易生存下去。有機農場（包括生物動力和永續栽培）還可獲得豐厚的獎金。對任何一個農場的補貼將設有上限。
- 明確規定將「病蟲害整合管理」是盡量減少農藥使用的有害生物防治手段，在必不得以時才使用農藥，然後立法使病蟲整合管理具有強制性（歐盟目前已經採取這樣的方式，但是沒有強制執行）。

■大幅降低農藥和化肥的使用量，設定減少的重量目標，以及每種作物的使用次數。法國最近的研究指出許多農藥的使用是不必要的，充其量只是基於防範未然的心態，農民需要獨立的建議和支持，以幫助他們確定哪些農藥沒有使用的必要。

■在英國，確保農藥法規至少保持與歐盟一樣嚴格。因為未來與農藥監管較寬鬆的國家（如美國）的貿易協定，有可能導致農藥監管鬆綁。

■增加農藥和化肥稅（挪威和丹麥已經開始徵收），因為污染者應該為他們的行為支付全部費用。丹麥的制度是根據每種化學物質對環境造成的危害按比例徵稅，這種做法提供一個有用的範例，因為多數國家使用的農藥大多數一樣。此外，也可以透過獎勵金，促進豆類作物輪作，以減少化肥的使用。

■利用（上述）農藥稅的收入，資助獨立的諮詢服務單位，以幫助農民減少農藥使用，為他們的農場設計發展適當的病蟲害整合管理系統，或是輔導轉向更加永續的農業系統，如有機農業。

■強制所有農民將他們現在已被規定要做的農藥施用紀錄，提交到一個開放的集中資料庫，使所有的農藥使用公開化和透明化。這將有助於研究農藥對環境和人類健康的影響。

- 資助研究和開發更多永續耕作的方法，如農林混作、永續栽培、有機、生物動力農業等，這些方法目前獲得的投資很少，但有可能使我們在支持豐富的生物多樣性的同時，也獲得高產能。
- 設立一個系統，訓練和支持農民不斷精進其專業之發展，改進技能、學習技術。這也包含支持同行之間彼此學習，因為現在有許多農民積極投入更永續農法的開發，這個系統可以讓他們分享知識，同時也從中獲利。
- 設定到二〇二五年時至少有百分之二十的土地用於有機耕作的目標（奧地利已經有百分之二十三的土地是有機耕作），並為農民的轉型提供足夠的財政支援。
- 規定所有耕地面積都在十公頃以下，以樹籬（使用混合本地木本植物）劃分較大面積的農田，並提供補貼。除了促進生物多樣性外，還將緩解洪水和土壤侵蝕。
- 樹籬的高度及寬度最少各為兩公尺，而每一百公尺至少須有一棵標準樹木（standard tree，即全尺寸樹木）*。
- 取消對生物燃料作物的支持。科學證據顯示，有比集約化種植生物燃料作物更好的方式可以提供永續能源。
- 對糧食生產貢獻不大的邊緣土地，例如英國的大部分高地，以及土壤貧瘠的低地地區，提供經費支援其進行大規模再野化計畫。

- 對空運來的食品徵稅，並將稅金用於支持永續農業。
- 資助公共宣傳活動，鼓吹食用當地種植、時令與新鮮的農產品，並減少肉類消費等改變可以為環境和健康帶來的好處。

2 地方政府的行動

- 促進並支持當地食物網絡和農民市集，讓農民更容易直接向公眾販售他們的產品。

3 農民的行動

- 意識到目前食物生產問題的存在，並積極與政府、環保組織和消費者合作，共同努力解決問題。不管喜不喜歡，二十一世紀的農業連同大多數人類的其他活動，將不得不迅速做出改變。墨守成規不再是一個選項，不能因為它是「傳統」的農法我們就一定要持續

＊審定註：標準樹木是英國樹木尺寸分類，以地上部一公尺高的樹圍（girth）為測量點，依照樹種和標準不同而有各種尺寸，但與樹高沒有直接關係。一般標準是八～十公分。

下去。農民必須願意去快速適應日新月異的變化，考慮和試驗其他種植糧食的方法：有機、永續栽培、農林複合系統等等。農民們也需要準備好，參與持續發展專業的機會，以及向同行觀摩學習，確保最新知識和想法能有效傳播。至於那些即使有補貼也幾乎無利可圖的邊緣地區，再野化是個可以考慮的選擇，並能夠提供更可靠的收入。

4 全民行動

- 意識到我們每一次的購買行為，會帶來怎樣的後果。如果購買工廠化養殖的肉類，無異是在支持對環境有害的做法，而且這些動物不僅壽命減短、生存在有限的空間，甚至過著悲慘的生活。如果我們購買從國外空運來的產品，我們就要為相關的碳排放買單。每一件食品的包裝都需要能源和資源來生產和處理（即使是可回收的）。購物儼然成為一個道德的地雷區，但有一些簡單的原則必須謹記在心。
- 支持當地的永續生產者。購買有機食物、購買在地的農民市集產品，或者購買農場直送的有機蔬果盒。人們常說，很多人買不起這些食品，但在英國，食物的支出僅占收入的百分之十點五，而在一百年前則占了約百分之五十。如果你把開車去超市購物，甚至自己的時間成本考慮進去，農場直送的蔬果盒真的十分划算。
- 購買當季產品。

- 購買散裝的水果和蔬菜。
- 接受購買不太令人滿意或外表畸形的水果和蔬菜。
- 避免在加熱的溫室中生產的農產品，即使是本地種植的，因為溫室種植的農產品比從國外空運來的食物的碳足跡更大。
- 減少肉類的攝取，並將肉類視為加菜，而非日常飲食的一部分。謹記在心的是，與牛、豬或羊相比，雞將植物蛋白轉化為動物蛋白的效率要高得多，而且相關的溫室氣體排放也更低。若要購買紅肉，只購買草飼或是戶外飼養的動物（通常在包裝上都會註明）。
- 不要浪費食物：不要買超過你所需要的食物，或是上菜時份量太大；節約食物並吃剩食；用常識而非食用期限來判斷食物是否壞掉。

加強稀有昆蟲和棲息地的保護

1 國家政府的行動

- 加強對昆蟲的法律保護。在英國，一九八一年通過實施的《野生動物及農村管理法》（*Wildlife and Countryside Act*）保護了少量的蝴蝶、飛蛾和甲蟲物種，這在大約兩萬七千種本地昆蟲中只占很小的比例。歐盟委員會的「棲地指令」（The European Commission's

Habitats Directive, EC Directive 92/43/EEC），也只保護一種英國昆蟲（即霾灰蝶）。大多數昆蟲目前並未受到法律保護。例如，英國的一種稀有昆蟲——松食蚜蠅（*Blera fallax*），牠們在英國的最後一個族群，正受到私人林業操作的威脅，但卻無法可管。稀有昆蟲應與稀有鳥類或是哺乳動物受到同等重視。牠們雖然體型較小，但並不意味牠們無足輕重。

- 適當地資助負責野生動物保護的政府組織，如「自然英格蘭」（Natural England），其任務是「確保自然環境得到保護、改善和管理，以造福今世和後代子孫」。自然英格蘭基金會負責監測和維護特殊科學價值地點的情況、減少水污染、為計畫申請案提供建議、管理農業環境計畫，以及（令人百思不解）捕殺獾和其他生物。但近年來其預算被巨額削減，使基金會的運作受到了影響。
- 其他自然資源豐富的地區，如國家和地方的自然保留區，以及具有特殊科學價值地點，都應該不容受到侵犯。珍貴的自然保留區如今已經所剩無幾，如果政府簡單地廢除（取消）對它們的保護，任由古老的林地或是低矮荒地被鏟平、只為一條旁路或其他開發，那麼最終將什麼也留不住。緩解措施經常被拿來當成是允許開發繼續進行的藉口，比如在其他地方種更多樹木來補償。然而不言自明的是，我們就是不可能重建出像原始森林這樣的稀有棲息地。
- 提供足夠的資金支持監測計畫，以便我們能夠準確地了解哪些昆蟲在何處飽受威脅。這類資金其中一部分將用來支持培養生物分類學家，一群具有鑑定昆蟲專業知識的科學家。分類學幾十年來一直在衰退，這意味著現在能夠廣泛鑑定昆蟲物種的專家嚴重短缺。

▪ 提供資金研究昆蟲衰退的原因，這方面還有很多我們不了解之處，尤其當我們考量到各種對昆蟲有害的壓力源之間複雜的交互作用。

▪ 在對抗氣候變遷和生物多樣性喪失的國際行動中扮演領導的角色，為其他國家樹立最佳典範。特別是，我們需要發起一項全球行動，以阻止進一步在熱帶地區砍伐森林。人們常說，我們這些富裕的西方人根本就是偽善，自己生活在一個長期剝削野生動物棲地的地方，卻向貧窮國家說教，要他們保護環境。這種說法並沒有錯。然而，大部分的破壞行動都是由大型跨國公司所造成，而不是那些試圖養家活口的窮人。無論誰在破壞這一切，我們都需要集體設法阻止，而幾乎可以確定的是，富裕的國家必須要承擔大部分成本。

2 全民行動

▪ 加入在地的野生動物協會分會，或是其他致力於保護野生動物的全國性保育公益組織。你的每一分錢將有助於支持他們的工作。如果時間充裕的話便積極參與，例如支持他們發起活動或加入他們的志工團隊。野生動物協會有龐大的志工團隊，包括各類不同的活動，從自然保留區的實際管理，到鼓勵學校團體投入對自然的關懷，或是協助行政事務及組織活動。

- 成為一名野生動物記錄員，加入一個全國性計畫，如蝴蝶監測計畫（Butterfly Monitoring Scheme），或是熊蜂保護基金會的「蜜蜂行走」（BeeWalks）監測計畫。你們將協助蒐集有關昆蟲數量變化的珍貴資料，提供制定保護昆蟲政策的參考。

致謝

我要感謝多年來與我一起工作的博士生和博士後研究生們，我們一起揭露了一些昆蟲秘密生活的迷人的細節。我另外要感謝我的經紀人派屈克．沃爾什（Patrick Walsh），他在《熊蜂紀事》的初稿中看到了一些值得發表的東西，最終說服我寫出《寂靜的地球》這本書。最後，也是最重要的一點，我要感謝我的父母，他們允許並鼓勵八歲的我在家裡放滿果醬罐，裡面裝著燈蛾毛蟲、馬陸、螻蛄、潮蟲、蟋蟀和無數的小動物。

延伸閱讀

如果你想進一步了解每一章討論的主題，以下是延伸閱讀。我嘗試收錄關鍵的科學文章，這些文章提供了我們目前對昆蟲衰退了解的主體證據，以及我們可以採取的措施，以扭轉頹勢。可惜的是，其中很多都不是為非專業人士所寫，因此有些專業術語可能不易理解。儘管如此，非專業人士通常也能毫不費力掌握文章的要點。有些文章雖然要付費訂閱，但如果有興趣，你可以前往Researchgate網站找到大部分文章，透過網站直接聯繫作者，並向他們索取作品的副本。

1 昆蟲簡史

Gould, S. J., *Wonderful Life: Burgess Shale and the Nature of History* (Vintage, London, 2000).
Grimaldi, D. and Engel, M. S., *Evolution of the Insects* (Cambridge University Press, Cambridge, 2005) .
Wilson, E. O., *The Diversity of Life* (Penguin Press, London, 2001).

2 昆蟲的重要性

Ehrlich, P. R. and Ehrlich, A., *Extinction: The Causes and Consequences of the Disappearance of Species* (Random House, New York, 1981).

Garratt, M. P. D. et al., 'Avoiding a bad apple: insect pollination enhances fruit quality and economic value', *Agriculture, Ecosystems and Environment* 184 (2014), pp. 34–40.

Garibaldi, L. A. et al., 'Wild pollinators enhance fruit set of crops regardless of honey bee abundance', *Science* 339 (2013), pp. 1608–11.

Kyrou, K. et al., 'A CRISPR-Cas9 gene drive targeting doublesex causes complete population suppression in caged Anopheles gambiae mosquitoes', *Nature Biotechnology* 36 (2018), pp. 1062–6.

Lautenbach, S. et al., 'Spatial and temporal trends of global pollination benefit,' *PLoS ONE* (2012), 7:e35954.

Losey, J. E. and Vaughan, M., 'The economic value of ecological services provided by insects', *Bioscience* 56 (2006), pp. 3113–23.

Noriega, J. A. et al., 'Research trends in ecosystem services provided by insects', *Basic and Applied Ecology* 26 (2018), pp. 8–23.

Ollerton, J., Winfree, R. and Tarrant, S., 'How many flowering plants are pollinated by animals?' *Oikos* 120 (2011), pp. 321–6.

3 昆蟲大驚奇

Engel, M. S., *Innumerable Insects: The Story of the Most Diverse and Myriad Animals on Earth* (Sterling, New York, 2018).

Fowler, W. W., *Biologia Centrali-Americana*; or, Contributions to the knowledge of the fauna and flora of Mexico and Central America, *Porter*, Vol. 2 (1894), pp 25–56.

Holldobler, B. and Wilson, E. O., *Journey to the Ants* (Harvard University Press, Harvard, 1994).

Strawbridge, B., *Dancing with Bees: A Journey Back to Nature* (John Walters, London, 2019).

Sverdrup-Thygeson, A., *Extraordinary Insects: Weird. Wonderful. Indispensable. The Ones Who Run Our World* (HarperCollins, London, 2019).

McAlister, E., *The Secret Life of Flies* (Natural History Museum, London, 2018).

4 昆蟲衰退的證據

Bar-On, Y. M., Phillips, R. and Milo, R., 'The biomass distribution on Earth', *Proceedings of the National Academy of Sciences* 115 (2018), pp. 6506–11.

Butchart, S. H. M., Stattersfield, A. J. and Brooks, T. M., 'Going or gone: defining "Possibly Extinct" species to give a truer picture of recent extinctions', *Bulletin of the British Ornithological Club* 126A (2006), pp. 7–24.

Cameron, S. A. et al., 'Patterns of widespread decline in North American bumble bees', *Proceedings of the*

National Academy of Sciences 108 (2011), pp. 662–7.

Casey, L. M. et al., 'Evidence for habitat and climatic specialisations driving the long-term distribution trends of UK and Irish bumblebees', *Diversity and Distributions* 21 (2015), pp. 864–74.

Forister, M. L., 'The race is not to the swift: Long-term data reveal pervasive declines in California's low-elevation fauna', *Ecology* 92 (2011), pp. 2222–35.

Fox, R., 'The decline of moths in Great Britain: a review of possible causes', *Insect Conservation and Diversity* 6 (2012), pp. 5–19.

Fox, R. et al., *The State of Britain's Larger Moths 2013* (Butterfly Conservation & Rothamsted Research, Wareham, Dorset, 2013).

Fox, R. et al., 'Long-term changes to the frequency of occurrence of British moths are consistent with opposing and synergistic effects of climate and land-use changes', *Journal of Applied Ecology* 51 (2014), pp. 949–57.

Goulson, D., 'The insect apocalypse, and why it matters', *Current Biology* 29 (2019), R967–71.

Goulson, D. et al., 'Combined stress from parasites, pesticides and lack of flowers drives bee declines', *Science* 347 (2015), p. 1435.

Grooten, M. and Almond, R. E. A. (eds), *Living Planet Report – 2018: Aiming Higher*, WWF, Gland, Switzerland, 2018).

Hallmann, C. A. et al., 'More than 75 per cent decline over 27 years in total flying insect biomass in protected areas', *PLoS ONE* 12 (2017), e0185809.

Hallmann, C. A. et al., 'Declining abundance of beetles, moths and caddisflies in the Netherlands', *Insect*

Conservation and Diversity (2019), doi: 10.1111/icad.12377.

Janzen D. and Hallwachs, W., 'Perspective: Where might be many tropical insects?' *Biological Conservation* 233 (2019), pp. 102–8.

Joint Nature Conservation Committee (2018), http://jncc.defra.gov.uk/page-4236.

Kolbert, E., *The Sixth Extinction: An Unnatural History* (Bloomsbury, London, 2015).

Lister, B. C. and Garcia, A., 'Climate-driven declines in arthropod abundance restructure a rainforest food web', *Proceedings of the National Academy of Sciences* 115 (2018), E10397-E10406

Michel, N. L. et al., 'Differences in spatial synchrony and interspecific concordance inform guild-level population trends for aerial insectivorous birds', *Ecography* 39 (2015), pp. 774–86

Nnoli, H. et al., 'Change in aquatic insect abundance: Evidence of climate and land-use change within the Pawmpawm River in Southern Ghana', *Cogent Environmental Science* (2019), doi: 10.1080/23311843.2019.1594511.

Ollerton, J. et al., 'Extinctions of aculeate pollinators in Britain and the role of large-scale agricultural change', *Science* 346 (2014), pp. 1360–2.

Powney, G. D. et al., 'Widespread losses of pollinating insects in Britain, *Nature Communications* 10 (2019), p. 1018.

Sanchez-Bayo, F. and Wyckhuys, K. A. G., 'Worldwide decline of the entomofauna: A review of its drivers', *Biological Conservation* 232 (2019), pp. 8–27.

Semmens, B. X. et al., 'Quasi-extinction risk and population targets for the Eastern, migratory population of monarch butterflies (Danaus plexippus)', *Scientific Reports* 6 (2016), p. 23265

Shortall, C. R. et al., 'Long-term changes in the abundance of flying insects', *Insect Conservation and Diversity* 2 (2009), pp. 251–60.

Seibold, S. et al., 'Arthropod decline in grasslands and forests is associated with landscape-level drivers', *Nature* 574 (2019), pp. 671–4.

Stanton, R. L., Morrissey, C. A. and Clark, R.G., 'Analysis of trends and agricultural drivers of farmland bird declines in North America: a review', *Agriculture, Ecosystems and Environment* 254 (2018), pp. 244–54.

Stork, N. E. et al., 'New approaches narrow global species estimates for beetles, insects, and terrestrial arthropods,' *Proceedings of the National Academy of Sciences* 112 (2015), pp. 7519–23.

Van Klink, R., Bowler, D. E., Gongalsky, K. B., Swengel, A. B., Gentile, A. and Chase, J. M., 'Meta-analysis reveals declines in terrestrial but increases in freshwater insect abundances', *Science* 368 (2020), pp. 417–20.

Van Strien, A. J. et al., 'Over a century of data reveal more than 80 percent decline in butterflies in the Netherlands', *Biological Conservation* 234 (2019), pp. 116–22.

Van Swaay, C. A. M. et al., *The European Butterfly Indicator for Grassland Species 1990–2013*, Report VS2015.009 (De Vlinderstichting, Wageningen, 2015).

Wepprich, T. et al., 'Butterfly abundance declines over 20 years of systematic monitoring in Ohio, USA', *PLoS ONE* 14 (2019), e0216270.

Woodward, I. D. et al., *BirdTrends 2018: Trends in Numbers, Breeding Success and Survival for UK Breeding Birds*, Research Report 708 (BTO, Thetford, 2018).

Xie, Z., Williams, P. H. and Tang, Y., 'The effect of grazing on bumblebees in the high rangelands of the eastern Tibetan Plateau of Sichuan', *Journal of Insect Conservation* 12 (2008), pp. 695–703.

5 基線偏移

McCarthy, M., *The Moth Snowstorm: Nature and Joy* (John Murray, London, 2015).

McClenachan, L., 'Documenting loss of large trophy fish from the Florida Keys with historical photographs', *Conservation Biology* 23 (2009), pp. 636–43.

Papworth, S. K. et al., 'Evidence for shifting baseline syndrome in conservation', *Conservation Letters* 2 (2009), pp. 93–100.

Pauly, D., 'Anecdotes and the shifting baseline syndrome of fisheries', *Trends in Ecology and Evolution* 10 (1995), p. 430.

6 失去家園

Barr, C. J., Gillespie, M. K. and Howard, D. C., *Hedgerow Survey 1993: Stock and Change Estimates of Hedgerow Lengths in England and Wales, 1990–1993* (Department of the Environment, 1994).

Ceballos, G. et al., 'Accelerating modern human-induced species losses: entering the sixth mass extinction', *Science Advances* 1 (2015), e1400253.

Fuller, R. M., 'The changing extent and conservation interest of lowland grasslands in England and Wales: a review of grassland surveys 1930–84', *Biological Conservation* 40 (1987), pp. 281–300.

Giam, X., 'Global biodiversity loss from tropical deforestation', *Proceedings of the National Academy of Sciences* 114 (2017), pp. 5775–7.

Quammen, D., *The Song of the Dodo* (Scribner, New York, 1997).

Ridding, L. E., Redhead, J. W. and Pywell, R. F., The fate of seminatural grassland in England between 1960 and 2013: A test of national conservation policy', *Global Ecology and Conservation* 4 (2015), pp. 516–25.

Rosa, I. M. D. et al., 'The environmental legacy of modern tropical deforestation', *Current Biology* 26 (2016), pp. 2161–6.

Vijay, V. et al., 'The impacts of palm oil on recent deforestation and biodiversity loss', *PLoS ONE* 11 (2016), e0159668.

7 遭受汙染的土地

Bernauer, O. M., Gaines-Day, H. R. and Steffan, S. A., 'Colonies of bumble bees (Bombus impatiens) produce fewer workers, less bee biomass, and have smaller mother queens following fungicide exposure', *Insects* 6 (2015), pp. 478–88.

Dudley, N. et al., 'How should conservationists respond to pesticides as a driver of biodiversity loss in agroecosystems?' *Biological Conservation* 209 (2017), pp. 449–53.

Goulson, D., 'An overview of the environmental risks posed by neonicotinoid insecticides', *Journal of Applied Ecology* 50 (2013), pp. 977–87.

Goulson, D., Croombs, A. and Thompson, J., 'Rapid rise in toxic load for bees revealed by analysis of pesticide use in Great Britain', *PEERJ* 6 (2018), e5255.

Hladik, M., Main, A. and Goulson, D., 'Environmental risks and challenges associated with neonicotinoid insecticides', *Environmental Science and Technology* 52 (2018), pp. 3329–35.

McArt, S. H. et al., 'Landscape predictors of pathogen prevalence and range contractions in US bumblebees', *Proceedings of the Royal Society* B 284 (2017), 20172181.

Millner, A. M. and Boyd, I. L., 'Towards pesticidovigilance', *Science* 357 (2017), pp. 1232–4.

Mitchell, E. A. D. et al., 'A worldwide survey of neonicotinoids in honey', *Science* 358 (2017), pp. 109–11.

Morrissey, C. et al., 'Neonicotinoid contamination of global surface waters and associated risk to aquatic invertebrates: A review', *Environment International* 74 (2015), pp. 291–303.

Nicholls, E. et al., 'Monitoring neonicotinoid exposure for bees in rural and peri-urban areas of the UK during the transition from pre-to post-moratorium', *Environonmental Science and Technology* 52 (2018), pp. 9391–402.

Perkins, R. et al., 'Potential role of veterinary flea products in widespread pesticide contamination of English rivers', *Science of the Total Environment* 755 (2021), p. 143560.

Pezzoli, G. and Cereda, E., 'Exposure to pesticides or solvents and risks of Parkinson's disease', *Neurology* 80 (2013), p. 22.

Pisa, L. et al., 'An update of the Worldwide Integrated Assessment (WIA) on systemic insecticides: Part 2: Impacts on organisms and ecosystems', *Environmental Science and Pollution Research* (2017), doi.org/10.1007/s11356-017–0341-3.

Sutton, G., Bennett, J. and Bateman, M., 'Effects of ivermectin residues on dung invertebrate communities in a UK farmland habitat', *Insect Conservation and Diversity* 7 (2013), pp. 64–72.

UNEP (United Nations Environment Programme), *Global Chemicals Outlook: Towards Sound Management of Chemicals* (UNEP, Geneva, 2013).

Wood, T. and Goulson, D., 'The Environmental risks of neonicotinoid pesticides: a review of the evidence post-2013', *Environmental Science and Pollution Research* 24 (2017), pp. 17285–325.

Yamamuro, M. et al., 'Neonicotinoids disrupt aquatic food webs and decrease fishery yields', *Science* 366 (2019), pp. 620-3.

8 除草劑

Albrecht, H., 'Changes in arable weed flora of Germany during the last five decades', 9th EWRS Symposium, 'Challenges for Weed Science in a Changing Europe', 1995, pp. 41–48.

Balbuena, M. S. et al., 'Effects of sublethal doses of glyphosate on honeybee navigation', *Journal of Experimental Biology* 218 (2015), pp. 2799–805.

Benbrook, C. M., 'Trends in glyphosate herbicide use in the United States and globally', *Environmental Sciences Europe* 28 (2016), p. 3.

Benbrook, C. M., 'How did the US EPA and IARC reach diametrically opposed conclusions on the genotoxicity of glyphosate-based herbicides?' *Environmental Science Europe* 31 (2019), p. 2.

Boyle, J. H., Dalgleish, H. J. and Puzey, J. R., 'Monarch butterfly and milkweed declines substantially predate the use of genetically modified crops', *Proceedings of the National Academy of Sciences* 116 (2019), pp. 3006–11.

Gillam, H., https://usrtk.org/monsanto-roundup-trial-tacker/monsantoexecutive-reveals-17-million-for-anti-iarc-pro-glyphosate-efforts/ (2019).

Humphreys, A. M. et al., 'Global dataset shows geography and life form predict modern plant extinction and rediscovery', *Nature Ecology and Evolution* 3 (2019), pp. 1043–7.

Motta, E. V. S., Raymann, K. and Moran, N. A., 'Glyphosate perturbs the gut microbiota of honeybees', *Proceedings of the National Academy of Sciences* 115 (2018), pp. 10305–10

Portier, C. J. et al., 'Differences in the carcinogenic evaluation of glyphosate between the International Agency for Research on Cancer (IARC) and the European Food Safety Authority (EFSA)', *Journal of Epidemiology and Community Health* 70 (2015), pp. 741–5.

Schinasi, L. and Leon, M. E., 'Non-Hodgkin lymphoma and occupational exposure to agricultural pesticide chemical groups and active ingredients: A systemic review and meta-analysis', *International Journal of Environmental Research and Public Health* 11 (2014), pp. 4449–527.

Zhang, L. et al., 'Exposure to glyphosate-based herbicides and risk for non-Hodgkin lymphoma: a meta-analysis and supporting evidence', *Mutation Research* 781 (2019), pp. 186–206.

9 綠色沙漠

Carvalheiro, L. G. et al., 'Soil eutrophication shaped the composition of pollinator assemblages during the past century', *Ecography* (2019), doi.org/10.1111/ecog.04656.

Campbell, S. A. and Vallano, D. M., 'Plant defences mediate interactions between herbivory and the direct foliar uptake of atmospheric reactive nitrogen', *Nature Communications* 9 (2018), p. 4743.

Hanley, M. E. and Wilkins, J. P., 'On the verge? Preferential use of road-facing hedgerow margins by bumblebees in agro-ecosystems', *Journal of Insect Conservation* 19 (2015), pp. 67–74.

Kleijn, D. and Snoeijing, G. I. J., 'Field boundary vegetation and the effects of agrochemical drift: botanical change caused by low levels of herbicide and fertiliser', *Journal of Applied Biology* 34 (1997), pp. 1413–25.

Kurze, S., Heinken, T. and Fartmann, T., 'Nitrogen enrichment in host plants increases the mortality of common Lepidoptera species', *Oecologia* 188 (2018), pp. 1227–37.

Zhou, X. et al., 'Estimation of methane emissions from the US ammonia fertiliser industry using a mobile sensing approach', *Elementa, Science of the Anthropocene* 7 (2019), p. 19.

10 潘朵拉的盒子

Alger, S. A. et al., 'RNA virus spillover from managed honeybees (Apis mellifera) to wild bumblebees (Bombus spp.)', *PLoS ONE* 14 (2019), e0217822.

Darwin, C., On the Origin of Species (John Murray, London, 1859) Furst, M. A. et al., 'Disease associations between honeybees and bumblebees as a threat to wild pollinators', *Nature* 506 (2014), pp. 364–6.

Goulson, D., 'Effects of introduced bees on native ecosystems', *Annual Review of Ecology and Systematics* 34 (2003), pp. 1–26.

Goulson, D. and Sparrow, K. R., 'Evidence for competition between honeybees and bumblebees: effects on bumblebee worker size', *Journal of Insect Conservation* 13 (2009), pp. 177–81.

Graystock, P., Goulson, D. and Hughes, W. O. H., 'Parasites in bloom: flowers aid dispersal and transmission of pollinator parasites within and between bee species', *Proceedings of the Royal Society* B 282 (2015), 20151371.

Manley, R., Boots, M. and Wilfert, L., 'Emerging viral disease risks to pollinating insects: ecological, evolutionary and anthropogenic factors', *Journal of Applied Ecology* 52 (2015), pp. 331–40.

Martin, S. J. et al., 'Global honeybee viral landscape altered by a parasitic mite', *Science* 336 (2012), pp. 1304–6.

11 山雨欲來

Caminade, C. et al., 'Suitability of European climate for the Asian tiger mosquito Aedes albopictus: recent trends and future scenarios', *Journal of the Royal Society Interface* 9 (2012), pp. 2708–17.

Kerr, J. T. et al., 'Climate change impacts on bumblebees converge across continents', *Science* 349 (2015), pp. 177–80.

Lawrence, D. and Vandecar, K., 'Effects of tropical deforestation on climate and agriculture', *Nature Climate Change* 5 (2015), pp. 27–36.

Loboda, S. et al., 'Declining diversity and abundance of High Arctic fly assemblages over two decades of rapid climate warming', *Ecography* 41 (2017), pp. 265–77.

Pyke, G. H. et al., 'Effects of climate change on phenologies and distributions of bumblebees and the plants they visit', *Ecosphere* 7 (2016), e01267.

Rochlin, I. et al., 'Climate change and range expansion of the Asian tiger mosquito (Aedes albopictus) in Northeastern USA: Implications for public health practitioners', *PLoS ONE* 8 (2013), e60874.

Wallace-Wells, D., *The Uninhabitable Earth* (Penguin, London, 2019).

Warren, M. S. et al., 'Rapid responses of British butterflies to opposing forces of climate and habitat change', *Nature* 414 (2001), pp. 65–69.

Wilson, R. J. et al., 'An elevational shift in butterfly species richness and composition accompanying recent climate change', *Global Change Biology* 13 (2007), pp. 1873–87.

12 閃閃發光的地球

Bennie, T. W. et al., 'Artificial light at night causes top-down and bottom-up trophic effects on invertebrate populations', *Journal of Applied Ecology* 55 (2018), pp. 2698–2706.

Dacke, M. et al., 'Dung beetles use the Milky Way for orientation', *Current Biology* 23 (2013), pp. 298–300.

Desouhant, E. et al., ‘Mechanistic, ecological, and evolutionary consequences of artificial light at night for insects: review and prospective’, *Entomologia Experimentalis et Applicata* 167 (2019), pp. 37–58.

Fox, R., ‘The decline of moths in Great Britain: a review of possible causes’, *Insect Conservation and Diversity* 6 (2012), pp. 5–19.

Gaston, K. J. et al., ‘Impacts of artificial light at night on biological timings’, Annual Review of Ecology, *Evolution and Systematics* 48 (2017), pp. 49–68.

Grubisic, M. et al., ‘Insect declines and agroecosystems: does light pollution matter?’ *Annals of Applied Biology* 173 (2018), pp. 180–9.

Owens, A. C. S. et al., ‘Light pollution is a driver of insect declines’, *Biological Conservation* 241 (2019), p. 108259 van Langevelde, F. et al., ‘Declines in moth populations stress the need for conserving dark nights’, *Global Change Biology* 24 (2018), pp. 925–32.

13 外來物種

Farnsworth, D. et al., ‘Economic analysis of revenue losses and control costs associated with the spotted wing drosophila, Drosophila. suzukii (Matsumura), in the California raspberry industry’, *Pest Management Science* 73 (2016), pp. 1083–90.

Goulson, D. and Rotheray, E. L., ‘Population dynamics of the invasive weed Lupinus arboreus in Tasmania, and interactions with two non-native pollinators’, *Weed Research* 52 (2012), pp. 535–542.

Herms, D. A. and McCullough, D. G., 'Emerald ash borer invasion in North America: history, biology, ecology, impacts, and management', *Annual Review of Entomology* 59 (2014), pp. 13–30.

Kenis, M., Nacambo, S. and Leuthardt, F. L. G., 'The box tree moth, Cydalima perspectalis, in Europe: horticultural pest or environmental disaster?' *Aliens: The Invasive Species Bulletin* 33 (2013), pp. 38–41.

Litt, A. R. et al., 'Effects of invasive plants on arthropods', *Conservation Biology* 28 (2014), pp. 1532–49.

Lowe, S. et al., *100 of the World's Worst Invasive Alien Species. A Selection from the Global Invasive Species Database* (IUCN Invasive Species Specialist Group, 2004).

Martin, S. J., *The Asian Hornet (Vespa velutina) – Threats, Biology and Expansion* (International Bee Research Association and Northern Bee Books, 2018).

Mitchell, R. J. et al., *The Potential Ecological Impacts of Ash Dieback in the UK* (JNCC Report 483, 2014).

Roy, H. E. et al., 'The harlequin ladybird, Harmonia axyridis: global perspectives on invasion history and ecology', *Biological Invasions* 18 (2016), pp. 997–1044.

Suarez, A. V. and Case, T. J., 'Bottom-up effects on persistence of a specialist predator: ant invasions and horned lizards', *Ecological Applications* 12 (2002), pp. 291–8.

14 已知與未知的未知數

Balmori, A. and Hallberg, O., 'The urban decline of the house sparrow (Passer domesticus): a possible link with electromagnetic radiation', *Electromagnetic Biology and Medicine* 26 (2007), pp. 141–51.

Exley, C., Rotheray, E. and Goulson D., 'Bumblebee pupae contain high levels of aluminium', *PLoS ONE* 10 (2015), e0127665.

Jamieson, A. J. et al., 'Bioaccumulation of persistent organic pollutants in the deepest ocean fauna', *Nature Ecology & Evolution* 1 (2017), p. 0051.

Leonard, R. J. et al. 'Petrol exhaust pollution impairs honeybee learning and memory', *Oikos* 128 (2019), pp. 264–73.

Lusebrink, I. et al., 'The effects of diesel exhaust pollution on floral volatiles and the consequences for honeybee olfaction', *Journal of Chemical Ecology* 41 (2015), pp. 904–12.

Malkemper, E. P. et al., 'The impacts of artificial Electromagnetic Radiation on wildlife (flora and fauna). Current knowledge overview: a background document to the web conference', A report of the EKLIPSE project (2018).

Shepherd, S. et al., 'Extremely low-frequency electromagnetic fields impair the cognitive and motor abilities of honeybees', *Scientific Reports* 8 (2018), p. 7932.

Sutherland, W. J. et al., 'A 2018 horizon scan of emerging issues for global conservation and biological diversity', *Trends in Ecology and Evolution* 33 (2017), pp. 47–58.

Whiteside, M. and Herndon, J. M., 'Previously unacknowledged potential factors in catastrophic bee and insect die-off arising from coal fly ash geoengineering', *Asian Journal of Biology* 6 (2018), pp. 1–13.

15 千刀萬剮

Decker, L. E., de Roode, J. C. and Hunter, M. D., 'Elevated atmospheric concentrations of carbon dioxide reduce monarch tolerance and increase parasite virulence by altering the medicinal properties of milkweeds', *Ecology Letters* 21 (2018), pp. 1353–63.

Di Prisco, G. et al., 'Neonicotinoid clothianidin adversely affects insect immunity and promotes replication of a viral pathogen in honeybees', *Proceedings of the National Academy of Sciences* 110 (2013), pp. 18466–71.

Goulson, D. et al., 'Combined stress from parasites, pesticides and lack of flowers drives bee declines', *Science* 347 (2015), p. 1435.

Potts, R. et al., 'The effect of dietary neonicotinoid pesticides on nonflight thermogenesis in worker bumblebees (Bombus terrestris)', *Journal of Insect Physiology* 104 (2018), pp. 33–39.

Scheffer, M. et al., 'Quantifying resilience of humans and other animals', *Proceedings of the National Academy of Sciences* 47 (2018), pp. 11883–90.

Tosi, S. et al., 'Effects of a neonicotinoid pesticide on thermoregulation of African honeybees (Apis mellifera scutellata)', *Journal of Insect Physiology* 93–94 (2016), pp. 56–63.

16 前途未卜

Ghosh, A., *The Great Derangement: Climate Change and the Unthinkable* (University of Chicago Press, Chicago, 2017).

Lewis, S. and Maslin, M. A., *The Human Planet: How We Created the Anthropocene* (Pelican, London, 2018).

Ripple, W. J. et al., 'World scientists' warning to humanity: A second notice', *Bioscience* 67 (2017), pp. 1026–8.

Wallace-Wells, D., *The Uninhabitable Earth, op. cit.*

17 提高意識

Booth, P. R. and Sinker, C. A., 'The teaching of ecology in schools', *Journal of Biological Education* 13 (1979), pp. 261–6.

Gladwell, M., *The Tipping Point: How little things can make a big difference* (Back Bay Books, New York, 2002).

Morris, J. and Macfarlane, R., *The Lost Words* (Penguin, London, 2017).

Ripple, W. J. et al., 'World scientists' warning to humanity: A second notice', *Bioscience* 67 (2017), pp. 1026–8.

Tilling, S., 'Ecological science fieldwork and secondary school biology in England: does a more secure future lie in Geography?' *The Curriculum Journal* 29 (2018), pp. 538–56.

18 綠化我們的城市

Aerts, R., Honnay, O. and Van Nieuwenhuyse, A., 'Biodiversity and human health: mechanisms and evidence of the positive health effects of diversity in nature and green spaces', *British Medical Bulletin* 127 (2018), pp. 5–22.

van den Berg, A. E. et al., 'Allotment gardening and health: a comparative survey among allotment gardeners and their neighbours without an allotment', *Environmental Health* 9 (2010), p. 74.

Blackmore, L. M. and Goulson, D., 'Evaluating the effectiveness of wildflower seed mixes for boosting floral diversity and bumblebee and hoverfly abundance in urban areas', *Insect Conservation and Diversity* 7 (2014), pp. 480–4.

Cox, D. T. C. and Gaston, K. J., 'Likeability of garden birds: importance of species knowledge and richness in connecting people to nature', *PLoS ONE* 10 (2015), e0141505.

D'Abundo, M. L. and Carden, A. M., '"Growing Wellness": The possibility of promoting collective wellness through community garden education programs', *Community Development* 39 (2008), pp. 83–95.

Goulson, D., *The Garden Jungle, or Gardening to Save the Planet* (Vintage, London, 2019).

Hillman, M., Adams, J. and Whitelegg, J., *One False Move: A Study of Children's Independent Mobility*

(Policy Studies Institute, London, 1990).

Lentola, A. et al., ‘Ornamental plants on sale to the public are a significant source of pesticide residues with implications for the health of pollinating insects’, *Environmental Pollution* 228 (2017), pp. 297–304.

Louv, R., *Last Child in the Woods; Saving Our Children from Nature Deficit Disorder* (Algonquin, Chapel Hill, NC, 2005).

Maas, J. et al., ‘Morbidity is related to a green living environment’, *Journal of Epidemiology and Community Health* 63 (2009), pp. 967–73.

Monbiot, G., *Feral: Rewilding the Land, Sea and Human Life* (Penguin, London, 2014).

Moss, S., *Natural Childhood: A Report by the National Trust on Nature Deficit Disorder* (2012). Available online: http://www.lotc.org.uk/natural-childhood-a-report-by-the-national-trust-onnature- deficit-disorder/.

Mayer, F. S. et al., ‘Why is nature beneficial?: The role of connectedness to nature’, *Environment and Behavior* 41 (2009), pp. 607–43.

Pretty, J., Hine, R. and Peacock, J., ‘Green exercise: The benefits of activities in green places’, *Biologist* 53 (2006), pp. 143–8.

Rollings, R. and Goulson, D., ‘Quantifying the attractiveness of garden flowers for pollinators’, *Journal of Insect Conservation* 23: 803–17

Waliczek, T. M. et al. (2005), ‘The influence of gardening activities on consumer perceptions of life satisfaction’, *HortScience* 40 (2019), 1360–5.

Warber, S. L. et al., ‘Addressing “Nature-Deficit Disorder”: A Mixed Methods Pilot Study of Young Adults Attending a Wilderness Camp’, *Evidence-Based Complementary and Alternative Medicine* (2015), Article ID

651827.

Wilson, E. O., *Biophilia* (Harvard University Press, Cambridge, MA, 1984).

19 農業的未來

Badgley, C. E. et al., 'Organic agriculture and the global food supply', *Renewable Agriculture and Food Systems* 22 (2007), pp. 86–108.

Baldock, K. C. R. et al., 'A systems approach reveals urban pollinator hotspots and conservation opportunities', *Nature Ecology & Evolution* 3 (2019), pp. 363–73.

van den Berg, A. E. et al., 'Allotment gardening and health: a comparative survey among allotment gardeners and their neighbours without an allotment', *Environmental Health* 9 (2010), p. 74 .

Edmondson, J. L. et al., 'Urban cultivation in allotments maintains soil qualities adversely affected by conventional agriculture', *Journal of Applied Ecology* 51 (2014), pp. 880–9.

Gerber, P. J. et al., *Tackling Climate Change Through Livestock – A Global Assessment of Emissions and Mitigation Opportunities* (Food and Agriculture Organisation of the United Nations, Rome, 2013).

Goulson, D., *Brexit and Grow It Yourself (GIY): A Golden Opportunity for Sustainable Farming* (Food Research Collaboration Food Brexit Briefing (2019), https://foodresearch.org.uk/publications/grow-it-yourself-sustainable-farming/

Hole, D. G. et al., 'Does organic farming benefit biodiversity?' *Biological Conservation* 122 (2005), pp. 113–30.

Lechenet, M. et al., 'Reducing pesticide use while preserving crop productivity and profitability on arable farms', *Nature Plants* 3 (2017), p. 17008.

Nichols, R. N., Goulson, D. and Holland, J. M., 'The best wildflowers for wild bees', *Journal of Insect Conservation* 23 (2019), pp. 819–30.

Public Health England, 'Health matters: obesity and the food environment'(2017), https://www.gov.uk/government/publications/health-matters-obesity-and-the-food-environment/health-mattersobesity-and-the-food-environment-2.

Seufert, V., Ramankutty, N. and Foley, J. A., 'Comparing the yields of organic and conventional agriculture', *Nature* 485 (2012), pp. 229–32.

Willett, W. et al., 'Food in the Anthropocene: the EAT-Lancet Commission on healthy diets from sustainable food systems', *The Lancet* 393 (2019), pp. 447–92.

20 自然無處不在

Herrero, M. et al., 'Biomass use, production, feed efficiencies, and greenhouse gas emissions from global livestock systems', *Proceedings of the National Academy of Sciences* 24 (2013), pp. 20888–93.

Monbiot, G., *Feral, op. cit.*

Newbold, T. et al., 'Has land use pushed terrestrial biodiversity beyond the planetary boundary? A global assessment', *Science* 353 (2016), 288–91.

Purvis, A. et al., 'Modelling and projecting the response of local terrestrial biodiversity worldwide to land use and related pressures: the PREDICTS project', *Advances in Ecological Research* 58 (2018), pp. 201–41.

Tree, I., *Wilding: The Return of Nature to a British Farm* (Picador, London, 2019).

Wilson, E. O., *Half-Earth: Our Planet's Fight for Life* (Norton, New York, 2016).

國家圖書館出版品預行編目（CIP）資料

寂靜的地球：工業化、人口爆炸與氣候變遷，昆蟲消失如何瓦解人類社會？／戴夫・古爾森（Dave Goulson）著；鄭明倫審定.
-- 初版. -- 新北市：臺灣商務印書館股份有限公司, 2022.06
400面；14.8×21公分（Thales）
譯自：Silent Earth: averting the insect apocalypse

ISBN 978-957-05-3418-4（平裝）

1.CST: 昆蟲　2.CST: 生態學　3.CST: 自然保育

387.7　111006442

Thales

寂靜的地球

工業化、人口爆炸與氣候變遷，昆蟲消失如何瓦解人類社會？

SILENT EARTH:Averting the Insect Apocalypse

作　　者—戴夫．古爾森（Dave Goulson）
審 定 者—鄭明倫
譯　　者—盧相如
發 行 人—王春申
審書顧問—林桶法、陳建守
總 編 輯—張曉蕊
責任編輯—陳怡潔
封面設計—兒日設計
內頁設計—黃淑華
營 業 部—蘇魯屏、張家舜、謝宜華、王建棠
出版發行—臺灣商務印書館股份有限公司
23141 新北市新店區民權路 108-3 號 5 樓（同門市地址）
電話：（02）8667-3712　傳真：（02）8667-3709
讀者服務專線：0800-056193
郵撥：0000165-1
E-mail：ecptw@cptw.com.tw
網路書店網址：www.cptw.com.tw
Facebook：facebook.com.tw/ecptw

局版北市業字第 993 號
初版一刷：2022 年 6 月
印刷廠：鴻霖印刷傳媒股份有限公司
定價：新台幣 550 元

法律顧問—何一芃律師事務所